西南民族大学优秀学术文库

Resources Development and Comprehensive Utilization of Ethnic Herbs

民族药资源开发与综合利用研究

主　编　刘　圆　李　莹　孟庆艳　彭镰心　田金凤
副主编　任朝琴　戴先芝　夏　清　李厚聪　黄艳菲

U0301330

科学出版社

北　京

内 容 简 介

本书采用民族药用植物学、民族药鉴定学、民族药资源学等方法对川产五加、白花丹、石斛、荞麦、千斤拔、西洋参、鬼针草和薏苡等民族药用植物及其部分同属植物进行了比较系统的研究。主要涉及寻找和扩大新的药源、寻找新的药用部位、筛选最佳采收期、筛选最佳栽培基地、高原药用植物繁育和种植推广示范、非药用部位的开发利用和保健食品或者食品的开发利用、野生变家种栽培技术规范研究、活性成分提取分离工艺和药效筛选、快速鉴别掺假苦荞商品技术、多基源品种的鉴定方法等方面。

本书理论与实践并重，可供从事药食两用植物资源开发利用的研究工作者，高等院校相关专业的教师、研究生、本科生，以及新药研发、保健品开发、农业、食品工业等行业的技术人员及管理人员参考。

图书在版编目（CIP）数据

民族药资源开发与综合利用研究/刘圆等主编. —北京：科学出版社，2015.8
（西南民族大学优秀学术文库）
ISBN 978-7-03-045423-2

Ⅰ. ①民… Ⅱ. ①刘… Ⅲ. ①药用植物–植物资源–研究–中国
Ⅳ. ①S567

中国版本图书馆 CIP 数据核字（2015）第 195434 号

责任编辑：杨 岭 郑述方 / 责任校对：韩 杨
责任印制：余少力 / 封面设计：墨创文化

科学出版社 出版
北京东黄城根北街 16 号
邮政编码：100717
http://www.sciencep.com
四川煤田地质制图印刷厂 印刷
科学出版社发行 各地新华书店经销

*

2015 年 8 月第 一 版 开本：787×1092 1/16
2015 年 8 月第一次印刷 印张：12.25 插页：22
字数：360 000

定价：98.00 元
（如有印装质量问题，我社负责调换）

前　言

我国药用植物资源分布广泛，特别是高原和山地分布较多，西南地区的药用植物资源占全国总数的 60%～70%。我国 55 个少数民族拥有珍贵的药食两用植物资源，食用和药用历史悠久，以青藏高原和云贵高原为中心的西南地区民族众多，如藏族、羌族、彝族、傣族、苗族、土家族、壮族、瑶族、纳西族、哈尼族和白族等，所以，我国西南地区的大多数药用植物资源为民族药与民间药的主体药用植物资源。

由于民族医药产业的迅速发展与壮大，导致一些民族药用植物资源过度开发，生物多样性和资源可持续性均不同程度遭到破坏，有相当一部分珍稀民族药用植物的蕴藏量明显降低；许多民族药用植物资源还处于没有药材标准或未开发利用的空白状态；已经有中国药典、卫生部部颁和省级药材标准的许多药食两用植物或者野生药材资源濒临灭绝，人工栽培市场可获得资源量不足；西南民族大学从 2001 年开始设立制药工程、药物制剂专业，2006 年开始设立中药学（民族药方向）专业、2014 年开始设立中药学（彝药学方向）和藏药学本科专业，而在国内还没有合适的本科教材。本课题组从 2004 年开始，40 次走访四川省阿坝藏族羌族自治州、甘孜藏族自治州、凉山彝族自治州、西藏自治区、云南省西双版纳傣族自治州、红河哈尼族彝族自治州、保山市滕冲县、广西壮族自治区、金秀瑶族自治县、贵州赫章县兴发苗族彝族回族乡等中国西南主要少数民族地区的学校、企业和民族民间医疗机构，如西藏藏医学院、西藏自治区藏药厂、西藏自治区藏医院、阿坝州藏医院、红原藏医院、松潘中藏医院、小金中藏医院、甘孜州藏医院、西昌彝医药研究所、茂县羌医药研究所、成都金牛区羌医药研究所、云南西双版纳州傣医院、广西民族医药研究院、广西壮医医院、广西瑶医医院等，以及加拿大安大略省大山行农场、斯莱格斯（Slegers）西洋参农场等地区，深入了解植物类民族药材资源、人工栽培市场可获得资源量等现状。

本课题组采用生物学、民族药用植物学、民族药材鉴定学、民族药物化学、药理学、民族药理学、药代动力学、代谢组学和高原药材栽培等多学科融合的方法，开展植物类民族药材原植物的资源分布考察和实地采集，对采集的药食两用植物和药材资源样品进行了原植物鉴别、性状鉴别、显微鉴别、理化鉴别、薄层鉴别、含量测别、化学成分的分离、指纹图谱和药效毒性等原创性研究，并拍摄了大量的原植物照片及显微组织照片；对 1 类植物类民族药材资源开展了保健食品和食品的开发研究；对 2 类药食两用植物和药材资源开展野生变家种驯化、育种育苗扩大繁育、示范种植推广；系统研究民族民间药食两用植物和药材资源，主要原创性研究成果如下。

（1）研究成果申请国家发明专利 6 项。

（2）鼓槌石斛已经收载入 2010 年版《中国药典》；千斤拔已经收载入《湖南省中药材标准》（2009 年版）和《山西省中药材标准》（2013 年版）。

（3）共发表论文 115 篇，其中 SCI 收录 9 篇，国外公开发表 10 篇，北大核心期刊 70 篇，为该类植物资源的综合利用和产业化提供参考。

（4）原创性地寻找到 8 种新的植物类民族药材，7 种药食两用民族药材新的入药部位和 2 个产地加工工艺；分离得到 13 种化合物，发现其具有良好的抗肿瘤和抗炎活性；1个民族药材栽培技术规范；1 个植物类民族药材保健食品的系统开发；建立了 1 个快速鉴别掺假苦荞商品方法；鼓槌石斛研究结果与《中国药典》（2010 年版）把鼓槌石斛作为新的药典品种一致；研究成果应用到四川省阿坝藏族羌族自治州（以下简称阿坝州）开展红毛五加和重楼的良种扩大繁育和示范种植产业推广。

（5）以白花丹、红毛五加、鬼针草、博落回、秦艽、景天三七、葡萄、紫金龙、蒲公英、锡生藤、箭毒木、翼首草、藏紫菀、蝃蝀菊、八角枫根、飞龙掌血、土人参、水黄连、五爪金龙、白花刺参、东破石珠、龙血树、龙胆花、石斛、地不容、地胆草、多舌飞蓬、扶芳藤、届招觅、昆明山海棠、肾茶、积雪草、菊三七等品种原创性研究成果编著的本科教材《中国民族药学概论》已经在西南民族大学中药学（民族药方向）专业的教学中使用了 7 年；《民族药材研究综合设计实验教材》和《中国民族医药学概论》将作为中药学（民族药方向）和中药学（彝药学）本科专业的教材。

（6）研究成果服务于四川省阿坝州小金县科学技术局、小金县高原阳光道地药材种植有责任限公司、小金县墨龙中药材种植专业合作、四川宇妥藏药药业有限责任公司、四川好医生药业集团有限公司和四川雪草木生物药业有限公司，获得了较好的经济效益、社会效益和政治效益。

（7）从 2011 年 1 月开始，西南民族大学在青藏高原药用植物的野生变家种、高原药用植物培育和资源综合利用产业化等方面与四川雪草木生物药业有限公司进行深度合作，目前已经在四川省阿坝州汶川县水磨镇白石村（30 亩）和马家营村（20 亩），小金县美兴镇三关桥村（5 亩）、美沃乡花牛村（100 亩）、窝底乡窝底村（20 亩），茂县土门乡洋坪村（17 亩）、永和乡利里村（30 亩）等地开展红毛五加和重楼的良种扩大繁育、生产示范和技术推广服务工作；双方正在合作研制红毛五加嫩叶的系列保健食品，安全、有效、科学和合理地开发利用该类植物资源，以挖掘传统藏羌药食两用植物和药材资源的潜力，具有较高的学术价值、经济价值和社会价值。

民族药资源开发与综合利用研究历时 13 年，国家科技部、国家中医药管理局、四川省科学技术厅、四川省中医药管理局、西南民族大学和阿坝师范学院等相关部门均给予了经费资助和大力支持，项目经费资助列举如下。

1. 国家科技部"重大新药创制"科技重大专项公共资源平台课题

"面向新药发现的数字化中药化学成分库"（2011ZX09307-002-01）。

2. 四川省科学技术厅

（1）四川省杰出青年学术技术带头人后续计划：多民族药材白花丹野生变家种栽培技术规范研究（2011JQ0051）。

（2）四川省杰出青年基金项目：生物技术筛选抗癌新药（白花丹）活性/毒性代谢机理研究（07ZQ026-011）。

（3）四川省 2004 青年科技基金前期资助项目：某多民族药材的新药开发及解毒研究

（04 ZQ026-50）。

（4）四川省科技厅 2005 年度科技攻关项目：民族药白花丹降毒增效及新药开发研究。

（5）四川省科技厅 2006 年度应用基础项目：多民族药白花丹不同有效部位的药效机理研究。

（6）四川科技支撑计划：川产藏羌道地五加皮类植物药食同源新资源食品开发与利用（2011SZ0233）。

（7）四川省科技厅自筹项目：多民族药千斤拔药材有效成分提取、分离工艺研究（2010JY0142）。

3. 国家中医药管理局中医药科学技术研究专项

民族药白花丹野生变家种的栽培技术规范及质量标准研究（06-07ZP43）。

4. 四川省中医药管理局科技专项

藏药材红毛五加野生变家种的栽培技术规范及药材质量标准研究（2008-32）。

5. 四川省教育厅一般项目

多民族用药千斤拔质量评价研究（14ZB0334）。

6. 校级项目

（1）西南民族大学中央高校基本科研业务费优秀科研团队及重大孵化项目：青藏高原民族药资源开发与产业化研究（82000371）。

（2）西南民族大学中央高校基本科研业务费两翼项目：青藏高原藏羌道地药材保护与繁育研究基地建设（13NLY01）。

（3）阿坝师范学院校级规划项目：千斤拔药材有效成分研究（ASB10-17）。

同时，也得到了各级领导、相关专家的指导和帮助，还得到了我国西南民族地区的政府、民族医疗机构和民族药材种植企业、加拿大西洋参农场主和工作人员的密切配合，这些都是我们巨大的动力。编者在此，对上述政府部门、专业机构、相关领导、专家和生产第一线的民族药材种植企业和广大的种植户致以诚挚的谢意！

由于编者水平所限，书中难免存在不足之处，恳请专家和读者批评指正。

编　者

2015 年 4 月 30 日

目 录

第一章 绪 论

白花丹（*Plumbago zeylanica* L.）民族医临床用于治疗皮肤瘙痒、手脚癣、银屑病、皮肤无名肿毒、类风湿关节炎、跌打瘀血疼痛、妇女产后流血不止及某些恶性疾病（如肿瘤）的治疗等，疗效确切，我国彝族、傣族、哈伲族、瑶族、维吾尔族和印度医均用；维医治疗白癜风新药驱白巴布期片、白花丹素杀螨剂、提取物白花丹醌等均需要大批量该药材，目前该药材资源主要野生于云南、广西等地，只有少量零星栽培，野生药材资源日渐枯竭，而国内外日益重视白花丹药材的应用和开发。国内外对该药材繁殖试验等方面鲜有报道。

红毛五加（*Acanthopanax giraldii* Harms）分布于青海、甘肃、宁夏、四川、陕西、湖北、河南，在德昂族、畲族、瑶族、壮族、阿昌族、傣族、羌族、藏族、彝族、苗族、土家族、基诺族中均有药用；性温，味辛，无毒，入肝、肾经；其茎皮入药，有祛风湿、壮筋骨、利关节之功效。红毛五加具有免疫调节功能，在抗肿瘤、抗病毒、抗炎、降血糖、降血脂、抗辐射等方面具有广泛的药理作用。红毛五加在四川有较为丰富的资源。四川藏族羌族民间传统用其茎皮入药。四川省宇妥藏药有限公司的保健食品——元丹酒的主要原料之一即为红毛五加。四川省阿坝州若尔盖县、红原县、小金县等地区民间把红毛五加作为滋补品入药，功效为益气健脾、补肾安神，有升白细胞、抗肿瘤和固本延老等作用，临床用于治疗高血压、冠心病。1977 年、1987 年收载于四川省卫生厅主编的《四川省中药材标准》，《中国药典》尚未收载该药材的质量标准。红毛五加多糖提取和药理作用、皂苷的药理作用、挥发油的气质分析、绿原酸含量测定方法的建立和化学成分研究均有报道，但是藏药材红毛五加不同药用部位、不同产地、不同采收期的有效成分含量研究，药材品质评价研究等尚属空白。国内有刺五加系列保健产品的生产厂家多达 17 家；四川省宇妥藏药有限公司、西藏自治区和甘肃的多家制药企业以倒卵叶五加、红毛五加和糙叶藤五加等研制出五加成药或保健产品等，多数产品畅销；川产五加类植物的嫩叶在四川藏羌民间的食用历史久远，但未见对安全、有效、科学和合理地开发和利用该资源的报道。

荞麦属（*Fagopyrum*）越来越多地被开发成为保健食品，目前市场上最普遍的商品为苦荞茶，而且荞麦及其商品质量控制尚未有可执行的标准；苦荞的食用价值、营养价值和药用价值较高，市场需求量大，但大多消费者缺乏对苦荞的了解，很多商家借此以假乱真，用伪劣品以次充好来牟取暴利；如今掺假手段纷繁复杂，掺假问题经常发生，阻碍了苦荞产业的发展，威胁到人们的健康；研究开发出检测精度高、操作方便、快捷的检测方法势在必行。

石斛属（*Dendrobium*）植物集药用价值和观赏价值于一体，由于多年的过度采挖、繁殖率低和生长缓慢，导致药用野生资源濒临灭绝，我国已将石斛列为濒危中药品种之一。同时，由于栽培规模较小，已无法满足临床和以石斛为君药的畅销药"脉络宁"注射液等新药或保健品开发的需要，使大多数石斛种药材价格昂贵，成为当今名贵珍稀药材之一。《中国药典》（2005 年版）收载"石斛为兰科植物金钗石斛（*Dendrobium nobile* Lindl.）、铁皮石斛（*D. candidum* Wall. ex Lindl.）或马鞭石斛（*D. fimbriatum* Hook. var. *oculatum* Hook.）及其近似种的新鲜或干燥茎"，但是铁皮石斛和马鞭石斛野生资源濒临灭绝。因此，亟须基于生物同属植物的亲缘关系的原理寻找新的药源。

妇科千金片是目前市面上疗效确切和畅销的女性妇科炎症首选药物，千斤拔为其君药；目前仍没有千斤拔的国家药材标准；仅《中国药典》（1997 年版）附录中收载蔓性千斤拔 [*Moghania philippinensis*（Merr. et Rolfe）Li]，《中国药典》（2005 年版）附录中收载蔓性千斤拔、大叶千斤拔 [*M. macrophylla*（Willd.）O. Kuntze] 或绣毛千斤拔 [*M. ferruginea*（Wall. ex Benth.）Li]，但是临床需求量大，蔓性千斤拔和大叶千斤拔两个品种的野生资源濒临灭绝；野生资源较多的宽叶千斤拔、腺毛千斤拔和球穗千斤拔是否能同等入药等还少见报道。

西洋参（*Panax quinquefolium* Linn.）作为传统的名贵中药材，在彝医等民族医临床中使用频繁。目前公认加拿大和美国进口西洋参的药材质量和市场价格高于国产，特别是目前市场上进口西洋参和国产西洋参的药材往往较难分辨。国外学者往往局限于对西洋参皂苷等单体的药效和药理等方面研究，较少关注生药学方面的研究；特别是由于地理条件的限制，国内学者对加拿大原产地西洋参的生药学、西洋参的自制炮制品（西洋白参、西洋红参）的研究也相对较少。

鬼针草属（*Bidens*）多种植物，味苦而无毒，具有清热毒、祛风除湿、活血散瘀消肿之功效；用于治疗痢疾、腹泻、咽喉肿痛、黄疸、炎症、风湿痹痛、跌打损伤、痈肿疮痛和蛇虫咬伤等。近年来传统民族医临床应用鬼针草药材治疗高血压的报道多见。《中国药典》（2010 年版）尚未收载鬼针草类药材的质量标准。

薏苡 [*Coix lacryma-jobi* Linn var. *mayuen.*（Roman.）Stapf] 资源丰富，在全国各地几乎都有种植。《中国药典》（1963 年版）始录，以种仁入药，有健脾、补肺、清热、利湿之功效。"康莱特"注射液适用于不宜手术的气阴两虚、脾虚湿困型原发性非小细胞肺癌及原发性肝癌；配合放疗、化疗有一定的增效作用；对中晚期肿瘤患者具有一定的抗恶病质和止痛作用；其主要成分是注射用薏苡仁油，辅料为注射用大豆磷脂、注射用甘油。薏苡根、叶中提取成分已经有入药报道，但是薏苡非种仁部位（根、茎和叶）的生药学研究，不同产地、不同采收期的有效成分含量比较、药材品质评价研究等尚属空白。

第一节　研究应用领域、技术原理和主要成果

一、研究应用领域

本研究分离得到民族药食两用植物、民族药材新的对照物质，发现新的民族药材品种（鼓槌石斛、白花丹、千斤拔、蜀五加、糙叶藤五加）和新的入药部位（西洋参茎叶、苦荞茎叶、石斛全草、鬼针草全草、薏苡根茎叶和红毛五加嫩叶）及新建的药材质量标准，丰富《中国药典》、《四川省中药材标准》、《四川省藏药材标准》和其他省中药材标准的品

种和药材质量标准；红毛五加嫩叶系列保健食品开发、高原药用植物红毛五加和重楼的繁育和种植推广示范，带动民族药全产业链发展，推动民族地区经济发展；结合有效成分含量新建白花丹野生变家种栽培技术规范、白花丹抗肿瘤和抗炎活性的新发现，推进白花丹新药开发和白花丹产业链发展；新建快速鉴别掺假苦荞商品技术应用于控制苦荞食品、保健食品的质量。

二、研究的技术原理

本课题组深入我国四川、云南、广西和贵州及加拿大的民族民间，挖掘可能替代或者同等入药《中国药典》及各省中药材标准的药食两用植物、民族药材新品种，首次采用原植物鉴别、性状鉴别、显微鉴别、理化鉴别、薄层鉴别、含量测定、化学成分分离、指纹图谱、药理活性筛选和高原药材栽培等技术进行系统的原创性研究。

三、研究的主要成果

通过课题组的系列研究，获得以下主要研究成果。

（1）参考《卫生部药品质量标准》（维吾尔药分册）和《广西中药材标准》（第二册）白花丹药材标准，从白花丹根中分离出白花丹醌，茎、叶中分离出 β-谷甾醇、胡萝卜苷、脂肪酸、香草酸的单体活性成分，解决了白花丹药材无对照品的难题；发现了白花丹醌具有较好的抗肿瘤和抗炎活性；建立了白花丹药材质量标准，建议收载入《云南省中药材标准》和《中国药典》；结合白花丹醌、β-谷甾醇、胡萝卜苷、香草酸含量，建立了白花丹野生变家种栽培技术规范，建议把白花丹的传统采收期 10～12 月调整为 10 月至次年 1 月。

（2）参考《四川省中药材标准》（1987 年版）红毛五加标准，川产红毛五加的茎皮中总皂苷、多糖、绿原酸、腺苷和紫丁香苷等活性成分含量远高于《中国药典》（2010年版）的收载品种刺五加，建议四川产蜀五加和糙叶藤五加的茎皮收载入《四川省中药材标准》或者《四川省藏药材标准》，以及川产红毛五加茎皮收载入《中国药典》；红毛五加、蜀五加和糙叶藤五加的嫩芽的总黄酮、绿原酸和金丝桃苷的含量较高，建议深度开发食品和保健食品，同时收载入《四川省中药材标准》或《四川省藏药材标准》；四川产五加类植物的嫩芽作为保健食品或者食品的采收时间在春季（4 月中旬～5 月中旬）较合理；作为药材的资源综合开发利用，叶和茎皮在冬季下雪前（10 月）采收更为合适；阿坝州小金县产红毛五加茎皮药材质量优；红毛五加茎皮标准已经收载入《四川省中药材标准》（2010 年版）；四川阿坝州、甘孜藏族自治州当地农牧民，每年开春时节，采摘红毛五加新嫩叶，常将其直接炒食、煮汤或者热烫后凉拌食用，也有些热烫后用家用冰箱冷冻保藏，时间可长达一年，但根据课题组的研究发现，贮藏 1 个月后和经盐渍工艺的红毛五加总黄酮、绿原酸和金丝桃苷等活性成分含量会降到很低，提示当地农牧民热烫后冰箱贮藏一年和盐渍工艺不具科学性，建议农牧民晒干后贮藏，产业化时低温烘干。以总皂苷、总多糖、绿原酸的含量为综合评价指标，对红毛五加嫩叶低温烘干品的水提物、醇提物、红毛五加嫩叶醇提后水提物，以及红毛五加茶的水提物浸膏的提取工艺进行了筛选，建议提取工艺为：红毛五加嫩叶打粉（过 3 号筛）后，先用 75%的乙醇回流提取 1.5 h，烘干，再加水回流提取两次，每次 2 h；红毛五加茶中多糖的含量较高，绿原酸含量略低，将红毛五加茶打粉后可直接作茶饮，或采取与上述红毛五加嫩叶粉末相同的制备工艺。红毛五加茶口感优良，可以长时间放置，容易保存。

（3）苦荞中的总黄酮、芦丁、槲皮素和山奈酚的含量远高于甜荞，建议甜荞作为普通谷物而苦荞作为药食两用的保健食品；苦荞的新培育品种'米荞 1 号'的总黄酮及单体黄酮类成分的含量都高于同一产地的其他苦荞农业栽培品种，'米荞 1 号'可开发为高黄酮含量的保健食品；建立了苦荞粉中分别掺假普通淀粉 5%（红外吸收光谱、紫外指纹图谱）和 2%（超高效液相色谱）的快速鉴别技术。

（4）参考《中国药典》（2005 年版）石斛药材标准，美花石斛、球花石斛、叠鞘石斛和鼓槌石斛茎中多糖的含量仅次于药典品种，建议收载入《云南省中药材标准》和《中国药典》，其中鼓槌石斛已经被《中国药典》（2010 年版）收载；金钗石斛、马鞭石斛、叠鞘石斛、鼓槌石斛根和叶中多糖含量仅次于茎的含量，建议石斛药用部位改为全草入药。

（5）参考《广西中药材标准》（1990 年版）附录收载品种、《湖南省中药材标准》（1993 年版）、《北京市中药材标准》（1998 年版）、《江西中药材标准》（1996 年版）、《上海市中药材标准》（1994 年版）和《广东省中药材标准》第一册（2004 年版）的千斤拔药材标准，从蔓性千斤拔根和茎中分离得到燃料木素（genistein）、5，7，2′，4′-四羟基异黄酮（2′-hydroxygenistein）、3，5，7，3′，5′-五羟基-4′-甲氧基黄烷（ourateacatechin），解决了千斤拔药材无对照品的难题，建立了药材标准；宽叶千斤拔和腺毛千斤拔的多糖、总黄酮、鞣质和 β-谷甾醇含量仅次于《中国药典》（1977 年版）和《中国药典》（2005 年版）附录中曾收载的大叶千斤拔和蔓性千斤拔；云南产蔓性千斤拔药材质量优，建议收载入《云南省中药材标准》和《中国药典》，现已经收载入《湖南省中材标准》（2009 年版）和《山西省中药材标准》（2013 年版）。

（6）参考《中国药典》（2005 年版）西洋参药材标准，加拿大西洋参 3 年生和 4 年生根的多糖、皂苷含量与 5 年生和 6 年生根接近，建议缩短加拿大西洋参的种植周期，从而减少加拿大西洋参农场 2 年种植成本；解决中国进口西洋参市场为了回避西洋参生长年限的尖锐问题而去掉芦头和芦碗的现实问题，以致购买者能够判断进口西洋参的准确生长年限；结合有效成分含量，建议加拿大西洋参农场的采收期可以避开西洋参的花期（6～7 月）和果期（7～9 月），在 5 月或 9 月采收比较好；加拿大西洋参茎和叶的多糖、皂苷含量较高，建议将其茎叶深度开发为食品和保健食品同时收载入《中国药典》。

（7）参考《贵州中药材标准》收载三叶鬼针草、鬼针草的干燥全草，《湖南中药材标准》收载三叶鬼针草干燥地上部分，《甘肃中药材标准》（1995 年版）收载鬼针草，《广西中药材标准》（1990 年版）收载三叶鬼针草、白花鬼针草的干燥全草，《河南中药材标准》（1991 年版）收载三叶鬼针草、鬼针草、金盏银盘的干燥全草，《上海中药材标准》收载鬼针草（婆婆针）的干燥地上部分药材标准，发现白花鬼针草和三叶鬼针草的总黄酮、没食子酸、槲皮素、金丝桃苷的含量均较高，建立了狼杷草、白花鬼针草、婆婆针、三叶鬼针草和金盏银盘的药材质量标准；建议全草入药，并收载入《四川省中药材标准》和《中国药典》；建议金盏银盘、白花鬼针草、三叶鬼针草的全草作为金丝桃苷的提取物来源。

（8）参考《中国药典》（2005 年版）薏苡仁药材标准，薏苡的根茎叶的多糖、薏苡素和甘油三油酸酯的含量仅次于薏苡仁含量，建议采收期可以在其果期（7～10 月）与薏苡仁同步采收，充分利用薏苡资源。

（9）根据科研和市场需求，开展了高原药用植物红毛五加和重楼的繁育和种植推广示范，以及红毛五加嫩叶的保健食品或者食品的开发利用，进行资源综合利用产业化。

第二节　研　究　目　标

一、总体目标

项目总体目标是发现新的植物类民族药材品种、对照物质和新的入药部位；资源综合利用产业化；新建民族药材质量标准，丰富《中国药典》、《四川省中药材标准》、《四川省藏药材标准》和其他省中药材标准的品种和药材质量标准；新建快速鉴别掺假苦荞商品技术；红毛五加嫩叶保健食品系列开发；高原药用植物红毛五加和重楼的扩大繁育、生产示范和技术推广服务，聚焦民族药全产业链源头工作，推动少数民族地区经济发展。

二、具体目标

（1）根据生物同属植物的亲缘关系，寻找和扩大新的药源。采用民族药用植物学、民族药鉴定学、民族药资源学的方法对白花丹、川产五加、荞麦、石斛、千斤拔、西洋参、鬼针草和薏苡等民族药用植物及其部分同属植物进行研究。

（2）对《中国药典》或者省级中药材标准收载的非药用部位进行系统比较研究，寻找新的药用部位。例如，白花丹茎叶，红毛五加、蜀五加和糙叶藤五加嫩叶，荞麦茎叶，石斛根叶，蔓性千斤拔、大叶千斤拔、宽叶千斤拔和腺毛千斤拔的叶，西洋参茎叶，鬼针草属植物的根。

（3）对不同野生药材产地进行药典检验项目和生物活性成分含量的系统比较研究，筛选最佳栽培基地。例如，千斤拔栽培基地、白花丹药材基地和红毛五加栽培基地。

（4）对最佳野生产地的 1～12 月药材进行生物活性成分的系统比较研究，筛选最佳采收期。例如，白花丹、薏苡、川产五加和西洋参最佳采收期。

（5）活性成分提取、分离工艺和药效筛选：根据民族药物化学的提取、分离方法，以及民族药理学的方法，进行蔓性千斤拔根和白花丹根的成分分离、药效筛选。

（6）苦荞粉中掺假普通淀粉的快速鉴别技术。

（7）野生变家种栽培技术规范研究。对白花丹在不同土壤、植被、光照、氮磷钾肥等生长条件下的药材，以及采用种子苗、分株苗和扦插苗进行繁殖的药材进行比较研究，进行野生变家种栽培技术规范研究。

（8）高原药用植物繁育和种植推广示范、非药用部位的开发利用和保健食品的开发利用，进行资源综合利用产业化。例如，红毛五加嫩叶综合开发与利用、高原药用植物繁育和种植推广示范。

（9）多基源品种的鉴定方法，如川产五加类、荞麦类、千斤拔类、石斛类、鬼针草类的鉴定方法。

第三节　技术方案与技术路线

一、技术方案

（1）采用原植物鉴别、性状鉴别、显微鉴别、理化鉴别、有效成分分离、有效成分含量测定、生物产量测定等方法，对白花丹、川产五加、荞麦、石斛、千斤拔、西洋参、鬼针草和薏苡等民族药用植物及其部分同属植物进行新药源、新药用部位、最佳采收期、最佳栽培基地和栽培技术规范的系列研究。

（2）在民族医理论指导下，采用药理学和民族药理学的方法，对分离得到的化学成分进行细胞和整体动物的抗肿瘤、抗炎等药理活性筛选。

（3）利用苦荞粉和普通淀粉的红外吸收光谱、紫外指纹图谱和超高效液相色谱的差异性，基于黄酮类成分的聚类分析方法，鉴别出纯苦荞粉与掺有不同比例大麦粉、小麦粉的模拟掺假苦荞粉。

（4）以浸出物、白花丹醌、β-谷甾醇、胡萝卜苷等质量评价指标，以及植株的株高及茎粗等植物生长状况指标，对在不同的土壤、植被、光照、氮磷钾肥、种子苗、分株苗、扦插苗等栽培条件下的家种白花丹进行考察评价研究。

（5）以总皂苷、总多糖、绿原酸、紫丁香苷和腺苷含量为考察指标，对五加类的不同植物部位、不同产地、不同采收期的质量进行评价，并比较川产红毛五加与刺五加、香加皮药材的差异；以金丝桃苷、异嗪皮啶含量为考察指标，对川产五加属植物糙叶藤五加、蜀五加和红毛五加嫩叶进行质量评价；以总黄酮、绿原酸、金丝桃苷和无机元素的含量为考察指标，结合目前植物种标准的收载情况和大生产实际，对嫩叶进行干燥、贮藏方法等工艺筛选；以总皂苷、总多糖、绿原酸的含量为综合评价指标，对红毛五加嫩叶低温烘干品的水提物、醇提物，以及红毛五加嫩叶醇提后水提物和红毛五加茶的水提物浸膏的工艺进行了筛选。

二、技术路线

技术路线详见图1-1。

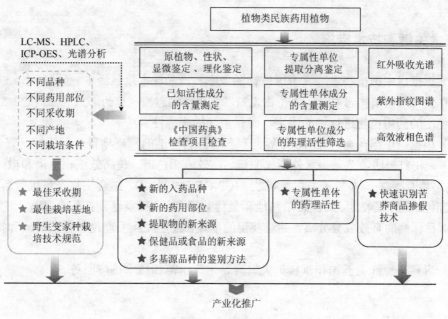

图 1-1　技术路线

三、技术特点

（1）采用生物学、民族药用植物学、民族药材鉴定学、生物学、民族药物化学、药理学、民族药理学、药代动力学、代谢组学和高原药用植物栽培学等多学科融合的方法进行研究。

（2）所选择研究对象均为民族医临床使用和民族新药开发急需，野生药材资源丰富却未被发现利用或者濒临灭绝但家种栽培未形成商品。通过系列研究后，能够为以青藏高原和云贵高原为中心的我国西南民族地区农业产业结构调整、民族药材种植业、民族制药业和民族新药资源开发与利用提供新的经济增长点。

（3）在系列研究的顶层设计中考虑红毛五加、重楼和白花丹等农业生产推广等面上和白花丹醌中的生物活性成分筛选等点上相结合，做到宏观与微观并重。

（4）四川雪草木生物药业有限公司从 2011 年 1 月开始，与西南民族大学在青藏高原药用植物的野生变家种、高原药用植物培育和资源综合利用产业化等方面进行深度合作，目前已经在四川省阿坝州汶川县水磨镇白石村（30 亩①）和马家营村（20 亩），小金县美兴镇三关桥村（5 亩）、美沃乡花牛村（100 亩）、窝底乡窝底村（20 亩），茂县土门乡洋坪村（17 亩）、永和乡利里村（30 亩）等地开展红毛五加和重楼的良种扩大繁育、生产示范和技术推广服务工作；双方正在合作研制红毛五加嫩叶的系列保健食品，安全、有效、科学和合理地开发利用该类植物资源，以挖掘传统藏羌药食两用植物和药材资源的潜力，具有较高的学术价值、经济价值和社会价值。

---

① 1 亩≈666.7m²

四、技术关键和技术措施

（1）根据《中国植物志》、《中国植物图像库》、《晶珠本草》译本、《藏药志》、《藏药晶镜本草》、《四川植物志》、《云南植物志》、《贵州植物志》、《彝药志》、《傣药志》对民族民间医使用的药用植物进行种的鉴定，确保基源的正确性。

（2）根据《中国药典》（2005 年版）和各省药材标准的常规项目进行比较研究。

（3）采用红外吸收光谱、紫外指纹图谱、高效液相色谱、超高效液相色谱和微波消解技术-电感耦合等离子体-原子发射光谱法（ICP-OES）等技术，结合生物产量进行新药源、新药用部位、最佳采收期、最佳栽培基地和最佳栽培条件，以及鉴别掺假食品技术的研究。

（4）目标性的有效成分分离，并对获得的单体，根据民族医理论进行抗肿瘤和抗炎活性筛选。

（5）青藏高原红毛五加和重楼扩大繁育、生产示范和技术推广服务。

第二章　川产五加菜药食两用植物的资源开发
与利用研究

第一节　红毛五加野生药材质量评价研究

一、红毛五加野生药材鉴别

首次对红毛五加（*Acanthopanax giraldii* Harms）药材叶、叶柄、果、果柄、组织切片、茎皮、叶粉末进行显微鉴别。组织切片中草酸钙簇晶和分泌腔均有分布，其中分泌腔以在韧皮部分布较多，茎皮横切面可见下皮层。

1. 显微鉴别

茎横切面：表皮为 1 列方形细胞，外被皮刺。皮层为大小不等的薄壁细胞，中部有数列厚角组织细胞连接成环。韧皮部窄，有分泌腔散在；形成层为 2～3 列切向扁平细胞；木质部窄，导管 2～3 个径向排列或单个散在；射线为 1～2 列细胞；髓部大；皮层及韧皮部散在草酸钙簇晶。

叶横切面：上表皮为类长方形细胞，稍大，下表皮细胞较小，气孔可见。栅栏组织为 2～3 列，排列不紧密，不通过主脉；海绵组织排列疏松。主脉上表皮内侧有 2～3 列厚角组织细胞，表皮下方有 1 列厚角组织细胞。主脉维管束外韧型，呈半圆形，韧皮部有分泌腔。

叶柄横切面：半圆形；表皮为 1 列类长方形细胞；表皮下为 2 列板状加厚的扁平方形细胞；6～7 束维管束环列，外韧型，具分泌腔；中部为薄壁细胞。韧皮部有草酸钙簇晶散在。

果柄横切面：圆形；表皮为 1 列类方形细胞，外侧稍凸起，被角质层。皮层为 4～5 列细胞。维管束外韧型，韧皮部宽广；导管 2～4 个径向排列。表皮、皮层、韧皮部细胞核明显；皮层、韧皮部均有分泌腔及草酸钙簇晶散在。

果横切面：外果皮为 1 列方形细胞；中果皮中可见维管束散在；内果皮细胞内细胞核明显，细胞质浓厚。果为 5 个心皮，每个心皮各有 1 枚种子，种皮为 1 列方形细胞；中果皮中具分泌腔。

2. 粉末鉴别

茎皮粉末：灰黄色。①木栓组织碎片随处可见，并可见油滴；②韧皮纤维较多，可见纹孔和绿色内含物；③草酸钙簇晶较多；④淀粉粒，多为单粒，脐点人字形、点状等；⑤可见皮刺中具有纹孔的纤维、分泌道中的棕黄色内含物、较多的厚角细胞和表皮细胞。

叶粉末：绿色。①上表皮细胞类多边形，具明显的纹理，下表皮细胞垂周壁波状弯曲，可见气孔，平轴式；②叶肉细胞较多，栅栏组织和海绵组织细胞内有较多叶绿体；③可见网纹导管和梯纹导管；④可见细胞壁加厚的叶柄下皮细胞；⑤叶柄韧皮纤维成束或散在。

二、红毛五加野生药材有效成分含量测定

首次对红毛五加中多糖、总皂苷、绿原酸、紫丁香苷、腺苷进行不同产地、不同药用部位、不同采收期的含量测定，以及对刺五加 [*Acanthopanax senticosus*（Rupr. Maxim.）Harms]、香加皮（*Periploca sepium* Bange）进行了该 5 种成分的含量比较，并建立了该 5 种成分的含量测定方法。

仪器、试剂与药材：Waters2695 高效液相色谱仪；Waters2996 检测器；Empower 色谱工作站；Agilent1100 高效液相色谱仪（美国安捷伦科技有限公司）；Unicam UV-500（Thermo electron corporation）紫外-可见分光光度计；GoA 型电热真空干燥箱（天津市东郊机械加工厂）；RE-52A 型旋转蒸发器（上海亚荣生化仪器厂）；KQ-250B 型超声波清洗器（昆山市超声仪器有限公司）；METTLER AE240 电子分析天平（梅特勒-托利多仪器上海有限公司）。绿原酸对照品（批号 110753-200212，中国药品生物制品检定所，含量测定用）；紫丁香苷对照品（批号 111574-200201，中国药品生物制品检定所，含量测定用）；腺苷对照品（批号 879-200202，中国药品生物制品检定所，含量测定用）；齐墩果酸对照品（批号 110709-200304，中国药品生物制品检定所提供，含量测定用）；(+) 葡萄糖（AR，105℃干燥至恒重）；甲醇为色谱纯（美国迪玛公司，含量测定用）；乙腈、甲醇为色谱纯（美国迪玛公司）；水为重蒸水；香草醛（广东汕头市西陇化工厂）、高氯酸、冰醋酸、无水乙醇、甲醇等均为分析纯。药材来源见表 2-1。

表 2-1　红毛五加药材来源

样品	名称	来源	采集时间
S1	红毛五加（*A. giraldii* Harms）	采于四川阿坝州马尔康沙座村	2006.9
S2	红毛五加（*A. giraldii* Harms）	采于四川阿坝州小金县沙龙沟村	2006.8
S3	红毛五加（*A. giraldii* Harms）	采于四川阿坝州小金县美兴镇美沃沟村	2006.8
S4	红毛五加（*A. giraldii* Harms）	采于四川阿坝州小金县两河村	2006.2
S5	红毛五加（*A. giraldii* Harms）	采于四川阿坝州小金县八角乡太阳村	2006.8
S6	红毛五加（*A. giraldii* Harms）	采于四川阿坝州马尔康夹丘林村	2006.9
S7	红毛五加（*A. giraldii* Harms）	购于四川雅安市	2005.12
S8	红毛五加（*A. giraldii* Harms）	采于四川阿坝州小金县达维乡达维村	2006.9
S9	红毛五加（*A. giraldii* Harms）	采于四川阿坝州小金县两河乡大板村	2006.4
S10	红毛五加（*A. giraldii* Harms）	采于四川阿坝州马尔康砍竹村	2005.12
S11	红毛五加（*A. giraldii* Harms）	购于四川阿坝州金川县	2006.4
S12	红毛五加（*A. giraldii* Harms）	购于四川阿坝州茂县	2006.2
S13	红毛五加（*A. giraldii* Harms）	采于四川阿坝州小金县五都村	2006.9
S14	红毛五加（*A. giraldii* Harms）	采于四川阿坝州马尔康黄崖村	2006.9
S15	红毛五加（*A. giraldii* Harms）	采于四川阿坝州小金县潘安乡火地村	2006.9
S16	红毛五加（*A. giraldii* Harms）	采于四川阿坝州马尔康愚鸟村	2006.9
S17	红毛五加（*A. giraldii* Harms）	采于四川阿坝州小金县美兴镇板场沟	2006.8

续表

样品	名称	来源	采集时间
S18	红毛五加（*A. giraldii* Harms）	采于四川省阿坝州	2006.2
S19	红毛五加（*A. giraldii* Harms）	采于四川阿坝州小金县	2006.2
S20	刺五加[*A. senticosus*（Rupr. et. Maxim.）Harms]	购于吉林省敦化市	2007.3
S21	刺五加（*A. senticosus* Harms）	采于吉林省磐石市红旗岭镇孟家屯	2006.9
S22	杠柳（*Periploca sepium* Bge.）	购于四川省成都市五块石药材市场	2007.4

1. 多糖含量测定

目前中药多糖的研究越来越受到人们的重视，许多种植物的多糖成分被药理试验证实具有显著的生物活性，根据已有文献表明，红毛五加多糖具有较大的应用前景。本课题采用苯酚-硫酸法显色，通过紫外-可见分光光度法测定多糖的含量。该方法有简单可靠、方法成熟的特点，故试验数据可信度高，可作为控制红毛五加药材质量的检测手段之一。

多糖的提取与精制：精密称取红毛五加药材粉末（过 20 目筛）100 g，置 2000 mL 圆底烧瓶中，加入石油醚（沸程 30～60℃）1200 mL，回流 6 h，过滤，弃滤液；石油醚洗涤滤渣，挥去石油醚，药渣加入 95%乙醇 1200 mL，回流 6 h，过滤，弃滤液；乙醇洗涤滤渣，挥去乙醇，滤渣精密加入蒸馏水 1200 mL，回流 2 次，每次 1 h，过滤，用水洗涤滤渣，合并水提液；水提液用 3.0%过氧化氢脱色，sevage 法除去蛋白质后，加入乙醇使醇浓度为 80%，静置 16 h，抽滤，滤渣依次用无水乙醇、丙酮、乙醚多次洗涤除杂，40℃真空干燥至恒重，即得红毛五加多糖。

葡萄糖标准溶液的制备：精密称取干燥至恒重的葡萄糖标准品 70 mg，置 100 mL 容量瓶中，加蒸馏水至刻度，配成浓度为 700 μg/mL 的对照品溶液。

标准曲线的绘制：分别精密吸取对照品溶液 1.0 mL、1.5 mL、2.0 mL、2.5 mL、3.0 mL、3.5 mL 置 50 mL 容量瓶中，稀释至刻度，再精密吸取 2.0 mL 于带塞试管中。另取 2.0 mL 蒸馏水作为空白对照。各管加入 4.0%苯酚溶液 1.0 mL，摇匀，迅速分别滴加浓硫酸 7.0 mL，摇匀后放置 5 min，置沸水浴中加热 15 min，取出冷至室温后，于 490 nm 处测定吸光度值。以浓度 C（μg/mL）为横坐标，吸光度 A 为纵坐标绘制标准曲线，得回归方程：$A=0.0046C-0.0058$，$r=0.9996$（$n=6$）。结果表明，葡萄糖浓度在 28.6～100.1 μg/mL 时和吸光度有良好的线性关系。

换算因子测定：精密称取干燥至恒重的前述多糖纯品 20 mg，加水适量溶解，转移至 100 mL 容量瓶中，定容，精密量取 1 mL 于 10 mL 容量瓶中，定容，作贮备液用。精密吸取 2 mL，按照上述方法测定吸光度，求出红毛五加多糖液中葡萄糖浓度，按照下式计算换算因子：$f=W_0 \div C_0 D$，W_0 为多糖质量（g），C_0 为多糖液中葡萄糖的浓度（g/mL），D 为多糖的稀释因素。结果表明，$f=3.28$。

样品溶液的制备：分别精密称取不同产地的红毛五加药材粉末（过 20 目筛）0.3 g，置 100 mL 圆底烧瓶中，加入石油醚（沸程 30～60℃）50 mL，回流 6 h，过滤，弃滤液；石油醚洗涤滤渣，挥去石油醚，药渣加入 95%乙醇 50 mL，回流 6 h，过滤，弃滤液；

乙醇洗涤滤渣，挥去乙醇，滤渣精密加入蒸馏水 50 mL，回流 2 次，每次 1 h，过滤，用蒸馏水洗涤滤渣，合并水提液，置 100 mL 容量瓶中，加蒸馏水定容至 100 mL，作为样品溶液。

精密度试验：取对照品溶液，重复测定吸光度 6 次，RSD 为 1.06%。结果表明精密度良好。

重现性试验：取同一样品（S1）溶液，重复测定吸光度 6 次，RSD 为 1.32%。结果表明重现性良好。

稳定性试验：取样品溶液，照样品测定方法操作，每隔 0.5 h 测定吸光度值，连续 4 h，结果吸光度基本无变化，样品在 4 h 内稳定性良好。

加样回收率试验：精密称取已知多糖含量的样品粉末 0.3 g，共 3 份，依次加入不同量的多糖纯品，置圆底烧瓶中，按照样品的制备方法制备样品，按照上述方法测定吸光度，并以葡萄糖标准溶液作对比测定，计算多糖回收率为 98.62%，RSD 为 1.27%（n=9）。

样品含量测定：精密量取不同产地、不同部位、不同采收期红毛五加样品溶液及刺五加、香加皮样品溶液各 2 mL，按照上述方法测定吸光度，按照下式计算多糖含量，结果见表 2-2～表 2-5。

$$多糖含量\%=CDf \div W \times 100\%$$

式中，C 为样品溶液的葡萄糖的质量（μg），D 为样品溶液的稀释倍数，f 为换算因素，W 为样品的质量（μg）。

表 2-2　红毛五加不同部位中 6 种成分的含量测定结果（%；n=3）

部位	总皂苷	多糖	绿原酸	腺苷	紫丁香苷	挥发油	总计
根	7.71	21.89	0.24	0.47	0.003 3	11.00	41.31
茎皮	12.13	8.60	0.23	1.49	0.001 2	29.26	51.71
叶	12.90	11.01	1.31	—		15.30	40.52
茎刺	0.84	2.30	0.037	0.42		—	3.60
茎去皮部分	1.88	3.48	0.46	5.37×10^{-6}	0.004 9	12.17	17.99

注："—"表示未检测出

表 2-3　不同产地红毛五加药材中 5 种化学成分的含量测定结果（%；n=3）

样品	总皂苷	多糖	绿原酸	腺苷	紫丁香苷	总计
S1	9.29	11.50	0.94	0.32	0.001 4	22.04
S2	8.27	4.09	1.03	1.44	—	14.83
S3	9.82	7.67	1.73	0.39	0.002 94	19.61
S4	4.74	8.00	0.72	0.33	—	13.79
S5	8.17	6.79	0.77	0.60		16.33
S6	7.02	8.11	0.50	0.48	0.000 72	16.11
S7	6.32	9.68	0.13	0.95		17.08
S8	7.23	10.20	0.43	0.27		7.93
S9	12.12	12.67	1.21	0.94	0.010 18	26.95

续表

样品	总皂苷	多糖	绿原酸	腺苷	紫丁香苷	总计
S10	6.88	8.73	1.67	0.60	—	17.88
S11	10.04	14.81	0.80	2.01	0.003 16	27.66
S12	8.96	10.09	0.49	1.25	0.004 13	20.80
S13	8.68	5.58	0.23	0.41	—	14.90
S14	7.34	8.96	0.28	0.27	0.003 1	16.85
S15	4.35	2.63	0.80	3.67	—	11.45
S16	6.96	7.20	0.28	0.47	0.002 48	14.91
S17	2.78	8.60	0.79	1.49	—	13.66
S18	2.78	7.43	0.73	7.83×10^{-7}	—	10.94
S19	2.86	7.92	0.45		—	11.23

注："—"表示未检测出或不能积分测定结果

表 2-4　红毛五加、刺五加、香加皮 5 种化学成分的含量测定结果（%；$n=3$）

种	总皂苷	多糖	绿原酸	腺苷	紫丁香苷	总计
S9	12.12	12.67	1.21	0.94	0.010 18	26.95
S20	2.96	2.90	0.47	—	0.015 00	6.35
S21	0.55	2.77	0.28	—	0.000 63	3.60
S22	7.97	15.56	3.34	—	—	26.87

注："—"表示未检测出或不能积分测定结果

表 2-5　不同采收期红毛五加中 5 种化学成分的含量测定结果（%；$n=3$）

月份	总皂苷	多糖	绿原酸	腺苷	紫丁香苷	总计
3	2.44	2.80	0.88	—	0.017 6	6.14
4	3.69	3.82	1.03	—	0.011 3	8.56
5*						
6	1.59	4.82	0.63	—	0.006 6	7.05
7	1.37	5.46	0.53	4.64×10^{-4}	—	7.36
8	1.25	7.26	1.00	—	0.006 0	9.52
9	0.30	8.13	1.10	—	0.003 8	9.53

注：*为未检测月份；"—"表示未检测出

从试验结果可以看出，多糖含量根（21.89%）远高于叶（11.01%）、茎皮（8.60%）、茎刺（2.30%）和茎去皮部分（3.48%），说明传统用茎皮是有科学依据的，同时也发现根和叶的多糖含量较高，从农业上植物资源保护和最大程度利用的角度考虑，建议对红毛五加的叶进行深入研究。

2. 总皂苷的含量测定

采用香草醛-冰醋酸法显色，通过紫外-可见分光光度计测定其含量，该方法简便、快速、准确，可作为红毛五加药材质量的检测手段之一。

对照品溶液的制备：精密称定齐墩果酸对照品适量，加甲醇配成质量浓度为 59.248 ng/mL 的齐墩果酸对照品溶液。

样品溶液的制备：分别称取上述药材粉末（过 20 目筛）约 0.5 g，精密称定，置 10 mL 圆底烧瓶中，加入 70%乙醇 5 mL，超声处理 30 min，过滤，洗涤滤渣，合并滤液，定容至 25 mL，作为样品溶液。

标准曲线的制备：精密移取标准溶液 0.2 mL、0.4 mL、0.6 mL、0.8 mL、1.0 mL、1.2 mL、1.4 mL 分别置于具塞试管中，挥去甲醇。精密加入临时配置的 5%香草醛-冰醋酸溶液 0.2 mL 和高氯酸 0.8 mL，于 60℃下水浴加热 15 min，立即取出，冰水浴 2 min，使试管冷却全室温。加入冰醋酸 5 mL。以香草醛-冰醋酸溶液 0.2 mL，高氯酸 0.8 mL 显色后加入 5 mL 冰醋酸溶液为空白溶液。在 548 nm 波长处测定吸光度。以吸光度 Y 为纵坐标，齐墩果酸质量浓度 X（μg/mL）为横坐标，绘制标准曲线，得回归方程为 $Y=0.0498X-0.0217$，$r=0.9995$（$n=6$）。结果齐墩果酸在 11.8496～82.9472 μg/mL 有良好的线性关系。

精密度试验：取同一对照品溶液，重复测定吸光度 6 次，RSD 为 1.35%。结果表明精密度良好。

重现性试验：取同一样品（S1）溶液，重复测定吸光度 6 次，RSD 为 1.54%。结果表明重现性良好。

稳定性试验：取样品（S1）溶液，照样品测定方法操作，每隔 0.5 h 测定吸光度值，连续 4 h，结果吸光度值在 1 h 内稳定性良好。

加样回收率试验：称取已知总皂苷含量的样品（S1）粉末 0.5 g，精密称定 3 份，依次加入不同量的齐墩果酸对照品，置圆底烧瓶中，按照样品的制备方法制备样品，精密量取样品溶液 0.3 mL 于蒸发皿中水浴蒸干，用甲醇溶解，置于具塞试管中，按照上述方法，以齐墩果酸标准溶液作对比测定，计算总皂苷回收率为 98.82%，RSD 为 1.42%（$n=9$）。

样品含量测定：称取不同产地、不同部位、不同采收期红毛五加及刺五加和香加皮药材粉末（过 20 目筛）各约 0.5 g，精密称定，按照样品的制备方法制备样品，精密量取样品溶液 0.3 mL 于蒸发皿中水浴蒸干，用甲醇溶解于具塞试管中，按照上述方法测定吸光度，按下式计算总皂苷含量，结果见表 2-2～表 2-5。

$$总皂苷含量\%=CVD\div W\times100\%$$

式中，C 为总皂苷显色稀释后的浓度（mg/mL）；V 为稀释后的体积（mL）；D 为样品的稀释倍数；W 为样品的质量（g）。

从试验结果可以看出，不同植物部位中，总皂苷含量叶（12.90%）、茎皮（12.13%）、根（7.71%）、茎去皮部分（1.88%）和茎刺（0.84%），说明传统用茎皮是有科学依据的，同时也发现叶的含量更高，从农业上植物资源保护和最大程度利用的角度考虑，建议对红毛五加的叶进行深入研究；不同产地中：以 S9 阿坝州小金县两河乡大板村产含量（12.12%）最高，S11 阿坝州金川县产含量（10.04%）次之；以 S17 阿坝州小金县板场沟和 S15 阿坝州小金县火地村含量较低。

3. 绿原酸的含量测定

色谱条件：Kromasil C_{18} 柱（250 mm×4.6 mm，5 μm），柱温 30℃。流动相为乙腈-2‰

磷酸水溶液（10∶90），检测波长 327 nm，流速 1.0 mL/min。绿原酸峰达到基线分离，峰形对称，分离度好，按照绿原酸峰计，理论塔板数不应低于 5000。

对照品溶液的制备：精密称取绿原酸对照品适量，加甲醇配置成 0.3550 mg/mL 的溶液。

样品溶液的制备：称取红毛五加药材粉末（过 20 目筛）约 0.5 g，精密称定，置圆底烧瓶中加入 75%甲醇 50 mL，称重，加热回流 1.5 h，取出，冷却至室温，用 75%甲醇补足减失质量，摇匀，过滤，蒸干。残渣用甲醇溶解转移至 25 mL 容量瓶，定容至刻度，过 0.45 μm 的微孔滤膜，作为样品溶液。

线性关系的考察：分别精密量取上述对照品溶液 1 μL、2 μL、4 μL、6 μL、8 μL、10 μL，在色谱条件下测定峰面积。以进样量 X（μg）为横坐标，峰面积 Y 为纵坐标绘制标准曲线，回归方程为 $Y=2.113×10^6X-2.235×10^5$，$r=0.9995$（$n=6$），结果表明，绿原酸在 0.355～3.55 μg 与峰面积具有良好的线性关系。

精密度试验：精密吸取对照品溶液（0.3550 mg/mL）10 μL，重复进样 6 次，测得峰面积的 RSD 为 0.95%（$n=6$）。结果表明精密度良好。

稳定性试验：精密量取样品溶液 10 μL，分别于 0、2 h、4 h、6 h、8 h 测定。按照绿原酸对照品峰面积计算 RSD 为 0.4%（$n=6$）。结果表明样品溶液在配制后 8 h 内稳定。

重复性试验：取同一批样品溶液，精密称取 6 份，按照方法制备样品溶液，按照色谱条件测定绿原酸的含量，RSD 为 1.4%（$n=6$），表明重复性良好。

回收率试验：称取 9 份已知含绿原酸量的药材粉末约 0.25 g，精密称定，依次加入低、中、高 3 种质量浓度绿原酸对照品溶液，按照上述方法制备样品溶液，按照色谱条件测定。结果平均回收率为 100.1%，RSD 为 0.9%（$n=9$），结果表明加样回收良好。

样品含量测定：分别吸取不同产地、不同药用部位、不同采收期红毛五加样品溶液及刺五加和香加皮药材样品溶液各 10 μL 和对照品溶液 10 μL，按照上述方法制备样品溶液，按照色谱条件测定，试验结果见表 2-2～表 2-5。

从试验结果可以看出：①不同产地的红毛五加茎皮中绿原酸的含量差别较大，绿原酸的含量最高为 1.73%（四川小金县美沃沟村），最低为 0.13%（四川雅安）；小金县不同村之间也有很大差异，这可能与当地光照、气候、土壤等条件变化较大有关系，因此在确定最佳栽培基地时要综合评价。②不同药用部位红毛五加中绿原酸的平均含量分别为叶 1.31%、根 0.24%和茎皮 0.23%；红毛五加皮的使用较普遍，但对叶开发利用的报道并不多。通过查阅资料发现，金银花及菊花常被用来作为绿原酸的主要原植物来源，红毛五加药材特别是叶中绿原酸的含量与菊花中绿原酸含量相似，故建议可以作为绿原酸提取物的一个新来源。③3 种药材绿原酸的含量分别为：红毛五皮 1.67%、刺五加皮 0.62%和香加皮 1.59%，从化学成分绿原酸和香加皮毒性的角度考虑，建议此 3 种药材不替代入药，且应避免用香加皮代替五加科植物五加皮类药材。

4. 紫丁香苷的含量测定

紫丁香苷为五加科五加属植物的有效成分，具有止血作用，拟利用高效液相色谱法测定五加类药材不同药用部位和不同产地茎皮样品中紫丁香苷的含量，以期为科学、合理和可控地开发和利用该药材提供一定的依据。

检测波长选择：取紫丁香苷对照品溶液，利用二极管阵列检测器检测，分别在不同波长下提取光谱，结果其最大吸收波长为 263 nm，因此确定其检测波长为 263 nm。

流动相选择：进行色谱流动相系统选择时，分别用不同比例的甲醇-水对样品进行分离，结果以甲醇-水（20∶80）的分离效果为佳。

不同提取方法的比较：在样品处理方法的选择时，分别以料液比为 1∶10 的 70%乙醇、乙醇-氯仿（9∶1）和料液比为 1∶12.5 的甲醇对样品进行处理，结果以 70%乙醇处理后的样品含量最高，分离效果为佳。

色谱条件：Kromasil C_{18} 色谱柱（250 mm×4.6 mm，5 μm），柱温 25℃，流速 1.0 mL/min，流动相甲醇∶水（20∶80），检测波长 263 nm。在此色谱条件下，紫丁香苷峰与样品中的其他组分峰达到基线分离，峰形对称，阴性无干扰。按紫丁香苷峰计算，色谱柱的理论塔板数不低于 2000，对照品和样品在此条件下有较好的分离度。

对照品溶液的制备：称取紫丁香苷对照品 1.36 mg，精密称定，置 5 mL 容量瓶中，用甲醇溶解并稀释至刻度，精密量取上述溶液 2 mL，溶于 50 mL 容量瓶中，定容至刻度，即得对照品溶液。

样品溶液的制备：称取干燥的红毛五加粉末（20 目）约 1.0 g，精密称定，置 25 mL 量瓶中，加入 70%乙醇 10 mL，超声处理 30 min，过滤，取滤液用 0.45 μm 微孔滤膜过滤，即得。

线性关系考察：分别精密量取对照品溶液 1 μL、2 μL、4 μL、6 μL、8 μL、10 μL、12 μL，用色谱条件进行测定，以浓度（X）为横坐标，峰面积（Y）为纵坐标，进行线性回归，得回归方程为 $Y=3\,314\,278.9\,X-1894.9$，$r=0.9993$，线性范围为 0.010 88～1.3056 μg。

精密度试验：精密吸取对照品溶 10 μL，重复进样 6 次，测得峰面积的 RSD 为 1.22%（$n=6$）。结果表明精密度良好。

稳定性试验：精密量取样品（S1）溶液 10 μL，分别于 0、2 h、4 h、6 h、8 h 测定。按照紫丁香苷对照品峰面积计算 RSD 为 1.42%（$n=6$）。结果表明，样品溶液在配制后 8 h 内稳定。

重复性试验：精密量取同一批样品（S1），平行称取 6 份，进行含量测定。RSD 为 0.15%（$n=6$），结果表明重复性良好。

回收率试验：取已知含量的样品（S1）约 50 mg，9 份，精密称定，分高、中、低 3 个水平（即 80%、100%、120%）精密加入对照品适量，按照上述方法制备样品，色谱条件进行测定峰面积，计算回收率，得紫丁香苷平均回收率为 98.16%，RSD=0.92%（$n=9$）。

样品含量测定：分别精密吸取不同产地、不同部位、不同采收期红毛五加及刺五加和香加皮药材样品溶液各 10 μL 和对照品溶液 10 μL，按照上述方法制备样品溶液，按照色谱条件测定，试验结果见表 2-2～表 2-5。

从试验结果可以看出，不同产地的紫丁香苷含量普遍较低，其中有 11 个样品中未检测到；含量最高的是阿坝州小金县大板村 0.010 18%；不同药用部位：茎去皮部位含量最高为 0.0049%，茎皮中含量为 0.0012%，而叶和茎刺中未检测到。茎去皮部分中的多糖、总皂苷、绿原酸、腺苷、挥发油等成分都有分布，含量较其他部位低，而紫丁香苷含量相对较高；茎皮（质量）与茎去皮部分（质量）比为1/4。建议：从可持续和综合利用资源的角度考虑，红毛五加药材作为商品，茎中的木质部是否应该去掉，还值得商酌。

5. 腺苷的含量测定

采用 RP-HPLC 测定红毛五加中腺苷的含量未见报道。本课题组建立了红毛五加中腺苷含量的测定方法，方法简便、准确、重复性好，可作为红毛五加药材质量的检测手段之一。

检测波长选择：取腺苷对照品溶液，利用二极管阵列检测器检测，分别在不同波长下提取光谱，结果其最大吸收波长为258 nm，因此确定其检测波长为258 nm。

流动相选择：进行色谱流动相系统选择时，分别用不同比例的甲醇-水、乙腈-水对样品进行分离，结果以乙腈-水（5∶95）的分离效果为佳。

提取溶媒的选择：根据文献分别用水、15%甲醇、90%甲醇作为提取溶媒，从企业药品生产的安全和成本考虑，在选择样品处理方法时，考虑选择用 15%甲醇、水。分别称取红毛五加茎皮药材（20 目）约 2 g，2 份，精密称定，料液比为 1∶10 的 15%甲醇、水对样品分别超声提取 40 min。结果以水处理后样品中腺苷的含量最高，分离效果为佳，故本试验采用水溶液提取。

提取方法的选择：分别称取红毛五加茎皮药材（20 目）约 2 g，2 份，精密称定，用料液比为 1∶10 的水分别对两份样品进行加热回流提取和超声处理 40 min，结果两种提取方法的提取率相差甚小。考虑到超声处理操作简便、操作时间短，故本试验采用超声提取法。

提取次数的考察：分别称取红毛五加茎皮药材（20 目）约 2 g，3 份，精密称定，料液比为 1∶10 的水，提取 40 min，分别提取 3 次。结果第 1 次提取出的腺苷量占 3 次提取总腺苷量的97%，提取 1 次腺苷已经基本提取完全，故本试验次数选择 1 次。

超声时间的考察：分别称取红毛五加茎皮药材（20 目）约 2 g，6 份，精密称定，料液比为 1∶10 的水，考察超声时间 10 min、20 min、30 min、40 min、50 min、60 min 的腺苷的含量。结果以 40 min 时腺苷的量较高；延长超声时间，腺苷的量增加很少，考虑节约成本，故选择超声时间为 40 min。

料液比的考察：分别称取红毛五加茎皮药材（20 目）约 2 g，6 份，精密称定，超声时间为 40 min，超声提取 1 次，考察料液比为 1∶4、1∶6、1∶8、1∶10、1∶12、1∶14 的腺苷的含量。结果以料液比为 1∶10 时所得腺苷的量最高，故选择料液比为 1∶10。

对照品溶液的制备：称取腺苷对照品 1.72 mg，精密称定，置 25 mL 容量瓶中，用水溶解并稀释至刻度，制成质量浓度为 0.0688 mg/mL 的腺苷对照品溶液。

样品溶液的制备：分别称取干燥的红毛五加药材的根、茎皮、叶和茎刺粉末（20 目）各 1.0 g，精密称定，置具塞锥形瓶中，精密加水 10 mL，密塞，摇匀，超声处理 40 min（功率 250 W，频率 40 kHz），放冷，过滤，取滤液用 0.45 μm 微孔滤膜过滤，即得红毛五加药材的根、茎皮、叶和茎刺样品溶液。

色谱条件：Kromasil C$_{18}$色谱柱（250 mm×4.6 mm，5 μm），柱温 25℃，流速 1.0 mL/min，流动相乙腈-水（5∶95），检测波长 258 nm。在此色谱条件下，腺苷峰与样品中的其他组分峰达到基线分离，峰形对称，阴性无干扰。按腺苷峰计算，色谱柱的理论塔板数不低于 2000。

线性关系考察：分别精密量取对照品溶液 1.0 μL、2.0 μL、4.0 μL、6.0 μL、8.0 μL、10.0 μL，按照色谱条件进行测定，以浓度 X 为横坐标，峰面积 Y 为纵坐标，进行线性回归，得回归方程为 $Y=2.0×10^6X-1.69^5×10^4$，$r=0.9993$（$n=6$），线性范围为 0.07～0.69 μg。

精密度试验：精密吸取对照品溶液 10 μL，重复进样 6 次，测得峰面积的 RSD 为 1.0%（$n=6$）。结果表明精密度良好。

重复性试验：取同一批样品（S1）溶液，精密称取 6 份，按照上述方法制备样品溶液，按照色谱条件测定腺苷的含量，结果含量为 1.49%，RSD 为 0.9%（$n=6$），结果表明重复性良好。

稳定性试验：精密量取样品（S1）溶液 10 μL，分别于 0、2 h、4 h、6 h、8 h 测定。按照腺苷对照品峰面积计算 RSD 为 0.7%（$n=6$）。结果表明样品溶液在配制后 8 h 内稳定。

加样回收率试验：精密称取已知含腺苷量的药材（S1）粉末约 0.5 g，9 份，分为 3 组依次加入相当于样品溶液中腺苷含量的 80%、100%、120%的对照品溶液（0.0688 mg/mL），按照上述方法制备样品溶液，按照色谱条件测定。结果加入相当于样品溶液中腺苷含量的 80%平均回收率为 99.3%，RSD 为 0.9%（$n=3$）；加入相当于样品溶液中腺苷含量的 100%平均回收率为 99.1%，RSD 为 0.9%（$n=3$）；加入相当于样品溶液中腺苷含量的 120%平均回收率为 99.2%，RSD 为 0.9%（$n=3$）。

样品含量测定：分别精密吸取不同产地、不同部位、不同采收期红毛五加及刺五加、香加皮药材样品溶液各 10 μL 和对照品溶液 10 μL，按照色谱条件测定，试验结果见表 2-2～表 2-5。

从试验结果可以看出，腺苷含量最高的产地是四川阿坝州小金县火地村为 3.67%；不同药用部位中茎皮含量 1.49%、根 0.47%和茎刺 0.42%，叶中不含。

表 2-5 表明，多糖、总皂苷、绿原酸、紫丁香苷、腺苷等有效成分在 3～9 月呈现上升的趋势。

6. 挥发油的含量测定

样品的制备：采用共水蒸馏法提取挥发油，以挥发油质量百分含量为指标，比较红毛五加药材不同药用部位挥发油的含量。同上述方法分别提取红毛五加根、茎皮、叶、茎去皮部分中的挥发油，记录所提取挥发油的体积，备用。

样品的测定：取挥发油样品置于已干燥至恒重的锥形瓶中，称定质量，记录挥发油质量。按照下式计算红毛五加不同部位中挥发油的含量，试验结果见表 2-2。

$$挥发油的含量 = M_1 ÷ M_0 × 100\%$$

式中，M_1 为提取出挥发油的质量（g）；M_0 为红毛五加药材的取样量（g）。

试验结果表明，红毛五加药材根、茎、叶、茎去皮 4 个部位中的挥发油含量并不完全相同；茎皮及叶中的挥发油常温下以固态存在，黄色，轻油；根和茎去皮部分中挥发油常温下以固态存在，白色，重、轻油兼有，重油居多。

红毛五加药材的茎皮中总皂苷、多糖、绿原酸、腺苷、紫丁香苷及挥发油 6 种成分的总含量最高，根和叶次之，再次提示以传统的根皮和茎皮入药有一定的物质基础，从资源的可持续发展角度考虑，建议进一步研究论证叶的入药问题。

第二节　红毛五加野生变家种扦插栽培试验研究

红毛五加在四川有丰富的资源，历史道地产区在四川省阿坝州小金县，当地藏羌农民每年采收野生红毛五加的茎干，去木心，把茎皮晒干作为药材销售；当地农民无人工栽培红毛五加习惯；在同是四川藏区的甘孜州，课题组没有寻找到红毛五加资源。课题组前期进行了整株移栽、扦插繁殖预试验（彩图 1～彩图 2），发现移栽对环境破坏较大，对植被保护不利；扦插繁殖尚可，因此，在阿坝州小金县进行了扦插繁殖的栽培试验研究，研究结果表明，盖地膜、配营养袋的扦插苗存活率可以达 70%，在扦插时需要先把窝打好，轻轻斜放土壤中，不能伤茎的斜切口；在小金县选择的几个乡村（海拔在 2000～3500 m）红毛五加盖地膜、配营养袋的扦插试验存活率都在 70%。

由于红毛五加为灌木或小灌木，无性扦插、移栽和种子繁殖等需要 3 年以上的生长年限，才能采收嫩芽进行采样，因此栽培试验仍然在继续进行；对不同繁殖方式、温度、土壤、光照、水、肥料、海拔、经纬度、间作物种等条件下红毛五加嫩叶的质量研究正在进行中。

第三节　四川藏羌民族地区药食两用植物五加菜的品种鉴定及质量评价研究

一、药食两用植物"五加菜"鉴别

四川藏羌民族地区五加菜主要有：红毛五加（*Acanthopanax giraldii* Harms）、糙叶藤五加 [*Acanthopanax leucorrhizus*（Oliv.）Harms var. *fulvescens* Harms & Rehd] 和蜀五加（*Acanthopanax setchuenensis* Harms ex Diels），其中，红毛五加的茎皮中总皂苷、多糖、绿原酸、腺苷、紫丁香苷等活性成分含量远高于《中国药典》（2010 年版）及以前版本收载品种刺五加。川产五加类植物有望代替国家三级保护植物、濒危物种——刺五加，尤其是糙叶藤五加的有效成分含量综合评价优于蜀五加和红毛五加，而且在四川甘孜州的野生资源丰富，还未开发利用，是值得继续关注的新药食两用品种。

1. 原植物鉴定（彩图 3）

课题组连续三年在四川阿坝州、甘孜州五加菜不同生长时期采集标本，参阅文献，分别初步鉴定为红毛五加、糙叶藤五加、蜀五加。

1）红毛五加

嫩茎绿色，老枝棕黄色或灰白色，嫩枝密生直刺向下，细长针状，红色。掌状复叶，叶片上表面疏毛，背面几乎无毛；小叶边缘有不整齐细重锯齿或锯齿，总叶柄靠近小叶柄的一端轮生小刺。伞形花序单个顶生，有花多数；花绿黄色，5 基数。果实球形，有 5 棱，成熟时黑色。

2）糙叶藤五加

灌木，高 0.5～3 m，直立。老茎黄绿色，节间散生多数皮刺；嫩茎绿色，被白粉，节上多密生刺，稀节间生疏刺；刺基部不膨大，向下。掌状复叶，有小叶 5，稀 3～4；小叶膜质；小叶长椭圆形至披针形，先端渐尖，基部楔形至近圆形；叶片上表面被有糙毛，背面沿叶脉生有黄色短柔毛；小叶边缘重锯齿，稀锯齿，齿白色；小叶片长 6.5～10.5 cm，宽 2.5～4.5 cm，侧脉 10～12 对；总叶柄长 2～10.5 cm 或更长，绿色，基部轮生刺；小叶柄长 2～5 mm，小叶柄基部密生黄色短柔毛。伞形花序数个组成短圆锥花序，总花梗长 5～10 cm，无毛；花绿黄色；萼无毛，边有 5 小齿；花瓣 5，三角状卵形，长约 2 mm，开花时反曲；雄蕊 5；子房 5 室，稀 6 室，花柱全部合生成柱状。果实宿存，花柱短，长 0.5～1.0 mm。花期 6～7 月，果期 8～10 月。

3）蜀五加

茎皮刺较多，较粗壮，基部稍膨大。多为 3 出叶，少 5；小叶片革质；上表面被疏糙毛，叶背面灰白色，沿脉有棕色短柔毛；小叶边缘的重锯齿黄色；小叶片长 9～15 cm，宽 3～5 cm；总叶柄长 3～12 cm，红色；小叶柄长 2～4 mm，小叶柄基部几乎无毛。总花梗长 5～10 cm；花紫黄色；子房 5 室。

2. 组织鉴别（彩图 4～彩图 14）

试剂：FAA 固定液（50%乙醇：甲醛：冰醋酸=89：5：6）；番红（成都市科龙化工试剂厂，AR，批号：070719）；固绿（成都市科龙化工试剂厂，进口分装，批号：20070530）。

仪器：PENTAX 数码相机（S10）；石蜡切片机（YD-1508 轮转式切片机）；OLYMPUS BX41 显微成像系统及 TIGER3000 金像处理成像软件；METTLER AE240 电子分析天平（梅特勒-托利多仪器上海有限公司）；GoA 型电热真空干燥箱（天津市东郊机械加工厂）；hh-2 数显恒温水浴锅（国华电器有限公司）；正德牌远红外可控调温电炉（成都市聚焱电器厂）。

红毛五加（*A. giraldii* Harms.）采自阿坝州小金县两河乡大板村，糙叶藤五加 [*A. leucorrhizus*（Oliv.）Harms var. *fulvescens* Harms & Rehd]和蜀五加（*A. setchuenensis* Harms ex diels）均采自甘孜州康定县新城山上。

试验方法：取部分所采的新鲜药材，剪成长 3～5 cm 小段，用 FAA 固定液固定 7d 以上，按照常规石蜡切片法，经过脱水、透明、浸蜡、包埋、切片，并经番红和固绿染色，制作永久性石蜡切片，在电子显微镜下观察，成像系统成像。

叶片气孔的观察方法采用指甲油印迹法。

脉岛数：将自制的蜡叶标本的叶片置于 2.5 倍物镜的电子显微镜下观察，成像系统成像。

1）红毛五加

根横切面：木栓层棕褐色，栓内层为 4～6 列切向延长细胞。韧皮薄壁细胞内有大量簇晶，木质部薄壁细胞内偶含有簇晶，直径 10～30 μm。韧皮射线 1～4 列细胞。韧皮部分泌道椭圆形或近圆形，内直径 20～80 μm，上皮细胞（即分泌细胞）3～5 个。木质部导管多成单个散在，或数个相聚，径向稀疏排列成放射状。

茎横切面：表皮为 1 列方形细胞。皮层为大小不一的薄壁细胞，中部由数列厚角组织细胞连接成环。《常用中药材品种整理和质量研究》（北方编）一书中对红毛五加茎皮显微特征描述："表皮细胞 1 列，外被角质层……木栓层为 3～4 列细胞，类方形或径向长方形……皮层细胞较大，外侧为 4～6 列厚角细胞"，而本课题组前期研究结果认为，在表皮下面的是下皮层而非木栓层。哪一种说法较为准确？在查阅了相关教材和文献后，尚不能得出结论。为了遵循科学的严谨性，故仍需进一步查阅更多的文献来得出正确的结论。

茎皮横切面：栓外层为 3～5 列细胞，外被角质层，类方形；木栓形成层 1 列，栓内层 3～5 列，为方形细胞，排列紧密。皮刺由 2～13 个径向排列的纤维组成。薄壁细胞中含簇晶，直径 20～40 μm。韧皮部外侧有分泌道散在，类圆形或长圆形，上皮细胞（即分泌细胞）6～9 个，直径 5～25 μm。

叶横切面：栅栏组织为 1 列，排列不紧密，不过主脉；海绵组织排列疏松。

果横切面：果为 5 个心皮，每个心皮各有 1 枚种子，种皮为 1 列方形细胞。

2）糙叶藤五加

根横切面：木栓层棕褐色，栓内层为 3～4 列切向延长细胞。皮层薄壁细胞内有簇晶多数，直径 15～40 μm。韧皮射线 1～3 列细胞。韧皮部的分泌道椭圆形或近圆形，内直径 30～75 μm，上皮细胞（即分泌细胞）4～5 个。木质部导管多呈单个散在，或数个相聚，径向稀疏排列呈放射状。

茎皮横切面：表皮细胞 1 列，类方形，外被角质层。皮层薄壁细胞内簇晶散在，直径 10～50 μm。韧皮部分泌道椭圆形或近圆形，内直径 15～40 μm，上皮细胞（即分泌细胞）6～7 个。

叶横切面：上表皮为类方形细胞，稍大，外被角质层；下表皮细胞较小。叶肉组织为异面型，1 列栅栏组织，排列紧密，不过主脉；海绵组织疏松。主脉维管束 6～7 个，外韧型，韧皮部有分泌道，上皮细胞（即分泌细胞）6～7 个。叶肉组织细胞中含有簇晶，直径 20～35 μm。

果横切面：外果皮为 1 列近方形细胞，外被角质层。中果皮为大量类圆形薄壁细胞，含大量淀粉粒；簇晶散在，直径 15～20 μm；外韧型维管束稀疏分布，有分泌道，上皮细胞（即分泌细胞）5～6 个。内果皮为 1 列薄壁细胞。果为 5 个心皮，稀 6。

果柄横切面：类圆形。表皮为 1 列类方形细胞，外壁增厚角质化形成角质层。皮层为 4～5 列薄壁细胞，簇晶散在；有分泌道，上皮细胞（即分泌细胞）有 6～9 个。维管束外韧型。

3）蜀五加

根横切面：栓内层 3～4 列切向延长细胞。皮层薄壁细胞内簇晶较大，直径 20～60 μm。韧皮部的分泌道较小，内直径 25～60 μm，上皮细胞（即分泌细胞）3～4 个。

茎皮横切面：皮层薄壁细胞内簇晶较小，直径 15～20 μm。分泌道直径 15～40 μm，上皮细胞（即分泌细胞）6～10 个。

叶横切面：主脉维管束呈半圆形。叶肉组织中簇晶散在，栅栏组织 1～2 列。分泌道上皮细胞（即分泌细胞）5～6 个。

果横切面：中果皮细胞核明显，细胞质浓厚；分泌道少见，上皮细胞（即分泌细胞）5～6个。

果柄横切面：皮层薄壁细胞簇晶较少，散在。分泌道上皮细胞（即分泌细胞）5～7个。

由表 2-6 和表 2-7 及彩图 12～彩图 14 可以看出：红毛五加的特征（栅栏组织和海绵组织分化不明显，只有排列稀疏的 1 列细胞）与其他 4 种完全不同；A、C 和 D 的栅栏组织排列紧密且特征最为相似（只是细胞内含物的颜色略有不同）；B 的栅栏组织排列和栅表比也有所不同，提示可能为不同种。

表 2-6　五加叶下表皮气孔的大小及参数

种	气孔类型	气孔宽/μm	气孔长/μm	长/宽	气孔指数/%
糙叶藤五加	平轴式	2.73～7.93	16.83～24.85	2.12～6.46	11.3～12.7
蜀五加	平轴式	2.39～5.73	17.34～20.70	3.30～8.58	15.5～17.9
糙叶藤五加	平轴式	3.58～7.75	16.20～38.86	2.78～6.67	21.7～23.8
糙叶藤五加	平轴式	3.71～8.10	18.89～27.27	3.37～6.14	21.2～22.7
红毛五加	平轴式	3.69～4.73	12.45～23.97	2.63～5.34	9.6～10.0

表 2-7　五加叶的脉岛数　　　　　　　　　　（单位：个/mm²）

种	糙叶藤五加	蜀五加	糙叶藤五加	糙叶藤五加	红毛五加
脉岛数	1.24～1.54	1.19～1.29	1.49～1.79	1.26～1.69	1.15～1.79

植物检索表

1. 花柱 5，伞形花序单生 ⋯⋯⋯⋯⋯⋯⋯⋯⋯⋯⋯⋯⋯⋯⋯⋯⋯⋯⋯⋯⋯⋯⋯⋯⋯⋯⋯红毛五加

1. 花柱 5，伞形花序组成复伞形花序或短圆锥花序

　　2. 小叶片革质，下面灰白色 ⋯⋯⋯⋯⋯⋯⋯⋯⋯⋯⋯⋯⋯⋯⋯⋯⋯⋯⋯⋯⋯⋯⋯蜀五加

　　2. 小叶片革质，下面非灰白色

　　　3. 花紫黄色 ⋯⋯⋯⋯⋯⋯⋯⋯⋯⋯⋯⋯⋯⋯⋯⋯⋯⋯⋯⋯⋯⋯⋯⋯⋯⋯⋯刺五加

　　　3. 花绿黄色 ⋯⋯⋯⋯⋯⋯⋯⋯⋯⋯⋯⋯⋯⋯⋯⋯⋯⋯⋯⋯⋯⋯⋯⋯糙叶藤五加

1. 根皮中有纤维

　　2. 叶片气孔指数在 20% 以下

　　　3. 栅栏组织和海绵组织分化不明显 ⋯⋯⋯⋯⋯⋯⋯⋯⋯⋯⋯⋯⋯⋯⋯⋯⋯⋯红毛五加

　　　3. 栅栏组织和海绵组织分化明显

　　　　4. 根中分泌道上皮细胞（即分泌细胞）5 个以下，果中淀粉粒直径 4～30 μm
　　　　⋯⋯⋯⋯⋯⋯⋯⋯⋯⋯⋯⋯⋯⋯⋯⋯⋯⋯⋯⋯⋯⋯⋯⋯⋯⋯⋯⋯⋯⋯⋯蜀五加

　　　　4. 根中分泌道上皮细胞（即分泌细胞）5 个以上，果中淀粉粒直径 5～20 μm
　　　　⋯⋯⋯⋯⋯⋯⋯⋯⋯⋯⋯⋯⋯⋯⋯⋯⋯⋯⋯⋯⋯⋯⋯⋯⋯⋯⋯⋯⋯⋯⋯刺五加

　　2. 叶片气孔指数在 20% 以上

1. 根皮中无纤维 ⋯⋯⋯⋯⋯⋯⋯⋯⋯⋯⋯⋯⋯⋯⋯⋯⋯⋯⋯⋯⋯⋯⋯⋯⋯⋯糙叶藤五加

3. 粉末与解离鉴别

粉末鉴别中分别采用稀甘油装片、水合氯醛透化观察。解离制片选择硝酸-铬酸离析法制片观察（彩图15～彩图18）。

1）红毛五加

茎皮粉末：灰黄色。①木栓组织碎片随处可见，并可见油滴；②韧皮纤维较多，可见纹孔和绿色内含物；③草酸钙簇晶较多；④淀粉粒，多为单粒，脐点人字形、点状等；⑤可见皮刺中具有纹孔的纤维、分泌道中的棕黄色内含物、较多的厚角细胞和表皮细胞。

叶粉末：绿色。①上表皮细胞类多边形，具明显的纹理，下表皮细胞垂周壁波状弯曲，可见气孔，平轴式；②叶肉细胞较多，栅栏组织和海绵组织细胞内有较多叶绿体；③可见网纹导管和梯纹导管；④可见细胞壁加厚的叶柄下皮细胞；⑤叶柄韧皮纤维成束或散在。

成熟果实粉末：紫棕色。①外果皮细胞三角形或多角形；②中果皮细胞较小，类方形；③簇晶较小，直径15～25 μm，在偏光镜下观察呈彩色；④淀粉粒以单粒为主，类圆形或不规则形，直径4～22 μm，脐点点状、人字形或裂缝状；复粒由2～3分粒组成；⑤可见环纹导管和螺纹导管；⑥纤维呈细长梭形，壁厚，具缘纹孔隐约可见。

2）糙叶藤五加

根：淡灰色。①可见木栓细胞类长方形，黄棕色；②簇晶较多，在偏光镜下观察呈彩色；③淀粉粒少见，多为单粒，类圆形，直径8～25 μm，脐点点状，在偏光镜下观察呈十字形；④导管多为网纹，亦有螺纹；⑤含棕色块；⑥去皮根纤维呈细长梭形，或一端尖一端钝（或平截），外壁平直或略波状弯曲，长970～1150 μm，直径20～35 μm，壁厚2～7 μm；⑦木薄壁细胞多数个相接成一排或数排，具缘纹孔明显，长25～110 μm，宽15～10 μm，壁厚2～7 μm。

根皮：未见纤维和石细胞。

茎皮粉末：土黄色。①木栓组织碎片较多；②簇晶较多，在偏光镜下观察呈彩色；③淀粉粒以单粒为主，类圆形、半圆形或不规则形，直径10～20 μm，脐点点状或人字形；④薄壁细胞多见；⑤导管以环纹导管、网纹导管和螺纹导管为主；⑥一种为皮刺纤维，两端尖，壁上有少数纹孔；一种纤维呈细长梭形，或一端尖一端平截，外壁平直或波状弯曲，长360～2120 μm，直径12～40 μm，壁厚3～8 μm。

叶粉末：绿色。①上下表皮细胞表面观呈类多角形，垂周壁平直；下表皮可见气孔；②簇晶直径25～35 μm，在偏光镜下观察呈彩色；③淀粉粒以单粒为主，类圆形、半圆形或不规则形，直径15～20 μm，脐点点状、人字形或短缝状；④叶肉细胞较多；⑤可见非腺毛；⑥导管以环纹为主；⑦纤维呈细长梭形，壁厚。

果实粉末：淡黄色。①外表皮细胞表面观多角形；②中果皮细胞较小，类方形；③簇晶较小，直径15～20 μm，在偏光镜下观察呈彩色；④淀粉粒以单粒为主，类圆形或不规则形，直径8～20 μm，脐点点状或人字形；复粒由2～3分粒组成；⑤可见网纹导管和螺纹导管；⑥纤维呈细长梭形，壁厚。

3）蜀五加

根：灰白色。①可见木栓细胞多角形或类方形，淡棕色；②淀粉粒较多，单粒较小，直径 4~20 μm，脐点人字形或点状；③复粒由 2~3 分粒组成；③导管多为梯纹导管和网纹导管；④去皮根中纤维，长 520~1460 μm，直径 5~35 μm，壁厚 3~6 μm；⑤木薄壁细胞近方形或类圆形，壁较厚，纹孔明显，长 45~200 μm，宽 30~120 μm，壁厚 8~12 μm。

根皮：有纤维，未见石细胞。

茎皮：①木栓组织呈棕色；②淀粉粒多单粒，类圆形或不规则形，稍大，直径 10~25 μm，脐点点状、人字形或短缝状；复粒由 2~3 分粒组成；③导管以螺纹导管、网纹导管和孔纹导管为主；④皮刺纤维，不规则形，一端或两端尖，外壁平直或略波状弯曲，具缘纹孔明显；长梭形纤维，壁较光滑而厚，长 160~2565 μm，直径 10~55 μm，壁厚 2~10 μm。

叶：①簇晶较小，直径 15~20 μm；②淀粉粒，单粒较大，直径 10~25 μm；复粒由 2~3 分粒组成。

果：①外果皮细胞类长方形或者不规则形，中果皮细胞较小，类圆形；②簇晶较小，直径 10~20 μm；③淀粉粒单粒或复粒，类圆形或不规则形，大小不一，直径 4~30 μm，脐点人字形、点状、一字形或裂缝状；复粒由 2~3 分粒组成；④导管多为环纹导管；⑤纤维少见，梭形，纹孔不明显。

通过对四川省甘孜州康定县新城山上采集的"五加菜"进行原植物鉴定，初步鉴定为糙叶藤五加、蜀五加，但采集到的蜀五加花紫色，而文献中蜀五加花白色，原植物其他特征基本吻合；现有资料中只有刺五加有关于花为紫黄色的描述，其他种对花的颜色描述较少。因为所采集到的红毛五加的果实是成熟的，而甘孜州的糙叶藤五加和蜀五加的果实是幼果，所以粉末的颜色不同。

二、药食两用植物五加菜有效成分含量测定

现代药效学研究表明，刺五加中含有金丝桃苷、异嗪皮啶等成分。金丝桃苷对钙内流有较强的选择性阻滞作用，对心肌和脑缺血损伤有保护作用，调节免疫功能，临床上主要用于治疗心脑血管疾病、抗菌、抗炎、止咳、平喘、祛痰等，且疗效突出，应用前景十分广阔，这与红毛五加皮对心血管系统、免疫系统、抗炎、抗病毒、抗肿瘤等药理作用相一致。异嗪皮啶具有镇静作用，并且有对刺五加药材及其相关制剂中异嗪皮啶含量测定的报道。红毛五加与刺五加为同科同属植物，目前尚未查阅到红毛五加中有关金丝桃苷、异嗪皮啶的研究。四川阿坝藏族羌族自治州为红毛五加药材的主要产区和历史道地产区，其传统的入药部位为茎皮，本课题组的前期研究表明，其绿原酸、紫丁香苷、腺苷、齐墩果酸等活性成分的含量较高。

本试验拟采用 RP-HPLC 法考察比较红毛五加不同药用部位、不同产地、不同采收期的红毛五加皮中金丝桃苷、异嗪皮啶的含量，以期进一步为红毛五加药材的质量控制、最佳采收期的确定、资源的合理利用提供参考；同时，对甘孜藏族自治州的 4 种五加菜药食两用植物及阿坝藏族羌族自治州的白毛五加皮中金丝桃苷、异嗪皮啶的含量进行测定，并与红毛五加药材活性成分比较，评价白毛五加皮和"五加菜"药食两用植物质量，以期找到新的药源（表 2-8）。

表 2-8　五加类植物来源

样品	名称及入药部位	产地或购买地点	海拔/km	采集时间
S1	红毛五加（*A. giraldii* Harms）茎皮	阿坝红源	3170	2006.7
S2	红毛五加（*A. giraldii* Harms）茎皮	购于成都五块石药材市场	—	2008.8
S3	红毛五加（*A. giraldii* Harms）茎皮	雅安	2100	2006.7
S4	红毛五加（*A. giraldii* Harms）茎皮	阿坝茂县	1850	2007.7
S5	红毛五加（*A. giraldii* Harms）茎皮	阿坝金川	2180	2008.8
S6	红毛五加（*A. giraldii* Harms）茎皮	阿坝小金县美兴镇石庆村	2450	2007.9
S7	红毛五加-（*A. giraldii* Harms）茎皮	阿坝小金县美兴镇我阳村	2360	2007.9
S8	红毛五加（*A. giraldii* Harms）茎皮	阿坝小金县沙龙村	2710	2007.9
S9	红毛五加（*A. giraldii* Harms）茎皮	阿坝马尔康县康山乡雅尔珠村	2620	2007.9
S10	红毛五加（*A. giraldii* Harms）茎皮	阿坝小金县	2364	2007.9
S11	红毛五加（*A. giraldii* Harms）茎皮	阿坝小金火地村	2200	2007.9
S12	红毛五加（*A. giraldii* Harms）茎皮	阿坝小金两河乡	2890	2008.6
S13	红毛五加（*A. giraldii* Harms）茎皮	阿坝小金汗牛乡	2730	2008.6
S14	红毛五加（*A. giraldii* Harms）茎皮	阿坝红源	3170	2006.7
S15	红毛五加（*A. giraldii* Harms）叶	阿坝红源	3170	2006.7
S16	糙叶藤五加茎皮	甘孜康定雅家埂	2840	2008.8
S17	糙叶藤五加叶	甘孜康定雅家埂	2840	2008.8
S18	蜀五加茎皮	甘孜康定雅家埂	2840	2008.8
S19	蜀五加叶	甘孜康定雅家埂	2840	2008.8
S20	糙叶藤五加茎皮	甘孜康定泥巴山	2760	2008.8
S21	糙叶藤五加叶	甘孜康定泥巴山	2760	2008.8
S22	糙叶藤五加茎皮	甘孜康定升航村	2600	2008.9
S23	糙叶藤五加叶	甘孜康定升航村	2600	2008.9
S24	白毛五加皮	阿坝小金两河乡	2890	2008.10

　　仪器、试剂与药材：Waters2695 高效液相色谱仪；Waters2996 检测器；Empower 色谱工作站；GoA 型电热真空干燥箱（天津市东郊机械加工厂）；RE-52A 型旋转蒸发器（上海亚荣生化仪器厂）；KQ-250B 型超声波清洗器（昆山市超声仪器有限公司）；METTLER AE240 电子分析天平（梅特勒-托利多仪器上海有限公司）；Milli-Q 超纯水系统仪。金丝桃苷（批号 111521-200703，中国药品生物制品检定所，含量测定用）；异嗪皮啶（中国药品生物制品检定所，批号：110837-200704，含量测定用）；含量测定用乙腈、甲醇为色谱纯（美国迪玛公司）；水（Milli-Q 级），其余试剂均为分析纯；试验所用药材烘箱低温（45℃）烘干。

1. 金丝桃苷的含量测定

　　色谱条件：Kromasil C_{18} 柱（250 mm×4.6 mm，5 μm），柱温 30℃。流动相为甲醇（A）-0.5%磷酸水溶液（B），梯度洗脱，程序为：基线（A：B=30：70）、0～5 min（A：B= 35：65）、5～15 min（A：B=40：60）、15～30 min（A：B=50：50）；检测波长 358 nm，流速 1 mL/min。金丝桃苷峰可以达到基线分离，峰形对称，分离度好，按照金丝桃苷峰计，理论塔板数不应低于 5000。

　　对照品溶液的制备：精密称取金丝桃苷对照品适量，加甲醇配置成 29.0 μg/mL 的溶液。

　　样品溶液的制备：称取红毛五加药材粉末（过 40 目筛）约 2 g，精密称定，置圆底烧瓶中加入石油醚 25 mL，加热回流 1 h，取出，过滤，弃去滤液，挥去溶剂；向滤渣中加入 25 mL 甲醇，称重，回流 2 h，取出，冷却至室温，用甲醇补足减失质量，摇匀，过滤，取续滤液，过 0.45 μm 的微孔滤膜，作为样品溶液。

线性关系的考察：分别精密量取上述对照品溶液 0.25 μL、0.5 μL、1 μL、2 μL、4 μL、6 μL、10 μL、20 μL、50 μL，在色谱条件下测定峰面积。以进样量 X（μg）为横坐标，峰面积 Y 为纵坐标绘制标准曲线，回归方程为 $Y=4.0×10^6X-1.33×10^4$，（$r=0.9999$，$n=9$）。结果表明金丝桃苷质量在 $2.90×10^{-3}$～2.03 μg 时峰面积与进样量具有良好的线性关系。

精密度试验：精密吸取对照品溶液 10 μL，重复进样 5 次，测得峰面积的 RSD=0.96%（$n=6$）。结果表明仪器精密度良好。

稳定性试验：精密量取样品溶液 10 μL，分别于 0、2 h、4 h、6 h、8 h 测定。按照金丝桃苷对照品峰面积计算 RSD=0.57%（$n=6$）。结果表明样品溶液在配制后 8 h 内稳定。

重现性试验：取红毛五加皮样品溶液约 2 g，精密称取 6 份，按照上述方法制备样品溶液，按照色谱条件测定金丝桃苷的含量。结果样品中金丝桃苷的含量均值为 99.68 μg/g，RSD=1.12%（$n=6$），表明重复性良好。

加样回收率试验：精密称取 9 份已知含金丝桃苷含量的药材粉末 2.0 g，依次加入低、中、高 3 种质量浓度金丝桃苷对照品溶液，按照上述方法制备样品溶液，按照色谱条件测定。结果平均回收率为 100.6%，RSD=0.96%（$n=9$）。

样品测定：分别精密称取不同药用部位、不同采收期和不同产地的红毛五加，以及其他五加菜的茎皮和叶（过 40 目筛）各约 2 g。按上述方法制备样品溶液，按照色谱条件测定，测得样品金丝桃苷含量见表 2-9～表 2-11。

表 2-9　四川不同产地红毛五加皮中金丝桃苷的含量（μg/g；$n=3$）

样品	S1	S2	S3	S4	S5	S6	S7	S8	S9	S10	S11	S12	S13
含量	99.68	41.64	55.67	179.42	9.71	52.94	40.83	5.90	18.06	41.87	66.45	66.13	6.22

表 2-10　不同采收期红毛五加皮中金丝桃苷的含量（μg/g；$n=3$）

采收时间	2 月	3 月	4 月	6 月	7 月	8 月	9 月	10 月
含量	3.37	12.04	24.78	112.03	41.64	30.58	13.73	5.90

表 2-11　四川阿坝、甘孜州"五加菜"的茎皮和叶中金丝桃苷的含量比较表（μg/g；$n=3$）

样品	S14	S15	S16	S17	S18	S19	S20	S21	S22	S23	S24
含量	99.68	645.31	32.50	179.42	36.91	786.23	88.53	4486.40	92.34	936.97	78.62

试验结果表明，红毛五加叶中金丝桃苷的含量最高（645.31 μg/g）；白毛五加皮中金丝桃苷的含量比红毛五加皮中金丝桃苷的含量低（78.62 μg/g），阿坝茂县的红毛五加皮中金丝桃苷含量明显高于其他产地（179.42 μg/g）；2 月红毛五加皮中金丝桃苷已经开始积累，之后逐月递增，到 6 月金丝桃苷的含量达到最高（112.03 μg/g），而后又逐月降低，提示传统的 6～7 月采集红毛五加茎皮有一定的物质基础；四川阿坝、甘孜州的不同五加中糙叶藤五加叶中金丝桃苷含量明显高于其他品种（4486.40 μg/g）。

2. 异嗪皮啶的含量测定

色谱条件：色谱柱为 Kromasil C_{18}（250 mm×4.6 mm，5 μm），柱温为 25℃。流动相为乙

腈-甲醇-0.1%磷酸水溶液（20：10：70），检测波长为 343 nm，流速为 1.0 mL/min。在此色谱条件下，异嗪皮啶峰达到基线分离，峰形对称，分离度好，以异嗪皮啶计，理论板数不低于5000。

对照品溶液的制备：精密称取 2.50 mg 异嗪皮啶对照品，置 25 mL 容量瓶中，用甲醇溶解，定容；再精密吸取 2 mL 上述溶液于 25 mL 容量瓶中，用甲醇定容，即得对照品溶液。

样品溶液的制备：精密称取约 0.2 g 药材粉末，置锥形瓶中，精密加入 10 mL 石油醚，浸泡过夜，弃石油醚，残渣于水浴中挥去石油醚，精密加入 10 mL 70%甲醇，称重，超声提取 20 min，放冷，再称重，以 70%甲醇补足减失的质量，摇匀，过滤，取滤液用 0.45 μm 微孔滤膜过滤，即得样品溶液。

线性关系的考察：分别精密量取 0.25 μL、0.5 μL、1 μL、2 μL、4 μL、6 μL、8 μL、10 μL 上述对照品溶液（7.94 μg/mL），测定峰面积。以进样量 X 为横坐标、峰面积 Y 为纵坐标绘制标准曲线，回归方程为 $Y=2.636\times10^4X-1.051\times10^3$，（$r=0.9997$，$n=8$），结果表明异嗪皮啶质量为 $1.59\times10^{-3}\sim0.80$ μg 时与峰面积具有良好的线性关系。

精密度试验：精密吸取 10 μL 对照品溶液，重复进样 5 次，测得峰面积的 RSD=0.95%（$n=5$）。结果表明方法精密度良好。

稳定性试验：样品溶液于配制完成时即避光放置，每间隔 2 h 重复进样，共 6 次。按异嗪皮啶对照品峰面积计算 RSD=0.27%（$n=6$）。结果表明样品溶液在配制后避光放置 10 h 内保持稳定。

重复性试验：分别精密称取样品粉末约 0.2 g，共 6 份，按照上述方法制备样品溶液，再按照色谱条件测定异嗪皮啶的含量。样品中异嗪皮啶含量均值为 157.19 μg/g，RSD=1.20%（$n=6$），表明重复性良好。

回收率试验：精密称取 0.2 g 已知异嗪皮啶含量的药材粉末，共 9 份，依次加入已知异嗪皮啶含量的 80%、100%、120% 3 种质量浓度异嗪皮啶对照品溶液，按照上述方法制备样品溶液，再按色谱条件测定。其平均回收率为 99.15%，RSD=0.95%（$n=9$）。

样品的测定：分别精密称取 0.2 g 不同药用部位、不同采收期和不同产地的红毛五加，以及其他五加菜的茎皮和叶。按上述方法制备样品溶液，再按色谱条件测定。测样红毛五加根、根皮、去皮茎、茎皮和叶中的异嗪皮啶分别为：33.36 μg/g、19.22 μg/g、49.33 μg/g、156.15 μg/g、69.02 μg/g（$n=3$）；2～10 月 8 个月采收的红毛五加皮中含有的异嗪皮啶分别为：49.40 μg/g、77.07 μg/g、80.07 μg/g、95.62 μg/g、156.15 μg/g、81.62 μg/g、53.36 μg/g、49.83 μg/g（$n=3$）；不同产地的红毛五加皮中含有的异嗪皮啶见表 2-12；四川阿坝、甘孜州五加的茎皮和叶中异嗪皮啶的含量比较，见表 2-13。

表 2-12　四川省不同产地红毛五加皮中异嗪皮啶的含量（μg/g；$n=3$）

样品	S1	S2	S3	S4	S5	S6	S7	S8	S9	S10	S11	S12	S13
含量	156.15	157.19	151.80	125.40	77.07	104.92	53.36	44.80	97.94	111.19	159.74	414.1	126.27

表 2-13　四川阿坝、甘孜州五加的茎皮和叶中异嗪皮啶的含量比较表（μg/g；$n=3$）

样品	S14	S15	S16	S17	S18	S19	S20	S21	S22	S23	S24
含量	156.15	69.02	17.30	—	25.15	—	—	—	—	15.65	108.16

注："—"表示未检测出

试验结果：①红毛五加皮中异嗪皮啶的含量最高（156.15 μg/g），白毛五加皮中异嗪皮啶的含量次之（108.16 μg/g）；②阿坝小金县两河乡的红毛五加皮中异嗪皮啶的含量明显高于其他产地（414.10 μg/g）；③2 月红毛五加皮中金丝桃苷已经开始积累，之后逐月递增，7 月的红毛五加皮中异嗪皮啶的含量最高（156.15 μg/g），而后又逐月降低，提示传统的 6～7 月采集红毛五加茎皮有一定的物质基础。

综合比较不同采收期的川产五加类植物多个活性成分的含量，建议：川产五加类植物的嫩叶作为保健食品的开发利用采收时间在春季（4 月中旬～5 月中旬）较合理；作为药食两用植物的资源综合开发利用，叶和茎皮在冬季下雪前（10 月）采收更为合适。

第四节　5 种藏羌五加菜中的无机元素分析研究

采用 HNO_3-H_2O_2 为消解液微波消解处理样品，采用微波消解技术-电感耦合等离子体-原子发射光谱法（ICP-OES）测定 5 种藏羌五加菜和不同加工工艺的五加菜中 Al、B、Ca、Cd、Co、Cu、Fe、K、Mg、Mn、Mo、Na、Ni、P、Pb、Si、Sr、Ti、V、Zn 26 种无机元素的含量。结果表明，应用该方法 RSD 值均在 6.6% 以下，加标回收率 92.7%～107.2%，在优化试验条件下，各元素互不干扰，可实现多元素的同时测定；5 种藏羌五加菜中的 26 种无机元素为首次测定，藏羌五加菜中含有丰富的人体必需大量元素 Ca、Mg、Na、P 及丰富的人体必需微量元素 B、Cu、Fe、Mn、Si、Zn；几种加工工艺不损失五加菜元素丰富性且对元素含量影响不大。

仪器：6300 Radial 系列 ICP-OES（美国 Thermo 公司）；WX-8000 微波消解仪（上海屹尧分析仪器有限公司）；Milli-Q Gradient 纯水机（美国 Millipore 公司）。

元素标准品：除 P 来源于国家有色金属及电子材料分析测试中心外，其他均来自于中国国家钢铁材料测试中心钢铁研究总院；标准物质茶叶，来自于中国地质科学院地球物理地球化学勘查研究所，编号：GBW10011；HNO_3 为优级纯，来自于成都市科龙化工试剂厂；水为超纯水。

样品来源见表 2-14。

表 2-14　五加菜各样品编号

编号	拉丁名	叶成熟度	加工工艺	样品来源
N1	*A. leucorrhizus*（Oliv.）Harms var. *fulvescens* Harms & Rehd	嫩叶	烘箱 40℃干燥 48 h	四川，康定
N2	*A. leucorrhizus*（Oliv.）Harms var. *fulvescens* Harms & Rehd	老叶	烘箱 40℃干燥 48 h	四川，康定
N3	*A. setchuenensis* Harms ex diels	嫩叶	烘箱 40℃干燥 48 h	四川，康定
N4	*A. setchuenensis* Harms ex diels	老叶	烘箱 40℃干燥 48 h	四川，康定
N5	*A. giraldii* Harms	嫩叶	烘箱 40℃干燥 48 h	四川，小金
N6	*A. giraldii* Harms	老叶	烘箱 40℃干燥 48 h	四川，小金
N7	*A. sessiliforus* Rupr. et Maxim. seem	嫩叶	烘箱 40℃干燥 48 h	辽宁，宽甸
N8	*A. senticosus*（Rupr et Maxim.）	老叶	烘箱 40℃干燥 48 h	湖北，恩施
N9	*A. leucorrhizus*（Oliv.）Harms var. *fulvescens* Harms & Rehd	嫩叶	冰箱 -18℃保藏 30 d	四川，康定

续表

编号	拉丁名	叶成熟度	加工工艺	样品来源
N10	*A. setchuenensis* Harms ex diels	嫩叶	冰箱–18℃保藏 30 d	四川，康定
N11	*A. leucorrhizus*（Oliv.）Harms var. *fulvescens* Harms & Rehd	嫩叶	日光 18～32℃干燥 2 d	四川，康定
N12	*A. leucorrhizus*（Oliv.）Harms var. *fulvescens* Harms & Rehd	嫩叶	热烫 5 min	四川，康定
N13	*A. leucorrhizus*（Oliv.）Harms var. *fulvescens* Harms & Rehd	嫩叶	微波干燥（900 W）15 min	四川，康定
N14	*A. leucorrhizus*（Oliv.）Harms var. *fulvescens* Harms & Rehd	嫩叶	制茶叶	四川，康定
N15	*A. leucorrhizus*（Oliv.）Harms var. *fulvescens* Harms & Rehd	嫩叶	盐渍	四川，康定
N16	*A. leucorrhizus*（Oliv.）Harms var. *fulvescens* Harms & Rehd	嫩叶	阴干 30 d	四川，康定
N17	*A. leucorrhizus*（Oliv.）Harms var. *fulvescens* Harms & Rehd	嫩叶	热烫 5 min 后，冰箱–18℃保藏 30 d	四川，康定

　　样品处理：精密称取干燥粉末样品（过 50 目筛）0.1 g，置于经酸浸泡并洗净的微波消解罐中，加入 5 mL 浓硝酸中，轻轻振荡，摇匀后静置 10 min，安装好密封弹片，拧紧螺帽置于外壳保护套中。按程序升温进行微波消解，微波消解程序见表 2-15。消解完成后，滴 1 滴 H_2O_2，等无气泡冒出后，用去离子水定容至 10 mL，过滤，同时作空白试剂，也将标准物质作相同处理。

表 2-15　微波消解程序

步骤	温度/℃	压力/atm[①]	功率/W	保持时间/min
1	80	10	800	3
2	120	20	1400	4
3	180	25	2000	8
4	210	30	2000	15

　　ICP-OES 测定工作条件：RF 功率 1.15 kW，等离子气流量 15 L/min，辅助气流量 0.5 L/min，雾化器流量 0.55 L/min，泵速 50 r/min，观测高度 10 mm，一次读数时间 5 s，测量次数 3 次，仪器稳定延时 15 s。

　　结果表明，藏羌五加菜中含有丰富的人体必需大量元素 Ca、Mg、K、Na、P，以及丰富的人体必需微量元素 B、Cu、Fe、Mn、Si、Sr、Zn 和人体必需微量元素 Co、Mo、Ni、V，而 As、Be、Cr、Hg、Se、Sn 未检测到，Pb 只在老叶中检测得到，而 Hg、Cd、Be、Pb 被广泛认为是对人体有害元素，说明五加菜嫩叶可以作为一种无毒安全的食品。Al、B、Ca、Cd、Co、Fe、Mn、Sr、Zn、Pb 老叶中的含量明显大于嫩叶（Pb 只在老叶中检测到），Cu、Ni、P、V 的含量则正好相反；Al、Ti 两种人体非必需元素也能检测到。总之，从本次试验结果来看，五加菜可以作为一种健康、无毒、安全的食品来源（表 2-16～表 2-18）。

---

　　① 1atm≈1.013×10⁵Pa

表 2-16　五加菜各样品元素测定结果（μg/g；n=3）

元素	N1	N2	N3	N4	N5	N6	N7	N8
Al	79.7 (17.73%)	60.8 (23.27%)	94.4 (15.12%)	100.2 (14.28%)	120.3 (11.84%)	110.5 (12.98%)	360.9 (4.42%)	185.1 (7.76%)
B	15.07 (9.44%)	12.53 (23.46%)	16.89 (29.34%)	10.89 (25.59%)	19.33 (35.59%)	43.40 (25.85%)	22.89 (17.40%)	19.78 (25.50%)
Ca	8050 (10.67%)	4530 (11.370%)	6650 (16.90%)	4570 (10.09%)	16490 (15.23%)	18680 (14.14%)	14870 (16.22%)	7960 (26.87%)
Cd	0.09 (33.44%)	0.08 (29.30%)	0.11 (30.43%)	0.30 (32.38%)	0.17 (28.34%)	0.17 (29.45%)	0.16 (30.35%)	0.56 (20.42%)
Co	0.09 (30.23%)	0.10 (29.33%)	0.12 (19.43%)	0.14 (27.37%)	0.26 (25.67%)	0.21 (29.46%)	0.34 (12.4%)	0.24 (31.57%)
Cu	24.49 (25.64%)	20.59 (19.54%)	18.33 (12.40%)	18.15 (10.35%)	16.38 (9.34%)	18.15 (26.38%)	14.55 (17.30%)	11.81 (19.25%)
Fe	150.4 (37.28%)	111.8 (50.33%)	182.3 (30.73%)	176.9 (31.69%)	352.2 (15.89%)	216.3 (25.88%)	409.6 (13.70%)	360.0 (15.57%)
K	8920 (23.70%)	8890 (24.80%)	8520 (27.06%)	8420 (24.03%)	7290 (21.56%)	7123 (17.44%)	7842 (15.57%)	6425 (16.35%)
Mg	1700 (47.56%)	1721 (34.49%)	1584 (29.29%)	1513 (36.39%)	1354 (26.42%)	2233 (49.35%)	1802 (36.58%)	1257 (27.34%)
Mn	73.3 (21.33%)	43.9 (29.49%)	37.1 (29.48%)	176.0 (39.35%)	109.8 (23.90%)	157 (37.57%)	78.5 (23.2%)	122.2 (23.93%)
Mo	0.40 (14.03%)	0.08 (15.73%)	0.13 (30.22%)	0.17 (12.54%)	1.35 (19.43%)	0.24 (12.03%)	0.17 (24.83%)	0.03 (25.98%)
Na	81.8 (25.90%)	78.3 (24.85%)	77.0 (12.57%)	70.5 (19.50%)	76.4 (29.50%)	82.3 (18.50%)	82.2 (19.56%)	80.1 (19.59%)
Ni	7.34 (31.48%)	4.93 (21.49%)	10.56 (28.30%)	8.50 (26.93%)	5.03 (18.57%)	3.57 (25.77%)	3.07 (25.45%)	5.80 (12.45%)
P	6650 (13.30%)	6400 (13.77%)	8820 (10.26%)	7890 (11.39%)	2257 (27.46%)	1930 (25.51%)	3294 (26.24%)	2794 (30.95%)
Pb	—	—	—	—	0.13 (28.40%)	0.60 (22.94%)	0.40 (23.58%)	0.10 (22.49%)
Si	26.50 (28.34%)	41.39 (30.58%)	28.2 (22.64%)	22.73 (28.73%)	33.24 (21.32%)	32.36 (23.65%)	37.3 (17.59%)	43.99 (26.59%)
Sr	56.02 (21.37%)	22.22 (20.72%)	26.00 (28.83%)	39.90 (17.93%)	166.50 (22.45%)	89.70 (19.37%)	110.80 (18.39%)	31.96 (32.40%)
Ti	5.91 (29.48%)	5.3 (38.85%)	4.34 (35.28%)	1.08 (45.39%)	4.06 (28.85%)	5.32 (19.35%)	11.50 (10.48%)	4.48 (30.28%)
V	0.19 (39.87%)	0.07 (31.39%)	0.15 (27.94%)	0.26 (25.93%)	0.28 (45.92%)	0.22 (18.39%)	0.74 (37.58%)	0.46 (30.62%)
Zn	73.40 (18.56%)	70.50 (16.64%)	78.00 (20.57%)	47.22 (32.49%)	36.33 (27.39%)	44.20 (32.57%)	31.78 (15.34%)	41.90 (7.93%)

续表

元素	N9	N10	N11	N12	N13	N14	N15	N16	N17
Al	78.0 (24.84%)	40.7 (17.90%)	79.3 (19.40%)	56.9 (23.87%)	57.3 (18.68%)	56.1 (15.95%)	30.14 (18.87%)	90.3 (19.49%)	66.8 (15.96%)
B	14.46 (12.55%)	12.14 (16.34%)	18.73 (17.44%)	12.87 (15.30%)	17.69 (19.35%)	14.87 (22.39%)	10.91 (27.30%)	13.71 (15.32%)	12.79 (22.35%)
Ca	6590 (18.80%)	5050 (14.40%)	5270 (14.75%)	7070 (19.58%)	6070 (15.35%)	5370 (14.75%)	3450 (10.36%)	5310 (10.05%)	6720 (17.43%)
Cd	0.11 (35.83%)	0.15 (43.33%)	0.10 (29.63%)	0.12 (38.4%)	0.09 (36.75%)	0.10 (24.54%)	0.03 (29.31%)	0.12 (19.43%)	0.11 (16.03%)
Co	0.13 (26.63%)	0.07 (39.6%)	0.05 (40.53%)	0.07 (29.87%)	0.05 (35.79%)	0.11 (36.83%)	0.02 (38.61%)	0.09 (41.64%)	0.07 (43.83%)
Cu	21.78 (27.97%)	23.51 (25.7%)	20.84 (22.54%)	21.07 (27.46%)	24.74 (26.50%)	24.47 (24.54%)	13.73 (19.36%)	19.56 (28.56%)	20.56 (16.44%)
Fe	136.2 (23.65%)	114.2 (24.59%)	158.7 (30.63%)	153.0 (30.81%)	149.8 (34.30%)	108.6 (34.23%)	53.7 (21.24%)	156.0 (22.02%)	145.7 (23.47%)
K	8840 (19.3%)	8820 (17.47%)	8740 (18.53%)	8020 (17.36%)	8720 (19.38%)	8650 (19.43%)	8550 (18.47%)	8710 (20.46%)	8520 (21.54%)
Mg	2286 (25.55%)	1868 (21.39%)	1991 (27.46%)	1778 (24.41%)	2074 (29.30%)	1796 (26.31%)	1100 (19.25%)	1869 (31.43%)	1715 (26.31%)
Mn	67.6 (24.47%)	59.2 (26.48%)	56.1 (23.55%)	36.5 (21.48%)	59.5 (19.34%)	61.2 (18.35%)	30.8 (24.35%)	52.2 (31.75%)	34.1 (29.40%)
Mo	0.33 (45.38%)	0.07 (33.62%)	0.45 (23.51%)	0.39 (37.41%)	0.50 (44.53%)	0.49 (34.52%)	0.50 (29.42%)	0.38 (27.49%)	0.38 (25.31%)
Na	85.0 (21.25%)	71.7 (22.51%)	86.1 (24.91%)	82.9 (16.49%)	80.3 (19.48%)	79.4 (19.47%)	872 (20.46%)	120.9 (24.65%)	124.0 (24.29%)
Ni	4.43 (29.49%)	4.71 (17.12%)	4.88 (29.15%)	6.23 (17.18%)	5.08 (27.15%)	6.41 (31.19%)	3.23 (20.09%)	6.5 (30.63%)	5.0 (27.33%)
P	8340 (18.46%)	6350 (13.34%)	7970 (19.39%)	7480 (17.75%)	71800 (15.04%)	7360 (15.75%)	4650 (10.34%)	7670 (15.77%)	7500 (15.49%)
Pb	—	—	—	—	—	—	—	—	—
Si	27.60 (34.72%)	22.85 (23.68%)	23.64 (25.64%)	21.26 (30.53%)	26.50 (27.53%)	29.51 (29.39%)	17.03 (26.35%)	17.22 (21.40%)	29.51 (27.64%)
Sr	34.83 (33.77%)	27.64 (38.60%)	54.3 (28.34%)	35.0 (35.14%)	49.2 (34.3%)	52.1 (25.84%)	33.8 (23.82%)	33.0 (32.51%)	36.2 (16.83%)
Ti	5.38 (26.16%)	3.28 (22.09%)	5.48 (29.14%)	3.40 (26.09%)	3.30 (29.11%)	4.37 (36.12%)	3.14 (32.11%)	7.84 (34.20%)	5.57 (32.19%)
V	0.12 (42.54%)	0.06 (45.32%)	0.16 (34.25%)	0.08 (34.24%)	0.09 (43.82%)	0.07 (41.22%)	0.06 (34.92%)	0.19 (32.96%)	0.09 (23.53%)
Zn	68.2 (12.58%)	47.4 (23.77%)	62.7 (23.68%)	67.9 (21.87%)	54.0 (13.54%)	75.2 (32.70%)	39.6 (43.21%)	77.6 (36.70%)	65.2 (22.57%)

注："—"表示未检测出；括号内数据为不确定度

表 2-17 五加菜叶中无机元素相关矩阵

元素	Al	B	Ca	Cd	Co	Cu	Fe	K	Mg	Mn	Mo	Na	Ni	P	Pb	Si	Sr	Ti	V	Zn
Al	1.00																			
B	0.37	1.00																		
Ca	0.57	0.81	1.00																	
Cd	0.41	0.17	0.16	1.00																
Co	0.87	0.53	0.78	0.52	1.00															
Cu	-0.56	-0.23	-0.33	-0.54	-0.57	1.00														
Fe	0.87	0.44	0.71	0.60	0.92	-0.60	1.00													
K	-0.51	-0.59	-0.67	-0.73	-0.72	0.70	-0.77	1.00												
Mg	-0.06	0.38	0.15	-0.33	-0.09	0.62	-0.19	0.30	1.00											
Mn	0.32	0.51	0.50	0.64	0.57	-0.32	0.48	-0.58	-0.02	1.00										
Mo	-0.15	-0.01	0.33	-0.27	0.06	0.03	0.14	-0.10	-0.18	-0.01	1.00									
Na	-0.23	-0.21	-0.26	-0.27	-0.34	-0.39	-0.36	0.10	-0.51	-0.29	0.13	1.00								
Ni	-0.21	-0.31	-0.33	0.14	-0.17	0.19	-0.12	0.18	-0.20	0.04	-0.15	-0.33	1.00							
P	-0.50	-0.63	-0.76	-0.40	-0.69	0.63	-0.65	0.80	0.29	-0.48	-0.23	-0.15	0.55	1.00						
Pb	0.60	0.91	0.87	0.18	0.70	-0.39	0.56	-0.61	0.25	0.53	-0.06	-0.12	-0.44	-0.74	1.00					
Si	0.53	0.37	0.43	0.49	0.67	-0.32	0.62	-0.55	-0.08	0.28	-0.16	-0.40	-0.16	-0.51	0.40	1.00				
Sr	0.49	0.49	0.84	0.02	0.68	-0.26	0.67	-0.48	-0.05	0.39	0.69	-0.15	-0.32	-0.66	0.57	0.28	1.00			
Ti	0.70	0.29	0.39	-0.12	0.48	-0.17	0.45	-0.06	0.27	-0.18	-0.11	-0.17	-0.34	-0.22	0.44	0.30	0.30	1.00		
V	0.98	0.36	0.56	0.53	0.87	-0.62	0.90	-0.58	-0.16	0.44	-0.11	-0.20	-0.17	-0.56	0.57	0.51	0.50	0.61	1.00	
Zn	-0.50	-0.35	-0.51	-0.40	-0.56	0.63	-0.57	0.60	0.32	-0.51	-0.16	-0.27	0.55	0.78	-0.54	-0.25	-0.55	0.00	-0.56	1.00

表 2-18　4 个主成分的旋转因子的最大方差

元素	主成分			
	1	2	3	4
Al	0.818	0.099	0.254	−0.441
B	0.677	0.421	−0.160	0.298
Ca	0.846	0.333	−0.259	0.204
Cd	0.544	−0.453	0.575	0.239
Co	0.937	0.069	0.175	−0.054
Cu	−0.653	0.602	0.022	0.254
Fe	0.912	−0.033	0.210	−0.078
K	−0.838	0.283	−0.062	−0.255
Mg	−0.121	0.897	0.039	0.126
Mn	0.612	−0.104	0.191	0.582
Mo	0.098	−0.038	−0.646	0.270
Na	−0.186	−0.576	−0.613	−0.330
Ni	−0.346	−0.139	0.615	0.297
P	−0.855	0.183	0.344	−0.064
Pb	0.812	0.341	−0.189	0.064
Si	0.628	0.059	0.357	−0.043
Sr	0.712	0.179	−0.442	0.159
Ti	0.426	0.506	0.043	−0.697
V	0.849	−0.025	0.266	−0.350
Zn	−0.713	0.371	0.338	−0.012
贡献率/%	9.24	2.70	2.44	1.79
累积贡献率/%	46.18	59.67	71.87	80.81

不同加工工艺各元素含量虽也有差别,但从食品的角度上各种加工方式基本上不损害各元素对人体健康的价值。值得注意的是,盐渍的糙叶藤五加嫩叶加工过程中因添加了食盐,故 Na 含量很高,其他大部分元素含量比其他工艺样品的含量要低;由五加菜叶中无机元素相关矩阵和四个主成分的旋转因子的最大方差分析结果表明:因地域性差异较大,蜀五加、红毛五加和糙叶藤五加与无梗五加、刺五加在无机元素上差异较大。四川藏羌地区五加属植物与目前唯一市售的五加属植物无梗五加比较同样含有丰富的人体必需元素,尤其是糙叶藤五加的 Ca、Sr、Zn、Cu、Mo 含量较高,因此,四川藏、羌族地区五加属植物的嫩叶是极具开发价值和前景的新药食两用植物。

<h2 style="text-align:center">第五节　红毛五加、蜀五加和糙叶藤五加的嫩叶
和茶的加工工艺筛选</h2>

以总黄酮、绿原酸、金丝桃苷及无机元素的含量为考察指标,综合评价川产五加类植物——红毛五加、蜀五加和糙叶藤五加的嫩叶和茶的质量,筛选食用嫩叶和嫩叶茶的加工工艺。

一、嫩叶和茶的干燥、贮藏工艺研究

晒干加工：将采摘的藏羌五加菜置于日光（温度 17～32℃）下晒干，晒干处理持续 2 d 左右，并且注意要定期翻动。

烘干加工：将采摘的藏羌五加菜叶置于 40℃电热鼓风干燥箱中干燥 2 d，并且注意要定期翻动，达到烘干均匀的效果。

微波干燥加工：将采摘的藏羌五加菜置于家用微波炉里（功率为 900 W），采用蔬菜键下干燥 8～15 min。

阴干加工：将采摘的藏羌五加菜放在阴凉通风处干燥 1 个月左右，并且注意要定期翻动，达到烘干均匀的效果。

冻藏加工：将采摘的藏羌五加菜置入冰箱中–18℃进行贮藏。

热烫或热烫后冷藏加工：将采摘回的藏羌五加菜投入沸水中，热烫 3～6 min；晾凉至干，再置于–18℃的冰箱中贮藏。

干腌加工：腌制前将藏羌五加菜晾至半干。取一定量食盐均匀撒在五加菜上，拌匀至菜体中部分汁液能外渗，挤出汁液。入缸时，采用放一层菜加一层干盐的方法，先在缸底铺一层底盐，再在盐层上铺一层蔬菜，然后压紧，再撒一层盐，再放一层菜，把菜体反复压紧。将菜腌至缸口，最后在菜体最上面再撒一层盐，压上重物，挤出渗出的菜叶汁液。腌制中要注意掌握如下几方面：上层用盐量比下层尽量多一些，当食盐吸收菜体中的水分而溶化后，盐水下淋，使盐分均匀地渗入到原料中去，一般加食盐量应为 12%左右。

制茶叶：挑选出更嫩的藏羌五加菜嫩叶，弃去较老的叶柄。摊凉和萎凋：将采摘的五加嫩叶平摊放开，定期翻动 2～3 次，直至顶叶下垂并失去光泽、水分减少 10%左右且手捏有弹性时便可。高温杀青：杀青温度在 200～220℃，时间为 6～8 min。揉捻：将杀青后的五加嫩叶运用轻、重、轻的揉捻原则，揉捻 5～6 min，使叶片卷成条索状，破碎叶细胞挤出汁液，黏附于叶表面，以便易于冲泡。烘干：将成形的藏五加叶茶用不锈钢筛网盘装好，厚度约为 2 cm，放入烘干箱中烘干，温度设定在 60～70℃，时间在 4～5 h。最后取出即得。

二、川产五加类植物的质量评价研究

四川阿坝、甘孜藏族自治州当地农牧民，每年开春时节采摘五加类植物新嫩叶，常将其直接炒食、煮汤或者热烫后凉拌食用，也有些热烫后用家用冰箱冷冻保藏时间长达 1 年，再慢慢食用。但是，根据本课题组的研究发现，贮藏 1 个月后和经盐渍工艺的五加类植物总黄酮、绿原酸和金丝桃苷等活性成分就已经降到很低，提示当地农牧民热烫后冰箱贮藏 1 年和盐渍工艺的科学性有待进一步综合评价。

1. 总黄酮含量指标

从测定的结果来看，五加属植物中的总黄酮含量嫩叶均要高于老叶。糙叶藤五加嫩叶（低温烘干）≈蜀五加嫩叶（低温烘干）≫红毛五加嫩叶（低温烘干）＞无梗五加嫩叶（低温烘干），提示四川阿坝藏族羌族自治州、甘孜藏族自治州实地考察发现的"五加菜"具有良好的开发前景和经济价值。

从糙叶藤五加的不同加工方法来看，总黄酮含量烘干干燥≈晒干干燥≈阴干干燥＞热烫≈茶叶＞微波干燥≫冻藏 1 个月＞盐渍。烘干干燥、晒干干燥、阴干干燥均为食品干燥比较传统的干燥方法，其中晒干和阴干受天气影响较大，晒干过程物料的温度比较低（低于或等于空气温度），在炎热、干燥和通风良好的气候环境条件下进行较好。微波干燥方法简便而且快捷，然而会在一定程度上降低五加菜的总黄酮的含量。五加茶叶的总黄酮含量和经当地传统食用方法之一的热烫法处理后样品的总黄酮含量均非常高，提示热烫食用方法具有一定的科学性。五加类植物嫩叶菜制是非常值得进一步开发的工艺。糙叶藤五加样品冻藏 1 个月之后，总黄酮含量降低到其低温烘干品的 1/2 以内，按照当地传统的盐渍工艺试验结果显示总黄酮含量很低，因此，根据本次试验结果来看，四川藏、羌族牧民常把五加嫩叶热烫后放入家用冰箱–18℃冷冻保藏 1 年慢慢食用的方法和盐渍法不是理想的贮藏和食用方法，但是有待课题组的进一步系统综合评价并得出结论（表 2-19）。

表 2-19　不同干燥、贮藏工艺样品中总黄酮含量随贮藏时间变化情况（mg/g；$n=3$）

样品	5 月	6 月	7 月	8 月	9 月	10 月	11 月	12 月	次年1 月	次年2 月	次年3 月	次年4 月
糙叶藤五加嫩叶低温烘干品	11.22	94.52	8.02	7.64	7.37	6.95	6.86	6.79	6.71	6.64	6.62	6.54
蜀五加嫩叶低温烘干品	10.92	9.02	8.01	7.56	7.23	7.01	6.79	6.67	6.61	6.45	6.37	6.12
红毛五加嫩叶低温烘干品	10.79	9.12	8.26	7.45	7.31	0.70	6.74	6.69	6.45	6.39	6.21	6.09
无梗五加嫩叶低温烘干品	5.20	4.56	4.02	3.77	3.67	3.34	3.02	2.76	2.61	2.49	2.21	2.01
糙叶藤五加嫩叶 2 d 晒干品	11.00	9.55	8.26	7.54	7.35	7.14	6.79	6.48	6.32	6.21	6.12	6.11
糙叶藤五加嫩叶 1 个月阴干品	10.90	9.36	8.04	7.55	7.31	7.02	6.63	6.24	6.08	5.85	5.86	5.79
糙叶藤五加嫩叶微波干燥品	8.44	7.89	7.37	6.56	5.89	5.43	5.27	4.97	4.65	4.36	4.13	4.02
糙叶藤五加嫩叶沸水热烫品	9.84	5.79	3.22	3.01	2.45	2.11	1.34	1.05	0.77	0.65	0.45	0.34
糙叶藤五加嫩叶制茶叶	10.02	9.15	8.25	7.47	7.09	6.61	6.24	6.06	5.74	5.69	5.68	5.68
糙叶藤五加嫩叶冻藏 1 个月	—	0.556	3.47	2.63	1.64	1.23	0.75	0.46	0.42	0.35	0.29	0.23
糙叶藤五加嫩叶盐渍菜	4.60	2.133	1.34	0.98	0.76	0.77	0.54	0.49	0.45	0.46	0.45	0.45

注："—"表示未检测出

从采摘的 5 月到次年 4 月的五加嫩叶中总黄酮测定结果来看，阴干干燥、晒干干燥、烘干干燥及茶制的总黄酮含量变化幅度适中，一年后含量为采集时的 1/2 以上。从总黄酮的角度来看，以上工艺均是比较好的保藏五加菜的方法，微波干燥次之。而热烫后冷冻方法在 3 个月后含量仅占刚采集时的 1/3，一年后含量更低。由此可见，虽然热烫后冷冻是当地藏、羌牧民的习惯食用方式，但却不是较好保藏五加菜的方法。冻藏和盐渍经过一年的贮藏总黄酮含量也很低，从营养学的角度来看不是较好的保藏方法（图 2-1）。

由图 2-1 可见，在低温烘干的条件下，糙叶藤五加嫩叶、蜀五加嫩叶、红毛五加嫩叶、蜀五加嫩叶、无梗五加嫩叶总黄酮含量变化相似，可见烘干为比较好的干燥方法。

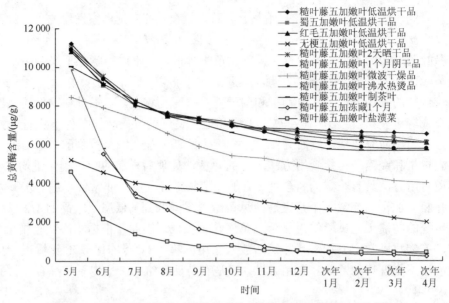

图 2-1　不同干燥、贮藏工艺样品中总黄酮含量随贮藏时间变化情况

2. 绿原酸含量指标

从测定的结果来看，五加属的老叶中绿原酸含量非常低，而嫩叶中的含量则很高。不同种的五加属嫩叶绿原酸含量：糙叶藤五加嫩叶低温烘干＞蜀五加嫩叶低温烘干＞红毛五加嫩叶低温烘干＞无梗五加嫩叶烘干，表明四川阿坝藏族羌族自治州、甘孜藏族自治州实地考察发现的藏羌五加菜（尤其是糙叶藤五加）可以作为绿原酸新来源，具有很好的开发前景和较高的经济价值。

从糙叶藤五加的不同加工方法来看，绿原酸的含量：茶叶＞烘干干燥＞阴干干燥≈热烫＞晒干干燥＞微波干燥≫盐渍≈冻藏 1 个月。茶叶的绿原酸含量最高，但从文献检索的结果来看，目前国内未查阅到川产五加属类植物的茶制品，因此该产品具有很大的市场开发价值（表2-20）。

表 2-20　不同干燥、贮藏工艺样品中绿原酸含量随贮藏时间变化情况（mg/g；$n=3$）

样品	5 月	6 月	7 月	8 月	9 月	10 月	11 月	12 月	次年 1 月	次年 2 月	次年 3 月	次年 4 月
糙叶藤五加嫩叶低温烘干品	26.13	20.14	19.42	18.43	17.74	17.11	16.53	16.12	15.72	15.22	14.75	14.31
蜀五加嫩叶低温烘干品	16.33	14.62	13.24	12.53	11.22	10.22	9.43	7.82	7.25	6.93	6.53	6.30
红毛五加嫩叶低温烘干品	7.92	6.53	5.92	4.63	4.32	4.22	3.63	3.22	2.92	2.83	2.72	2.69
无梗五加嫩叶低温烘干品	5.35	4.52	0.43	3.73	3.42	2.92	2.13	1.63	1.30	1.10	0.11	0.09
糙叶藤五加嫩叶 2 d 晒干品	21.30	18.91	16.12	14.53	12.92	1.12	1.03	9.82	9.60	9.51	9.40	9.31
糙叶藤五加嫩叶 1 个月阴干品	21.72	18.42	15.71	14.32	12.22	10.32	9.43	9.12	8.80	8.65	8.50	8.41
糙叶藤五加嫩叶微波干燥品	19.21	12.91	10.21	8.93	8.12	7.54	7.13	6.92	6.72	6.60	6.53	6.52
糙叶藤五加嫩叶沸水热烫品	24.62	10.22	4.92	2.14	1.54	0.42	—	—	—	—	—	—
糙叶藤五加嫩叶制茶叶	29.14	19.61	18.33	16.92	16.12	15.72	15.61	15.63	15.535	15.502	15.40	15.32
糙叶藤五加冻藏 1 个月	—	1.42	0.78	0.42	0.24	0.17	—	—	—	—	—	—
糙叶藤五加嫩叶盐渍菜	1.85	0.84	0.33	0.21	0.17	—	—	—	—	—	—	—

注："—"表示未检测出

从采摘的 5 月到次年 4 月的五加嫩叶中绿原酸测定结果来看，阴干干燥、晒干干燥、烘干干燥及茶制的绿原酸含量变化幅度适中，一年后含量占刚采集回来时的 1/2 以上，从绿原酸的角度来看，以上工艺均是保藏五加菜嫩叶比较好的的方法，微波干燥则是次之。而热烫后冷冻样品在 7 月时绿原酸含量仅占刚采集回来时的 1/3，一年后含量更低，再次证实热烫后冷冻不是较好保藏五加菜的方法。冻藏和盐渍经过一年的贮藏后的绿原酸含量也很低，从营养学的角度同样证实该方法不是较好的保藏方法（图 2-2）。

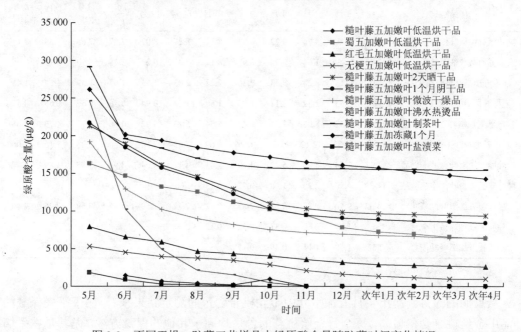

图 2-2　不同干燥、贮藏工艺样品中绿原酸含量随贮藏时间变化情况

从图 2-2 可见，同样在低温烘干工艺下，不同种的绿原酸含量在一年内的整体水平如下：糙叶藤五加嫩叶＞蜀五加嫩叶＞红毛五加嫩叶＞无梗五加嫩叶。

红毛五加嫩叶绿原酸的含量最高（3.26%），红毛五加茶（0.74%）比低温烘干嫩叶中低很多，可能是由于炒制茶的过程中，高温杀青时破坏了绿原酸的结构使其含量降低，故绿原酸适合作为鲜品的考察指标。本试验结果比课题组前期（2011 年 5 月 20 日采收）红毛五加嫩叶低温烘干后绿原酸含量（0.08%），糙叶藤五加茶叶的绿原酸含量（0.03%）要高，可能是本次试验的红毛五加嫩芽采收时间（2014 年 4 月 20 日）早 1 个月，更嫩，因此，提示红毛五加嫩芽应在嫩叶刚打开时采收。

3. 金丝桃苷含量指标

五加属植物中老叶的金丝桃苷含量甚低，与总黄酮、绿原酸含量对比的结果一致，而嫩叶中的含量则很高。糙叶藤五加嫩叶（低温烘干）≈蜀五加嫩叶（低温烘干）≫红毛五加嫩叶（低温烘干）＞无梗五加嫩叶（低温烘干），提示四川阿坝藏族羌族自治州、甘孜藏族自治州实地考察发现的藏羌五加菜（尤其是糙叶藤五加）可以作为金丝桃苷的新来源，具有很好的开发前景和经济价值。

本次试验结果表明，不同加工工艺对糙叶藤五加嫩叶中金丝桃苷含量的影响如下：阴干干燥＞茶叶＞烘干干燥＞热烫≈微波干燥≈晒干干燥＞盐渍＞冻藏 1 个月；茶叶的金丝桃苷含量较高，但是根据文献检索结果得知，川产五加属类植物的茶类产品仍然属于空白。因此该产品具有很大的市场开发价值（表 2-21）。

表 2-21　不同干燥、贮藏工艺样品中金丝桃苷含量随贮藏时间变化情况（mg/g；$n=3$）

样品	5 月	6 月	7 月	8 月	9 月	10 月	11 月	12 月	次年 1 月	次年 2 月	次年 3 月	次年 4 月
糙叶藤五加嫩叶低温烘干品	13.04	10.02	9.74	9.22	8.83	8.51	8.27	8.02	7.87	7.65	7.35	7.14
蜀五加嫩叶低温烘干品	12.94	11.64	1.04	9.94	8.92	8.11	7.42	6.22	5.75	5.50	5.15	5.06
红毛五加嫩叶低温烘干品	4.31	3.13	3.23	2.53	2.36	2.22	2.03	1.73	1.67	1.59	1.54	1.45
无梗五加嫩叶低温烘干品	3.04	2.53	2.32	2.11	1.94	1.60	1.23	0.94	0.76	0.69	0.65	0.57
糙叶藤五加嫩叶 2 d 晒干品	10.62	9.42	8.02	7.21	6.42	5.54	5.13	4.92	4.86	4.75	4.76	4.65
糙叶藤五加嫩叶 1 个月阴干品	18.13	15.31	13.12	11.91	10.26	8.60	7.83	7.64	7.34	7.25	7.16	7.06
糙叶藤五加嫩叶微波干燥品	11.11	7.54	5.93	5.22	4.70	4.43	4.12	4.04	3.94	3.85	3.80	3.87
糙叶藤五加嫩叶沸水热烫品	11.23	4.90	2.30	1.00	0.72	0.23	—	—	—	—	—	—
糙叶藤五加嫩叶制茶叶	14.02	9.50	8.83	8.23	7.83	7.62	7.52	7.59	7.55	7.50	7.46	7.40
糙叶藤五加冻藏 1 个月	—	1.11	0.60	0.31	0.12	—	—	—	—	—	—	—
糙叶藤五加嫩叶盐渍菜	2.52	1.12	044	0.39	0.17	—	—	—	—	—	—	—

注："—"表示未检测出

从采摘的 5 月到次年 4 月五加嫩叶中金丝桃苷含量的测定结果来看，阴干干燥保藏的样品中金丝桃苷含量最高，每个月金丝桃苷的含量均高于其他的保藏方法，尤其是在采摘的头 3 个月，含量比其他方法高出很多，是最优的保藏方法。低温烘干干燥、茶制、晒干干燥次之，金丝桃苷含量每个月的变化幅度适中，一年后含量都占刚采集时的 1/2 以上，从金丝桃苷的角度来看，均是较优的保藏五加菜的方法。而热烫后干燥在 3 个月后含量仅占刚采集回来时的 1/3，一年后金丝桃苷含量更低，由此可见，虽然热烫后冷冻五加菜是当地藏、羌牧民的习惯食用方式，但不是较好保藏五加菜的方法。冻藏和盐渍经过一年的贮藏金丝桃苷含量也很低，从营养学的角度再次证实其不是较好的保藏方法（图 2-3）。

从图 2-3 可见，同样在低温烘干的条件下，不同种五加嫩叶中金丝桃苷含量在一年内的整体水平结果如下：糙叶藤五加≈蜀五加＞红毛五加＞无梗五加。

根据当地藏、羌族牧民的食用方法一般将其直接炒食、煮汤或热烫后凉拌，或热烫后用家用冰箱冷冻保藏慢慢食用，保藏时间甚至达到一年。本试验研究结果表明，热烫后的藏羌五加菜样品中金丝桃苷含量依然较高，说明该传统的食用方法具有一定的科学性；藏羌五加嫩叶制茶后金丝桃苷含量也同样依旧较高，说明该产品非常值得进一步开发成五加茶类产品。本次试验对采用家用冰箱冷冻保藏的研究结果表明，藏羌五加菜经过 1 个月的冻藏之后，金丝桃苷含量很低；热烫之后再采用家用冰箱冷冻长期冻藏，该结果显示含量更低，可能因为冷冻温度未完全制止五加菜的生物活性成分降解金丝桃苷的速率，因此从金丝桃苷含量的变化来看该食用方法缺乏科学性。

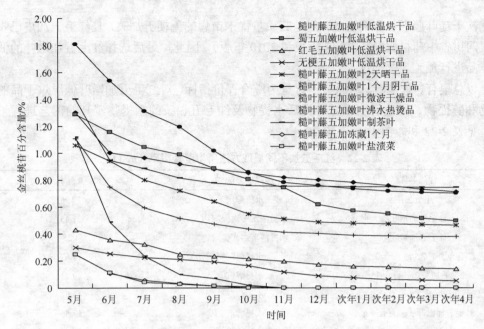

图 2-3　不同干燥、贮藏工艺样品中金丝桃苷百分含量随贮藏时间变化情况

　　烘干干燥、晒干干燥、阴干干燥均为食材比较传统的干燥方法，晒干干燥和阴干干燥受温度的影响较大，这两种方法虽然时间长，但是对保存五加菜中的金丝桃苷效果非常好，尤其是阴干；微波干燥方法简便而且快捷，但研究结果显示，该干燥工艺会在一定程度上降低五加菜中金丝桃苷的含量。从文献检索结果来看，目前国内对金丝桃苷在植物体内的代谢研究较少，本研究结果再次说明金丝桃苷在植物体内的代谢很有可能与温度有很大关系，过高或者过低的温度都会影响金丝桃苷的含量。

　　本次试验按照传统的盐渍工艺进行加工，结果显示金丝桃苷含量非常低，说明一定程度上盐渍工艺破坏了藏羌五加菜活性成分，致使金丝桃苷的含量降低，但仍有待课题组系统地综合评价。

　　对于糙叶藤五加、蜀五加和红毛五加的总黄酮、绿原酸、金丝桃苷等活性成分的综合评价，结合科研成果转化后的生产实际，建议选用低温烘干的干燥方法。金丝桃苷作为一种重要的天然产物，具有降压、降低胆固醇、抗炎、局部和中枢镇痛、保护心脑血管等多种生理活性，故从金丝桃苷的角度考虑，建议阴干；四川阿坝藏族羌族自治州、四川甘孜藏族自治州的五加菜（尤其是糙叶藤五加和蜀五加）可以作为金丝桃苷的新来源，具有很好的开发前景；糙叶藤五加茶叶的金丝桃苷含量较高，目前川产五加属类植物的茶类产品仍是空白，因此具有很大的市场开发潜力。

第六节　红毛五加提取物和茶的制备工艺研究

　　五加属植物中以糙叶藤五加嫩叶的鲜品、低温烘干品和茶制品的品质最优，蜀五加的质量也优于红毛五加，但是目前糙叶藤五加和蜀五加还没有法定标准；红毛五加嫩芽质量虽然次于糙叶藤五加和蜀五加，但是其质量优于市售的无梗五加菜，且红毛五加皮已收载于《四川省中药材标准》（1987 年版和 2010 年版），因此，最后选择红毛五加嫩叶的低温烘干品进行加工工艺筛选。

以总皂苷、总多糖、绿原酸的含量为综合评价指标，对红毛五加嫩叶低温烘干品的水提物和醇提物、红毛五加嫩叶醇提后水提物及红毛五加茶的水提物浸膏的工艺进行了筛选，见表 2-22 和彩图 19～彩图 20。

表 2-22　红毛五加不同提取方法所得浸膏得率（$n=3$）

样品名称	提取方法	浸膏得率/%
红毛五加茶	水提醇沉	17.36
红毛五加嫩叶	水提醇沉一次提取物	21.45
红毛五加嫩叶	水提醇沉二次提取物	4.25
红毛五加茶 2.5 g+百合 0.5 g	水提醇沉	17.67
红毛五加茶 2 g+百合 1 g	水提醇沉	19.21
红毛五加嫩叶 2.5 g+百合 0.5 g	水提醇沉	15.98
红毛五加嫩叶 2 g+百合 1 g	水提醇沉	17.55
五加茶	水提浓缩冷冻干燥	35.73
五加嫩叶	水提浓缩冷冻干燥	52.99
五加嫩叶	醇提浓缩真空干燥	8.04
五加嫩叶	醇提后水提浓缩冷冻干燥	36.79

从表 2-23 及表 2-24 中数据可以看出，每克生药中，所得粗多糖含量最高值是 0.0587 g，是红毛五加嫩叶与百合 5∶1 配比，采用水提醇沉的方法得到的，可能因为百合多糖的叠加结果。红毛五加嫩叶二次水提物所得粗多糖得率最低，因此建议在实际生产过程中，第一次水提时间可以适当延长，没有必要进行第二次水提操作。红毛五加茶水提浓缩冷冻干燥后所得粗多糖得率仅次于嫩叶与百合（5∶1）配比所得，因此若仅以多糖含量为指标，可以选择红毛五加茶水提浓缩冷冻干燥提取粗多糖，或者选择红毛五加嫩叶与百合（5∶1）配伍的方式使用，效果更佳。

表 2-23　不同提取方法所测得的粗多糖百分含量结果（$n=3$）

样品名称	提取方法	粗多糖百分含量/%
红毛五加茶	水提醇沉	6.72
红毛五加嫩叶	水提醇沉一次提取物	5.54
红毛五加嫩叶	水提醇沉二次提取物	1.23
红毛五加茶 2.5 g+百合 0.5 g	水提醇沉	18.65
红毛五加茶 2 g+百合 1 g	水提醇沉	26.16
红毛五加嫩叶 2.5 g+百合 0.5 g	水提醇沉	32.49
红毛五加嫩叶 2 g+百合 1 g	水提醇沉	36.71
五加茶	水提浓缩冷冻干燥	15.78
五加嫩叶	水提浓缩冷冻干燥	9.00
五加嫩叶	醇提浓缩真空干燥	9.74
五加嫩叶	醇提后水提浓缩干燥	7.05

表 2-24　不同提取方法计算所得粗多糖得率结果（n=3）

样品名称	提取方法	粗多糖得率/%
红毛五加茶	水提醇沉	1.17
红毛五加嫩叶	水提醇沉一次提取物	1.19
红毛五加嫩叶	水提醇沉二次提取物	0.05
红毛五加茶 2.5 g+百合 0.5 g	水提醇沉	3.30
红毛五加茶 2 g+百合 1 g	水提醇沉	5.03
红毛五加嫩叶 2.5 g+百合 0.5 g	水提醇沉	5.87
红毛五加嫩叶 2 g+百合 1 g	水提醇沉	4.25
五加茶	水提浓缩冷冻干燥	5.64
五加嫩叶	水提浓缩冷冻干燥	4.77
五加嫩叶	醇提浓缩真空干燥	0.78
五加嫩叶	醇提后水提浓缩干燥	2.59

由表 2-25 中结果可以看出，红毛五加嫩叶打粉后过 3 号筛，采用正交设计优化方案提取所得的总皂苷含量最高，每克生药中能得到 30.44 mg 的总皂苷；而叶的醇提物浸膏中总皂苷含量最低，每克生药中仅能得到 5.67 mg 的总皂苷。由于叶醇提物浸膏的制备是在常温下浸提浓缩所得，因此可以推测温度的高低对于总皂苷的提取影响很大。而茶中总皂苷的含量低于叶中总皂苷的含量，可能是因为茶需要高温杀青和炒制，在杀青和炒制过程中破坏了总皂苷的结构，从而导致了总皂苷含量的减少。浸膏中所测得的总皂苷的含量普遍低于粉末中总皂苷的含量，首先可能由于在浸膏的制备过程中有损失，其次可能是打粉后增大了表面积有利于总皂苷成分的浸出。因此在实际的生产操作中建议打粉后，使用 35 倍 80%乙醇（甲醇为试验条件，生产时可改用乙醇），加热回流提取，能够得到最大量的总皂苷。

表 2-25　不同制备工艺样品中总皂苷含量的测定结果（mg/g；n=3）

样品名称	总皂苷含量
红毛五加嫩叶粉末	30.44
红毛五加茶粉末	29.26
红毛五加嫩叶+百合（4∶1）	25.30
红毛五加茶+百合（4∶1）	23.48
红毛五加嫩叶水提物浸膏	17.02
红毛五加嫩叶醇提物浸膏	5.67
红毛五加茶水提物浸膏	9.65
红毛五加叶醇提后水提物浸膏	12.81

从表 2-26 中数据可以看出，每克生药中绿原酸最高值为 32.64 mg，是从红毛五加嫩叶中提取得到的，红毛五加茶所得绿原酸的百分含量比嫩叶中低很多，猜测原因可能是炒

制茶的过程中，高温杀青破坏了绿原酸的结构，从而导致绿原酸含量降低，因此若以绿原酸为考察指标，则应选取红毛五加嫩叶作为最优值。

表 2-26　不同制备工艺样品中绿原酸含量（$n=3$）

样品名称	绿原酸含量/（mg/g）	浸膏得率/%
红毛五加茶粉末	7.45	
红毛五加嫩叶粉末	32.64	
百合粉	0	
红毛五加茶粉与百合粉	5.55	
红毛五加嫩叶粉与百合粉	22.64	
红毛五加茶水提物浸膏	2.19	35.73
红毛五加嫩叶水提物浸膏	11.38	52.99
红毛五加嫩叶醇提物浸膏	6.45	8.04
红毛五加嫩叶醇提后水提物浸膏	7.55	36.79

红毛五加嫩叶水提物浸膏中绿原酸含量也远远低于红毛五加嫩叶打粉后提取所得的绿原酸的含量，猜测原因首先可能是在提取浸膏的过程中的损失，其次可能是因为加热时间过长导致了绿原酸的分解，从而使绿原酸含量急剧降低。同时，打粉后，粉末与溶剂的接触面积的增大也会使绿原酸的浸出率升高。

红毛五加嫩叶醇提物浸膏中绿原酸的量与红毛五加嫩叶醇提后水提物浸膏中绿原酸的量相加之和大于红毛五加嫩叶水提物浸膏中绿原酸的含量。

综上所述，在实际生产过程中，若想提高绿原酸的提取率，可以通过以下操作实现：首先将红毛五加嫩叶晒干后打粉，然后先进行醇提，冷浸醇提的时间较长可以通过稍微加热缩短醇提时间，将醇提后的滤渣烘干后再进行水提，合并醇提滤液和水提滤液，浓缩滤液制得浸膏。通过以上步骤可以实现红毛五加嫩叶中绿原酸提取的最大化。

从表 2-27 和表 2-28 中数据可知，以多糖含量为评价指标，应优选红毛五加嫩叶配伍百合的样品，但百合中绿原酸的含量为零；红毛五加嫩叶粉末水提醇沉总多糖的含量远低于红毛五加嫩叶水提物浸膏，可能是醇沉等过程损失了大量多糖。

表 2-27　红毛五加嫩叶制备不同工艺样品中 3 种活性成分的含量（mg/g；$n=3$）

样品名称	总多糖	绿原酸	总皂苷
红毛五加嫩叶粉末	11.88	32.64	30.44
红毛五加茶粉末	11.67	7.45	29.26
百合粉	—	0	—
红毛五加嫩叶与百合粉（2∶1）	58.66	—	—
红毛五加茶与百合粉（2∶1）	50.25	—	—
红毛五加嫩叶与百合粉（4∶1）		22.63	25.30
红毛五加茶与百合粉（4∶1）		5.56	23.48

续表

样品名称	总多糖	绿原酸	总皂苷
红毛五加嫩叶与百合粉（5∶1）	42.49	—	—
红毛五加茶与百合粉（5∶1）	32.95	—	—
红毛五加嫩叶水提物浸膏	47.69	11.38	17.02
红毛五加茶水提物浸膏	56.38	2.20	9.65
红毛五加嫩叶醇提物浸膏	7.83	6.45	5.67
红毛五加嫩叶醇提后水提物浸膏	25.94	7.55	12.81

注："—"表示未检测出

表 2-28　红毛五加嫩叶制备不同工艺样品中 3 种活性成分的百分含量（$n=3$）

样品名称	总多糖 （权重30%）	绿原酸 （权重40%）	总皂苷 （权重30%）	加权总计
红毛五加嫩叶粉末	1.19	3.26	3.04	2.57
红毛五加茶粉末	1.17	0.75	2.93	1.53
百合粉	—	0	—	—
红毛五加嫩叶与百合粉（2∶1）	5.87	—	—	—
红毛五加茶与百合粉（2∶1）	5.03	—	—	—
红毛五加嫩叶与百合粉（4∶1）	—	2.26	2.53	—
红毛五加茶与百合粉（4∶1）	—	0.56	2.35	—
红毛五加嫩叶与百合粉（5∶1）	4.25	—	—	—
红毛五加茶与百合粉（5∶1）	3.30	—	—	—
红毛五加嫩叶水提物浸膏	4.77	1.14	1.70	2.40
红毛五加茶水提物浸膏	5.64	0.22	0.97	2.07
红毛五加嫩叶醇提物浸膏	0.78	0.65	0.57	0.67
红毛五加嫩叶醇提后水提物浸膏	2.59	0.76	1.28	1.47

注："—"表示未检测出

红毛五加嫩叶粉末中绿原酸的含量明显高于其他样品，可能在浸膏制备的过程中加热和茶叶炒制的过程中高温、杀青等破坏绿原酸的结构，导致绿原酸含量的降低，以绿原酸为评价指标，应优选红毛五加嫩叶粉末。

红毛五加嫩叶粉末中总皂苷的含量最高，略高于红毛五加茶中总皂苷的含量，而浸膏中总皂苷的含量普遍较低，可能由于浸膏的提取过程中加热提取、浓缩等过程导致含量损失。

综上所述，红毛五加不同样品中以红毛五加嫩叶粉末（过 3 号筛，下同）的品质最优，建议提取工艺为：红毛五加嫩叶打粉（过 3 号筛）后，先用 75%的乙醇回流提取 1.5 h，烘干，再加水回流提取两次，每次 2 h。红毛五加茶中多糖的含量较高，绿原酸含量略低，将红毛五加茶打粉后可直接作茶饮；或采取与上述红毛五加嫩叶粉末相同的制备工艺。红毛五加茶口感优良，可以长时间放置，容易保存。

第三章　白花丹药材的资源开发与利用研究

第一节　白花丹的原植物和显微鉴别研究

仪器：石蜡切片机（YD-1508 轮转式切片机）；Nikon E 4500 数码相机；KQ 3200 超声波清洗器；电子显微镜（上海兴行实业有限公司）。

材料：白花丹，课题组采于中国医学科学院药用植物研究所云南西双版纳分所南药园，海拔 551 m。经西南民族大学刘圆教授鉴定为蓝雪科植物白雪花（*Plumbago zeylanica* L.）的全草及根。

一、原植物鉴定

白花丹原植物为多年生蔓生亚灌木状草本，高 2～3 m。茎细弱，基部木质，分枝多，光滑无毛，有棱槽，绿色。单叶互生，叶片卵圆形至卵状椭圆形，长 4.0～9.5 cm，宽 1.5～5.0 cm，先端尖，全缘，基部阔楔形，渐狭而成一短柄；叶柄基部扩大而包茎。穗状花序顶生或腋生，长 5～25 cm，苞片短于萼，边缘为干膜质；花萼管状，绿色，长约 1 cm，上部 5 裂，具 5 棱，棱间干膜质，外被腺毛；花冠白色或白而微染蓝，高脚碟状，管狭而长，长约 2 cm，先端 5 裂，扩展；雄蕊 5，生于喉处；子房上位，1 室，有胚珠 1 粒。柱头 5 裂。蒴果膜质。花期 9～10 月。见彩图 21。

二、白花丹显微鉴别

根横切面：木栓细胞为 5～6 列排列较整齐类方形细胞，细胞内含大量草绿色块状物；皮层宽广，约占横切面的 1/2，细胞呈多角形，无胞间隙，细胞中含众多淀粉粒及棕黄色块状物，皮层纤维单个或成束；韧皮部较窄，具纤维束；形成层由 2～3 列切向延长的细胞组成；木质部较宽，部分导管较大，常 2～3 个径向排列，少单个；射线较广，常有 5～6 列细胞组成；无髓部。见彩图 22。

茎横切面：茎近圆形，波状突起；表皮 1 列，细胞类方形；皮层狭窄，薄壁细胞有大量的叶绿体，皮层可见番红染成红色的石细胞，细胞壁较薄，正对凸起的薄壁细胞细胞壁加厚；维管束 12～16 束；形成层成环，韧皮部外部有帽状的韧皮纤维束，木质部有单个或 2～3 个排成一列；髓部宽广，由大量薄壁细胞组成；在皮层和韧皮部薄壁细胞当中有大量的草绿色的内含物。见彩图 23。

叶横切面：上表皮细胞 1 列，类长方形，外被角质层，下表皮细胞 1 列，类方形，具气孔。栅栏组织由 1～2 列细胞组成，细胞长圆柱状，不过主脉。主脉维管束 3～4 个；维管束为外韧型；韧皮部较窄，叶中脉维管束的上下方有 4～5 层厚壁组织，薄壁细胞中含淀粉粒及棕黄色块状物。见彩图 24。

三、粉末鉴别

白花丹根、茎和叶中薄壁细胞中含较多淀粉粒、草绿色块状物和棕黄色块状物。见彩图 25。

根：呈棕黄色。①淀粉粒甚多，常为单粒或为 2～3 个至多个组成的复粒，圆形或类圆形，脐点裂隙状；②导管为网纹导管；③木纤维长条形，壁稍厚，纹孔清晰可见，有的胞腔内具淀粉粒；④木栓细胞类方形，壁木栓化。

茎：呈淡黄色。①导管为网纹导管；②淀粉粒常为单粒、2 个或多个组成的复粒，圆形或类圆形，脐点星状或点状；③木栓细胞类方形，壁木栓化；④木纤维长条形，壁稍厚，木化。

叶：呈绿色。①表皮细胞不规则形，垂周壁稍弯曲，气孔为不等式；②可见网纹导管；③木纤维，壁稍厚，纹孔清晰可见。

第二节　含量测定研究

仪器、试剂与药材：Waters 2695 系列高效液相色谱仪（美国 Waters 公司）；Empower色谱工作站；浙江大学 N2000 色谱工作站；Sedex-75 型蒸发光散射检测器（奥泰公司）；色谱柱为 Diamonsil C_{18} 柱（250 mm×4.6 mm，5 μm）；METTLER AE240 双量程分析天平（梅特勒-托利多仪器上海有限公司）；RE-52A 型旋转蒸发器（上海亚荣生化仪器厂）。对照品白花丹醌自制（纯度为 98.42%）；β-谷甾醇自制（纯度 98.12%）；胡萝卜苷自制（纯度 98.25%）。甲醇为色谱纯；水为二次重蒸水；其余试剂均为分析纯。试验所用白花丹药材来源于中国医学科学院药用植物研究所南药园（云南西双版纳），经刘圆教授鉴定。

一、白花丹醌含量测定

1. 分析方法的建立

对照品溶液的制备：精密称取白花丹醌对照品 13.10 mg，置 50 mL 容量瓶中，用甲醇定容至刻度，摇匀，然后精密吸取 5 mL 置 10 mL 容量瓶中，用甲醇定容至刻度，摇匀，储存备用，制成质量浓度为 0.131 mg/mL 的白花丹醌对照品溶液。

样品溶液的制备：称取药材粉末（过 4 号筛）约 3 g，精密称定，在索氏提取器中精密加入 150 mL 甲醇，提取 3 h，用旋转蒸发器除去溶剂，用甲醇溶解于 25 mL 容量瓶中，加甲醇稀释至刻度，作为样品溶液。

色谱条件：Kromasil C_{18} 色谱柱（Dikma 公司，4.6 nm×250 mm，5 μm）。流动相：甲醇-水溶液（65∶35），检测波长为 211 nm，流速：1 mL/min，柱温：30℃。

精密度试验：精密吸取白花丹醌对照品溶液 10 μL，重复进样 6 次，结果表明仪器精密度良好。

稳定性试验：取同一样品根溶液 5 μL，按照选定色谱条件下于 0、2 h、4 h、6 h、8 h

测定样品溶液中白花丹醌峰面积值，峰面积基本无变化，表明样品溶液配制 8 h 内稳定。

重复性试验：分别精密取白花丹药材 6 份，各约 3 g，按照样品溶液制备项下方法制备样品，按照选定的色谱条件测定 6 份样品溶液中白花丹醌的含量，表明样品溶液重复性良好。

加样回收率试验：精密称取白花丹药材 9 份，各约 1.0 g，精密加入浓度为 0.131 mL/min 白花丹醌对照品溶液，按照样品溶液制备项下方法制备样品，按照选定的色谱条件，测定 9 份样品溶液中白花丹醌的含量，计算白花丹醌回收率。结果平均回收率为 99.95%，RSD 为 0.154%（n=9）。

2. 白花丹醌含量测定

对本课题组前期（2004 年 1 月到 2005 年 12 月）采自于云南省红河州金平县沙依坡乡独家村的野生药材进行了白花丹醌的含量测定，结果表明，不同采收期中白花丹醌的含量 2 月最高，3～5 月、7～8 月、10 月均稳定在较高水平，6 月、11 月和 12 月均较低，从 9 月到次年 1 月有下降的趋势（这与当地白花丹的正常采收期 10～12 月）不一致。

考虑到该药材为多年生蔓生亚灌木状草本植物，在所采样品的产地除 1～2 月其植株的下部有落叶现象外，基本上四季生长良好，花期 9～10 月，可能因为民族民间是多以根入药，所以正常采收期为花后期（10～12 月）。但是课题组在在云南和广西实地考察的时候发现，几乎所有草药摊的白花丹药材都只有茎和少量的叶，没有根在市场上流通。

本课题组对 2008 年采于四川大学华西药学院华西药用植物标本园的引种白花丹茎叶，进行了香草酸和 β-谷甾醇的含量测定，在 12 个月不同采收期中规律性不是很强，但均稳定在比较高的水平，结合白花丹药材的不同产地、不同药用部位、不同采收期中的特征性成分白花丹醌综合考虑，建议：最佳采收期仍以花前期（9～10 月前）为好，这仍然与当地白花丹的正常采收期（10～12 月）不一致。

因此，课题组拟继续验证研究采自于中国医学科学院药用植物研究所云南分所南药园（课题组前期研究表明云南省是栽培适应产地）的白花丹不同采收期（1～12 月）有效活性成分白花丹醌的含量测定，为进一步确定最佳采收期提供试验数据。

1）不同药用部位的含量测定结果

分别吸取根、茎、叶样品溶液 10 μL 和对照品溶液，注入高效液相色谱仪中，按照色谱条件测定，测定结果见表 3-1。

表 3-1　白花丹药材中白花丹醌含量测定结果（%；n=3）

样品	白花丹醌含量
根	0.3941
茎	0.0501
叶	0.0312

白花丹根中的白花丹醌含量最高，茎、叶中含量低，表明传统的主要采用根入药是有科学依据的。

2）野生药材不同采收期各部位的含量测定

取不同采收期白花丹药材的根、茎、叶各约 3 g，按照样品溶液制备方法制备，按照选定的色谱条件分别进行白花丹醌含量测定，结果见表 3-2。

表 3-2　白花丹野生药材 1～12 月的根、茎、叶中白花丹醌含量测定结果（%；$n=3$）

不同采收期（月份）	不同部位	白花丹醌的含量
1	根	1.1772
	茎	0.0727
	叶	0.0482
2	根	0.2316
	茎	0.0141
	叶	
3	根	0.7247
	茎	0.0605
	叶	
4	根	0.8802
	茎	0.0235
	叶	
5	根	0.3228
	茎	0.0264
	叶	0.0102
6	根	0.6586
	茎	0.0240
	叶	—
7	根	0.7631
	茎	—
	叶	—
8	根	0.7928
	茎	0.0114
	叶	
9	根	0.6379
	茎	0.0838
	叶	
10	根	0.8573
	茎	0.0272
	叶	
11	根	0.9596
	茎	0.1091
	叶	
12	根	1.1327
	茎	0.0540
	叶	0.0229

注："—"表示未检测出

试验结果表明：①白花丹醌在 1～12 月药材根中的含量变化为 0.2316%～1.1772%；其中在 12 月至次年 1 月底所采收的白花丹药材根中白花丹醌的含量最高。②白花丹醌在 1～12 月白花丹药材茎中的含量最高为 0.1091%；其中 7 月、8 月白花丹茎中白花丹醌的含量最低，11 月至次年 1 月底所采收药材含量最高。③白花丹醌在 1～12 月白花丹药材叶中的含量最高为 0.0482%，1 月、5 月、12 月白花丹药材叶中的含量较高，其他月份采收的药材叶中含量基本都未能检测出。

3）不同产地的含量测定

天然药物有效成分的积累与气候、土壤和降雨量等生态环境因素有关，因此，药材生态环境的改变将影响药材中有效成分的含量，从而直接影响药材的品质和临床药效。试验研究了中国云南、广西地区的不同产地白花丹药材中有效成分白花丹醌的含量，为后期选择最佳栽培基地和临床科学用药提供了重要参考。

取不同产地的白花丹样品，按照供试品溶液处理方法处理，分别进行白花丹醌含量测定，结果见表 3-3。

表 3-3　白花丹药材不同产地白花丹醌的含量测定结果（%；$n=3$）

样品号	药材产地	白花丹醌的含量
1	广西大明山	0.0345
2	广西金边	0.0163
3	广西金秀	0.0266
4	广西柳州	0.0289
5	广西恭城	0.2610
6	广西植物园	0.0222
7	云南西双版纳	0.3928
8	云南红河州金平县	0.3941

结果表明，云南西双版纳和广西恭城所产样品中白花丹醌的含量较高，建议可以在云南西双版纳和广西恭城建立白花丹药材栽培基地。

4）家种药材在不同土壤条件生长下各部位含量测定

拟对家种白花丹在生土、熟土、砂土、黏土中生长时各部位中有效成分白花丹醌的含量进行测定，为白花丹生产质量管理规范（GAP）生产选择适宜的土壤条件提供一定参考。

分别选择在生土、熟土、砂土、黏土生长条件下的白花丹药材根、茎、叶各约 3 g，按照样品溶液制备方法制备，按照选定的色谱条件分别进行白花丹醌含量测定，结果见表 3-4。

表 3-4　白花丹药材不同土壤生长下的根、茎、叶中白花丹醌的含量测定结果（%；$n=3$）

不同土壤	不同部位	白花丹醌的含量
生土	根	0.9058
	茎	0.0352
	叶	0.0234

不同土壤	不同部位	白花丹醌的含量
熟土	根	1.3898
	茎	0.0501
	叶	0.0871
黏土	根	1.3271
	茎	0.0971
	叶	0.1681
砂土	根	1.2359
	茎	0.0650
	叶	0.0840

结果表明：①根中白花丹醌的含量变化为 0.9085%～1.3898%，熟土中含量最高，其次是黏土；在砂土中白花丹醌含量最低；均高于野生药材中白花丹醌含量。②茎中白花丹醌含量变化为 0.0352%～0.0971%，在黏土中含量最高，生土中含量最低；均高于野生药材的含量。③叶中白花丹醌含量变化为 0.0234%～0.1681%，在黏土中含量最高，其次是熟土，而且其含量均高于野生药材叶含量。

5）家种药材不同繁殖方式下各部位含量测定

分别取以种子苗、扦插苗、分种苗繁殖的白花丹药材根、茎、叶各约 3 g，按照样品溶液制备方法制备，按照选定的色谱条件分别进行白花丹醌含量测定，结果见表3-5。

表 3-5　白花丹药材不同繁殖方式的根、茎、叶中白花丹醌含量测定结果（%；$n=3$）

不同繁殖方式	不同部位	白花丹醌的含量
种子苗	根	1.1670
	茎	0.0196
	叶	—
扦插苗	根	1.0608
	茎	0.0264
	叶	0.0281
分株苗	根	1.1759
	茎	0.0492
	叶	0.0332

注："—"表示未检测出

结果表明：①根中白花丹醌的含量变化为 1.0608%～1.1759%，含量变化不大，均与野生最佳采收期药材的白花丹醌含量相当。②茎中白花丹醌含量变化为 0.0196%～0.0492%，分株苗含量最高，其次是扦插苗。③分株苗叶中白花丹醌含量最高为 0.0332%，其次是扦插苗。

6）家种药材在不同肥料条件下时各部位含量测定

分别取在 N 肥、P 肥、K 肥生长条件下的白花丹药材根、茎、叶各约 3 g，按照样品溶液制备方法制备，按照选定的色谱条件分别进行白花丹醌含量测定，结果见表 3-6。

表 3-6　白花丹在 N 肥、K 肥和 P 肥条件生长下的根、茎、叶白花丹醌含量测定结果（%；*n*=3）

不同肥料	不同部位	白花丹醌含量
N 肥	根	1.0630
	茎	0.0712
	叶	0.0423
K 肥	根	1.2670
	茎	0.0119
	叶	0.0349
P 肥	根	0.9051
	茎	0.0435
	叶	0.0388

结果表明：①根中白花丹醌的含量变化为 0.9051%～1.2670%，K 肥时含量稍高，其次是 N 肥，使用 K 肥时比野生最佳采收期药材白花丹醌含量高。②茎中的白花丹醌含量变化为 0.0119%～0.0712%，N 肥时含量稍高。③叶中的白花丹醌含量变化为 0.0349%～0.0423%，含量相差不大。

7）家种药材在不同生态环境下各部位含量测定

分别取在全光照、阔叶林和橡胶林生长环境下的白花丹药材根、茎、叶各约 3 g，按照样品溶液制备方法制备，按照选定的色谱条件分别进行白花丹醌含量测定，结果见表 3-7。

表 3-7　白花丹在不同植被下生长的根、茎、叶白花丹醌含量测定结果（%；*n*=3）

不同植被	不同部位	白花丹醌含量
全光照	根	1.5152
	茎	0.0592
	叶	0.0757
阔叶林	根	1.1401
	茎	0.0846
	叶	0.0584
橡胶林	根	1.3233
	茎	0.0595
	叶	0.0393

结果表明：①根中白花丹醌含量变化为 1.1401%～1.5152%，在全光照下生长的白花丹醌的含量最高，且均高于野生药材白花丹醌的含量。②茎中白花丹醌含量变化为 0.0592%～0.0846%，含量差别不大。③叶中白花丹醌含量变化为 0.0393%～0.0757%，在全光照下含量稍高。

8）家种药材在不同透光率生长下各部位含量测定

分别取在全光照生长条件下的白花丹药材根、茎、叶各约 3 g，在 80%透光率、60%透光率及 30%透光率生长条件下的白花丹药材各约 3 g，按照样品溶液制备方法制备，按照选定的色谱条件分别进行白花丹醌含量测定，结果见表 3-8。

表 3-8 白花丹在不同透光率生长下的根、茎、叶中白花丹醌含量测定结果（%；$n=3$）

不同光照	不同部位	白花丹醌含量
对比全光照	根	1.2252
	茎	0.0642
	叶	0.0313
80%透光率	全草	0.0365
60%透光率	全草	0.2936
30%透光率	全草	0.1719

结果表明：①对比全光照根中白花丹醌含量为 1.2252%，茎中白花丹醌含量为 0.0642%，叶中白花丹醌含量为 0.0313%。②80%透光率下含量为 0.0365%，60%透光率下含量为 0.2936%，30%透光率下含量为 0.1719%。

二、β-谷甾醇与胡萝卜苷的含量测定

本试验拟采用 HPLC-ELSD 法对白花丹药材中 β-谷甾醇与胡萝卜苷同时进行含量测定。

1. 分析方法的建立

对照品溶液的制备：精密称取 β-谷甾醇对照品 10.3 mg，用甲醇溶解于 50 mL 容量瓶中，摇匀后精密量取 5 mL 溶液置 10 mL 容量瓶中，用甲醇定容至刻度，制成质量浓度为 0.103 mg/mL 谷甾醇对照品溶液。精密称取胡萝卜苷对照品 12.9 mg，用甲醇溶解于 50 mL 容量瓶中，摇匀后精密量取 5 mL 溶液置 10 mL 容量瓶中，用甲醇定容至刻度，制成质量浓度为 0.129 mg/mL 的胡萝卜苷对照品溶液。

样品溶液的制备：取白花丹药材约 3 g，精密称定，精密加入 150 mL 的甲醇溶液于索氏提取器中，提取 3 h，挥发除去溶剂，用甲醇溶解于 25 mL 容量瓶中，加甲醇稀释至刻度，摇匀，即得（提取方法、条件按课题组前期研究时所考察的结果）。

色谱条件：色谱柱为 Diamonsil C_{18} 柱（250 mm×4.6 mm，5 μm）；流动相：纯甲醇；体积流量：1.0 mL/min；柱温 25℃；蒸发光散射检测器检测参数为漂移管温度 65℃，载气（N_2）流速为 2.0 L/min。

精密度试验：分别精密吸取 β-谷甾醇和胡萝卜苷对照品溶液各 10 μL，各重复进样 6 次，结果表明精密度良好。

稳定性试验：取同一样品根溶液 20 μL，按照选定色谱条件下于 0、2 h、4 h、6 h、8 h 测定样品溶液中 β-谷甾醇和胡萝卜苷峰面积值。结果峰面积基本无变化，表明样品稳定性良好。

重复性试验：分别精密取同一白花丹根药材 6 份，各约 3 g，按样品溶液制备项下方法制备样品，按照选定的色谱条件测定 6 份样品溶液中 β-谷甾醇和胡萝卜苷的含量。

加样回收率试验：精密称取白花丹根药材 9 份，各约 3 g，精密加入浓度为 0.103 mg/mL β-谷甾醇对照品溶液和浓度为 0.129 mg/mL 的胡萝卜苷对照品溶液，按样品溶液制备项下方法制备样品，按照选定的色谱条件测定 9 份样品溶液中 β-谷甾醇和胡萝卜苷的含量，计算 β-谷甾醇和胡萝卜苷回收率。

2. β-谷甾醇和胡萝卜苷的含量测定

1）不同产地白花丹茎中 β-谷甾醇的含量测定

取不同产地白花丹药材茎约 3 g，按样品溶液制备方法制备，按照选定的色谱条件分别进行 β-谷甾醇的含量测定，结果见表 3-9。

表 3-9 白花丹不同产地茎中 β-谷甾醇含量测定结果（%；$n=3$）

样品	药材产地	β-谷甾醇含量
1	广西大明山	0.0200
2	广西金边	0.0308
3	广西金秀	0.0299
4	广西柳州	—
5	广西植物园	0.0329
6	云南红河州金平县	0.0379
7	云南西双版纳	0.0409

注："—"表示未检测出

结果表明，广西产地的白花丹茎中 β-谷甾醇含量普遍低于云南产地。

2）野生药材不同采收期各部位的含量测定

取不同采收期白花丹药材的根、茎、叶各约 3 g，按照样品溶液制备方法制备，按照选定的色谱条件分别进行 β-谷甾醇和胡萝卜苷的含量测定，结果见表 3-10。

表 3-10 白花丹野生药材 1～12 月的根、茎、叶中 β-谷甾醇和胡萝卜苷含量测定结果（%；$n=3$）

月份	部位	β-谷甾醇的含量	胡萝卜苷含量
	根	0.0631	0.0275
1	茎	0.0630	0.0442
	叶	0.1091	0.0738
	根	0.0419	0.0225
2	茎	0.0594	0.0566
	叶	0.1243	0.0969
	根	0.0457	0.0288
3	茎	0.0873	0.0601
	叶	0.1366	0.0733

续表

月份	部位	β-谷甾醇的含量	胡萝卜苷含量
	根	0.0645	0.0357
4	茎	0.0617	0.0512
	叶	0.0996	0.0641
	根	0.0627	0.0263
5	茎	0.0672	0.0389
	叶	0.1250	0.0534
	根	0.0486	0.0230
6	茎	0.0620	0.0488
	叶	0.0841	0.0498
	根	0.0580	0.0311
7	茎	0.0604	0.0468
	叶	0.1296	0.0862
	根	0.0607	0.0326
8	茎	0.0595	0.0500
	叶	0.1206	0.0823
	根	0.0111	—
9	茎	0.0737	0.0377
	叶	0.0899	0.0737
	根	—	0.0106
10	茎	0.0525	0.0413
	叶	0.1085	0.0682
	根	0.0680	0.0317
11	茎	—	—
	叶	0.0620	0.0662
	根	0.0377	0.0193
12	茎	0.0434	0.0437
	叶	0.0423	0.0619

注："—"表示未检测出

结果表明，根中 β-谷甾醇含量最高为 0.068%；胡萝卜苷含量最高为 0.0357%。茎中 β-谷甾醇含量最高为 0.0873%；胡萝卜苷含量最高为 0.0601%，11 月样品未检出。叶中 β-谷甾醇含量变化为 0.0423%～0.1366%；胡萝卜苷含量变化为 0.0498%～0.0969%，叶中含量最高，但是在 5～6 月含量较低。

白花丹中 β-谷甾醇和胡萝卜苷含量以叶中最高，其次是茎，根中含量最低，故建议以 β-谷甾醇和胡萝卜苷等活性成分为指标时选择叶入药。

3）家种药材在不同土壤条件生长下各部位含量测定

分别取在生土、熟土、砂土、黏土生长条件下的白花丹药材根、茎、叶各约 3 g，按照样品溶液制备方法制备，按照选定的色谱条件分别进行 β-谷甾醇和胡萝卜苷含量测定，结果见表 3-11。

表 3-11　白花丹药材不同土壤生长下的根、茎、叶中 β-谷甾醇和胡萝卜苷的含量测定结果（%；$n=3$）

不同土壤	不同部位	β-谷甾醇的含量	胡萝卜苷的含量
生土	根	0.0429	0.0241
	茎	0.0539	0.0472
	叶	0.0817	0.0626
熟土	根	0.0666	0.0358
	茎	0.0229	0.0296
	叶	0.0197	0.0106
黏土	根	0.0585	0.0338
	茎	0.0677	0.0491
	叶	0.0763	0.0641
砂土	根	0.0494	0.0316
	茎	0.0650	0.0564
	叶	—	—

注："—"表示未检测出

结果表明，根中 β-谷甾醇的含量变化为 0.0429%～0.0666%；胡萝卜苷含量变化为 0.0241%～0.0358%。茎中 β-谷甾醇的含量变化为 0.0229%～0.0677%；胡萝卜苷含量变化为 0.0296%～0.0564%。叶中 β-谷甾醇的含量最高为 0.0817%；胡萝卜苷含量最高为 0.0641%。在黏土中 β-谷甾醇和胡萝卜苷在根、茎和叶中的含量较高。

4）家种药材不同繁殖方式时各部位含量测定

分别取以种子苗、扦插苗、分株苗繁殖的白花丹药材根、茎、叶各约 3 g，按照样品溶液制备方法制备，按照选定的色谱条件分别进行 β-谷甾醇和胡萝卜苷含量测定，结果见表 3-12。

表 3-12　白花丹药材不同繁殖方式的根、茎、叶中 β-谷甾醇和胡萝卜苷含量测定结果（%；$n=3$）

不同繁殖方式	不同部位	β-谷甾醇的含量	胡萝卜苷的含量
种子苗	根	0.0525	0.0284
	茎	0.0581	0.0428
	叶	0.1326	0.1206
扦插苗	根	0.0214	0.0204
	茎	0.0609	0.0522
	叶	0.1386	0.1259
分株苗	根	0.0679	0.0294
	茎	0.0738	0.0654
	叶	0.0506	0.0699

结果表明，根中 β-谷甾醇的含量变化为 0.0214%～0.0679%，胡萝卜苷含量变化为 0.0204%～0.0294%，含量变化不大。茎中 β-谷甾醇的含量变化为 0.0581%～0.0738%，胡萝卜苷含量变化为 0.0428%～0.0654%，含量变化均不大。叶中 β-谷甾醇含量变化为 0.0506%～0.1386%，胡萝卜苷含量变化为 0.0699%～0.1259%。

总体来看，β-谷甾醇和胡萝卜苷在叶中的含量高于其他部位，采用扦插苗时 β-谷甾醇和胡萝卜苷的含量最高，且含量高于野生药材。

5）家种药材在不同肥料条件下时各部位含量测定

分别取在 N 肥、P 肥、K 肥生长条件下的白花丹药材根、茎、叶各约 3 g，按照样品溶液制备方法制备，按照选定的色谱条件分别进行 β-谷甾醇和胡萝卜苷含量测定，结果见表 3-13。

表 3-13 白花丹在 N 肥、K 肥和 P 肥条件生长下的根、茎、叶 β-谷甾醇和胡萝卜苷含量测定结果（%；n=3）

不同肥料	不同部位	β-谷甾醇的含量	胡萝卜苷的含量
	根	0.0704	0.0336
N 肥	茎	0.0502	0.0386
	叶	0.1727	0.1683
	根	0.1025	0.0581
K 肥	茎	—	—
	叶	0.0689	0.0543
	根	0.0655	0.0323
P 肥	茎	0.0405	0.0456
	叶	0.1306	0.1577

注："—"表示未检测出

结果表明，根中 β-谷甾醇的含量变化为 0.0655%～0.1025%，胡萝卜苷含量变化为 0.0323%～0.0581%，均在 K 肥中含量最高。茎中 β-谷甾醇的含量最高为 0.0502%，N 肥中含量最高；胡萝卜苷含量最高为 0.0456%，含量除个别样品未检出外，均比较高。叶中 β-谷甾醇含量变化为 0.0689%～0.1727%，胡萝卜苷含量变化为 0.0543%～0.1683%，均在 N 肥中含量最高。

6）家种药材在不同生态条件下各部位含量测定

分别取在全光照、阔叶林及橡胶林生长条件下的白花丹药材根、茎、叶各约 3 g，按照样品溶液制备方法制备，按照选定的色谱条件分别进行 β-谷甾醇和胡萝卜苷含量测定，结果见表 3-14。

表 3-14 白花丹在不同植被下生长的根、茎、叶白 β-谷甾醇和胡萝卜苷含量测定结果（%；n=3）

不同植被	不同部位	β-谷甾醇的含量	胡萝卜苷的含量
	根	0.0446	0.0284
全光照	茎	0.0545	0.0408
	叶	0.0134	0.0233

续表

不同植被	不同部位	β-谷甾醇的含量	胡萝卜苷的含量
	根	0.0391	0.0217
阔叶林	茎	0.0596	0.0574
	叶	0.094	0.1049
	根	0.0652	0.0369
橡胶林	茎	0.0677	0.0698
	叶	0.0280	0.0590

结果表明，根中 β-谷甾醇含量变化为 0.0391%～0.0652%，胡萝卜苷含量变化为 0.0217%～0.0369%。茎中 β-谷甾醇含量变化为 0.0545%～0.0677%，胡萝卜苷含量变化为 0.0408%～0.0698%，均变化不大。叶中 β-谷甾醇含量变化为 0.0134%～0.094%，胡萝卜苷含量变化为 0.0233%～0.1049%。

7）家种药材在不同透光率生长下的各部位含量测定

分别取在全光照生长条件下的白花丹药材根、茎、叶各约 3 g，在 80%透光率、60% 透光率及 30%透光率生长条件下的白花丹药材各约 3 g，按照样品溶液制备方法制备，按照选定的色谱条件分别进行 β-谷甾醇和胡萝卜苷含量测定，结果见表 3-15。

表 3-15　白花丹在不同透光率生长下的根、茎、叶中 β-谷甾醇和胡萝卜苷含量测定结果（%；n=3）

不同光照	不同部位	β-谷甾醇的含量	胡萝卜苷的含量
	根	0.0576	0.0382
对比全光照	茎	0.0699	0.0532
	叶	0.1026	0.0779
80%透光率	全草	0.0457	0.0524
60%透光率	全草	0.1355	0.1043
30%透光率	全草	0.1611	0.1866

结果表明，对比全光照根中 β-谷甾醇含量为 0.0576%，胡萝卜苷含量为 0.0382%；茎中 β-谷甾醇含量为 0.0699%，胡萝卜苷含量为 0.0532%；叶中 β-谷甾醇含量为 0.1026%，胡萝卜苷含量为 0.0779%。80%透光率下生长白花丹全草中 β-谷甾醇含量为 0.0457%，胡萝卜苷含量为 0.0524%；60%透光率下生长白花丹全草中 β-谷甾醇含量为 0.1355%，胡萝卜苷含量为 0.1043%；30%透光率下生长白花丹全草中 β-谷甾醇的含量为 0.1611%，胡萝卜苷含量为 0.1866%。

三、香草酸的含量测定

1. 分析方法的建立

采用 RP-HPLC 法对白花丹药材中香草酸进行含量测定，该方法简便、准确、重现性好，可作为白花丹药材质量的检测手段之一。

对照品溶液的制备：精密称取香草酸对照品 2.55 mg，将甲醇溶解于 10 mL 容量瓶中，吸取 1 mL 于 25 mL 的容量瓶中，用甲醇稀释至刻度，制成质量浓度为 10.2 μg/mL 的香草酸对照品溶液。

供试品溶液的制备：取白花丹药材粗粉（过 2 号筛）约 3 g，精密称定，加入甲醇 100 mL，索氏提取 3 h，挥去溶剂，用甲醇溶解于 25 mL 容量瓶中，加甲醇稀释至刻度，摇匀，即得。

色谱条件：经考察，Kromasil C$_{18}$ 色谱柱（Dikma 公司，4.6 mm×250 mm，5 μm）；流动相为乙腈-1%冰醋酸（12：88），流速 1 mL/min，柱温 30℃；检测波长为 260 nm。

精密度试验：精密吸取对照品溶液 10 μL，重复进样 5 次，按照选定色谱条件测定峰面积值，试验结果表明精密度良好。

稳定性试验：精密吸取供试品溶液 10 μL，按照选定色谱条件下于 0、2 h、4 h、8 h、12 h、24 h 测定供试品溶液中香草酸峰面积值，试验结果表明，待测成分在 24 h 内稳定性良好。

重现性试验：分别精密取白花丹药材 5 份，各约 3 g，按照供试品溶液制备项下方法制备试样，按照选定色谱条件进行测定，试验结果表明，本方法重现性良好。

加样回收试验：取白花丹药材约 1.5 g，平行 9 份，精密加入 0.0102 mg/mL 香草酸对照品溶液，再加甲醇至 100 mL，精密吸取供试品溶液 10 μL 进行含量测定，计算回收率，试验结果表明，香草酸回收率均在 95%～105%，加样回收率良好。

2. 香草酸含量测定

1）不同药用部位的含量测定

取白花丹药材的根、茎、叶各约 3 g，按照供试品制备方法制备。精密吸取对照品溶液及供试品溶液各 10 μL，按照选定色谱条件分别进行香草酸含量测定，结果见表 3-16。

表 3-16 白花丹不同药用部位香草酸含量测定结果（%；n=3）

样品	香草酸含量
根	0.0011
茎	0.0063
叶	0.0212

2）不同产地的含量测定

取不同产地的白花丹药材地上部分各约 3 g，按照供试品制备方法制备。精密吸取对照品溶液及供试品溶液各 10 μL，按照选定色谱条件含量测定，结果见表 3-17。

表 3-17 白花丹不同产地香草酸含量测定结果（%；n=3）

样品	药材产地	香草酸的含量
1	广西大明山	0.0046
2	广西金边	0.0064
3	广西金秀	0.0041

续表

样品	药材产地	香草酸的含量
4	广西柳州	0.0062
5	广西植物园	0.0169
6	云南红河州金平县	0.0139
7	云南西双版纳	0.0167

3）不同采收期的含量测定

取不同采收期的白花丹药材地上部分各约 3 g，按照供试品制备方法制备。精密吸取对照品溶液及供试品溶液各 10 μL，按照选定色谱条件含量测定，结果见表 3-18。

表 3-18　白花丹不同采收期香草酸含量测定（%；n=3）

药材采收期	香草酸含量	药材采收期	香草酸含量
1 月	0.0072	7 月	0.0129
2 月	0.0069	8 月	0.0083
3 月	0.0095	9 月	0.0090
4 月	0.0058	10 月	0.0077
5 月	0.0108	11 月	0.0056
6 月	0.0076	12 月	0.0078

通过比较白花丹药材的不同药用部位、不同采收期和不同产地中香草酸的含量，结果表明，在白花丹茎的 7 个产地中，以云南西双版纳产白花丹中香草酸含量较高；不同部位中，以叶中含量最高；白花丹茎的不同采收期中，7 月白花丹中香草酸含量最高。

四、不同采收期白花丹叶中无机元素含量测定

药材：不同采收期野生白花丹叶均采于中国云南省红河州金平县沙依坡乡独家村，为同一块地、同样生长年限、多点多样品的混合样品，经西南民族大学刘圆教授鉴定为白花丹（<i>P. zeylanica</i> L.）。

仪器与试剂：6300 Radial 电感耦合等离子体发射光谱仪（美国 Thermo 公司）；WX-8000 微波消解仪（上海屹尧分析仪器有限公司）；METTLER AE240 分析天平（梅特勒-托利多上海有限公司）；Milli-Q Gradient 纯水机（美国 Millipore 公司）。硝酸（优级纯）；水为超纯水。标准溶液：铝（Al）、砷（As）、硼（B）、钙（Ca）、镉（Cd）、钴（Co）、铬（Cr）、铜（Cu）、铁（Fe）、汞（Hg）、钾（K）、镁（Mg）、锰（Mn）、钼（Mo）、钠（Na）、镍（Ni）、磷（P）、铅（Pb）、硒（Se）、硅（Si）、锡（Sn）、锶（Sr）、钛（Ti）、钒（V）、锌（Zn），均购自国家标准物质研究中心，浓度为 1000 μg/mL。

供试品溶液的制备：将药材粉碎，过 80 目筛，烘干至恒重，取药材粉末 0.2 g，置于聚四氟乙烯（PTFE）消解罐中，加入 5 mL 浓硝酸，预消解 20 min，将消解罐加盖组装放入消解炉内，按照微波消解工作程序消解，待温度下降到 80℃以下后取出、放气、冷却，消解液用定量滤纸过滤，用超纯水洗涤滤纸，并定容到 10 mL 比色管中，即为待

测溶液。空白样品采用相同方式消解。

对 1～12 月不同采收期的白花丹野生药材叶部分中的无机元素进行含量测定,由试验结果可以看出,白花丹叶中 Pb、Cd、Ni、Hg 等有害元素含量低,而 Mg、Ca、Fe、Zn 等有益元素含量高。见图 3-1 和表 3-19。

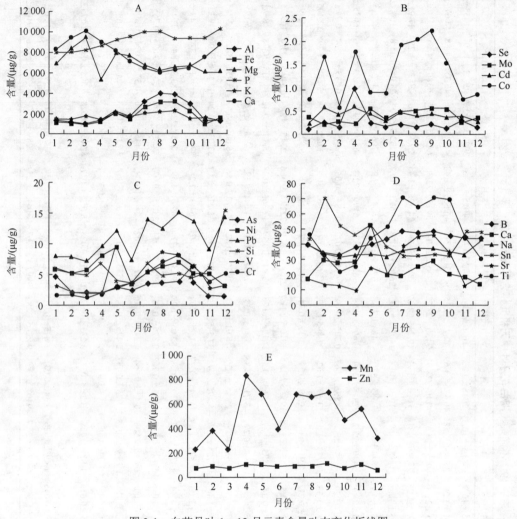

图 3-1　白花丹叶 1～12 月元素含量动态变化折线图

由图 3-1 可知,根据元素含量变化趋势,可将其分为 4 类。

第一类:Zn、Na、P、B、Cd、Mo 元素在整个生长过程中的变化较小。其中 Zn、Na、B、Mo 是植物必需微量元素,因其需要量很小,所以含量变化一直很平稳。P 是植物体内许多有机化合物的组成成分,又以多种方式参与植物体内的各种代谢过程,所以在植物生长发育中的各个阶段都很重要。

第二类:Al、K、As、Pb 元素呈上升趋势。K 是多种酶的活化剂,在代谢过程中起着重要作用,不仅可促进光合作用,还可以促进 N 代谢,所以在 7 月、8 月(代谢快)含量明显上升。AS、Pd 元素含量的上升可能与重金属在体内富集有关。

表 3-19 不同采收期白花丹叶中无机元素含量测定结果（$\bar{x}\pm s$；μg/g；$n=3$）

元素	1月	2月	3月	4月	5月	6月	7月	8月	9月	10月	11月	12月
Al	1523±11.5	1078±15.3	915.5±10.8	1383.5±10.3	2046±14.3	1636±13.6	3132±14.6	4015±18.3	3923.5±13.7	2923±11.9	1353±12.6	1571±15.4
B	39.565±1.92	34.37±1.62	31.61±1.29	37.46±1.58	40.475±1.69	42.73±1.75	48.51±1.56	46.565±1.48	48.27±1.34	45.355±1.88	43.675±1.62	42.745±1.26
Ca	8230±22.69	9420±25.61	10055±24.33	8925±25.63	8140±28.31	7130±27.22	6445±26.14	5995±22.36	6430±27.36	6380±21.56	7530±28.44	8675±29.55
Cu	16.84±1.23	29.285±1.34	26.795±1.28	27.89±1.31	51.65±1.27	19.245±1.39	18.86±1.39	24.825±1.45	29.38±1.36	20.31±1.28	17.91±1.62	13.705±1.22
Fe	1217±11.3	1066.5±12.6	923.5±10.6	1138±10.9	1910±10.8	1402.5±10.9	2646.5±12.8	3069.5±10.7	3232.5±10.8	2330.5±11.8	1006±11.3	1464±11.7
Mn	230.25±2.7	392.4±3.3	227.85±4.4	844±6.7	685±5.9	403±7.6	677.5±8.7	652.5±4.9	706.5±8.9	472.8±2.9	576.5±4.9	336.5±5.6
Mg	6910±22.6	8335±27.3	9620±28.4	5430±23.7	7945±26.4	7605±22.9	6620±23.7	6100±22.8	6540±24.6	6650±23.9	6085±27.6	6100±26.8
Mo	0.355±0.043	<0.25	0.27±0.029	<0.25	0.55±0.067	0.305±0.095	0.455±0.072	0.485±0.056	0.545±0.043	0.535±0.037	0.27±0.038	0.335±0.016
Na	39.37±1.27	32.335±1.34	32.78±1.33	31.775±1.37	3.69±1.62	31.895±1.95	35.63±1.67	36.965±1.52	37.29±1.49	34.46±1.29	32.405±1.62	44.5±1.95
Ni	5.81±0.28	5.025±0.37	5.62±0.27	7.97±0.61	9.49±0.29	3.33±0.34	5.315±0.47	6.25±0.62	6.925±0.43	4.785±0.55	4.99±0.26	2.97±0.15
P	1427±18.6	1428±12.7	1747±14.5	1465.5±13.8	1932.5±15.5	1810.5±11.7	2158.5±12.9	2227.5±14.6	2345±12.8	1549.5±11.6	1632.5±14.6	1302.5±16.4
Pb	7.99±0.26	7.81±0.44	7.13±0.34	9.575±0.27	12.065±0.38	7.125±0.28	13.945±0.39	12.365±0.28	15.305±0.42	13.815±0.38	8.9±0.22	14.59±0.17
Si	5.505±0.24	4.925±0.26	4.935±0.34	6.88±0.27	3.71±0.28	3.81±0.33	6.935±0.57	4.64±0.37	5.205±0.58	4.2±0.44	6.195±0.36	15.415±0.28
Sn	16.725±0.95	13.495±0.64	12.07±0.74	9.58±0.28	25.15±0.39	18.91±0.71	38.17±0.82	44.73±0.86	46.005±0.67	33.755±0.28	12.245±0.39	19.845±0.67
Sr	42.335±1.25	70.7±2.03	52.2±1.46	45.755±1.06	52.95±1.72	37.545±1.12	32.77±1.08	32.225±1.07	33.035±1.24	32.405±1.06	49.21±1.14	47.55±1.26
Ti	46.555±2.55	32.86±1.38	21.17±2.06	24.875±1.89	44.545±1.77	51.15±1.08	71.45±1.47	64.3±1.28	71.2±1.36	69.1±1.77	44±1.48	30.195±1.06
Zn	66.45±2.34	88.45±1.56	67.15±1.44	107.8±2.67	101.8±1.89	82.05±1.08	96.1±1.77	89.6±1.59	115±2.67	83.8±1.48	110.8±2.35	61.05±1.74
Co	0.765±0.018	1.66±0.023	0.595±0.016	1.79±0.077	0.915±0.062	0.875±0.051	1.935±0.034	2.045±0.027	2.24±0.026	1.535±0.025	0.755±0.016	0.86±0.015
Cd	0.235±0.003	0.615±0.005	0.385±0.006	0.63±0.008	0.43±0.004	0.245±0.005	0.475±0.007	0.4±0.009	0.445±0.006	0.35±0.004	0.395±0.006	0.3±0.009
As	4.64±0.015	1.63±0.013	2.12±0.017	1.755±0.035	2.925±0.057	2.425±0.048	3.555±0.056	3.61±0.067	3.735±0.063	6.24±0.088	3.595±0.096	5.235±0.074
Se	<0.4	<0.4	<0.4	1.02±0.03	<0.4	<0.4	<0.4	<0.4	<0.4	<0.4	<0.4	<0.4
V	3.06±0.045	2.21±0.025	1.765±0.016	1.87±0.028	3.3±0.037	3.285±0.029	6.725±0.028	8.65±0.037	8.395±0.028	6.305±0.034	2.575±0.028	3.32±0.029
Hg	—	—	—	—	—	—	—	—	—	—	—	—
Cr	1.635±0.026	1.83±0.072	1.195±0.085	1.49±0.026	9.38±0.031	2.845±0.015	4.93±0.046	6.94±0.037	7.975±0.028	3.595±0.034	1.36±0.026	1.37±0.031
K	7941.5±25.6	7976.5±26.5	8277.5±24.7	8627.5±26.7	9107±23.7	9453.5±28.9	9992.5±22.7	10104.5±25.6	9289±23.7	9327.5±28.6	9408±26.4	9411.5±25.3

注："—"表示未检测出，"<"表示含量低于定量限

第三类：Fe、V、Cr、Sn、Ti、Co 元素在 7~10 月含量较高，其他月份的变化不大（Co 元素在其他月份的波动较大，但在 7~10 月含量最高）。Fe 参与光合作用、生物固氮和呼吸作用中的细胞色素的组成，由于植物在 7~9 月这段时间因气温高而代谢较快，所以对 Fe 的需求也就相应增加。

第四类：Mg、Ca、Sr 元素在 3~6 月含量较高，之后呈下降趋势；Se、Mn 元素在 4 月，Ni、Cu 元素在 5 月，Si 在 12 月含量达到最高，其他月份含量均在一个定值上下波动。此类含量出现最高的月份均在 7~10 月之外，表明与代谢增强可能无关。Mn 使光合作用中水裂解为氧。缺 Mn 时，叶脉间缺绿，伴随小坏死点的产生；缺 Mn 会在嫩叶或老叶出现，依植物种类和生长速度而定。Cu 是某些氧化酶（如抗坏血酸氧化酶、酪氨酸酶等）的成分，可以影响氧化还原过程。缺 Cu 时，叶黑绿，其中有坏死点，先从嫩叶叶尖起，后沿叶缘扩展到叶基部，叶也会卷皱或畸形。缺 Cu 过甚，叶脱落。由此可见，Mn、Cu 等元素对叶的生长发展有很大意义，所以在初春叶子生长时节含量较高。Si 元素在 12 月的含量明显高于其他月份，具体原因有待进一步求证。

此外，无机元素 Mo、P、Pd、Fe、Al、Sn、Ti、V、B、K 联系较为紧密，并且与 Ca、Sr 的含量成负相关。采用主成分分析法，确定 Al、B、Fe、Mo、Sn、Ti、V、Cu、Ni、Cd、Mn、Si 元素为白花丹的特征无机元素。根据无机元素含量的主成分分析得分图和聚类分析图，可将 7~10 月的白花丹叶药材视为同质药材。

第三节　白花丹药材活性成分提取、分离工艺和药效筛选

对白花丹的三氯甲烷部位进行成分分离，分得 3 个化合物分别为：白花丹醌、β-谷甾醇、香草酸；对白花丹乙酸乙酯部位化学成分研究共分得 7 个化合物，鉴定了其中的 5 个，分别为白花丹醌、β-谷甾醇、胡萝卜苷、香草酸、脂肪酸。解决了白花丹药材无专属性有效成分对照品的难题，同时进行细胞和整体动物药理活性筛选，研究结果表明，白花丹醌也具有很好的抗肿瘤和抗炎活性。

一、提取、分离与鉴定

取白花丹药材全草粗粉 8 kg，用 95%乙醇浸泡，浸泡 3 次每次 6 d，将浓缩后制成的浸膏用水稀释，分别用石油醚、三氯甲烷、乙酸乙酯进行萃取，制得白花丹的石油醚部位、三氯甲烷部位、乙酸乙酯部位和水部位浸膏。

取白花丹乙酸乙酯部位的干浸膏 45 g 拌入硅胶后用硅胶柱（柱长 120 cm，直径 10 cm）（200 目，2 kg）层析，分别用石油醚、三氯甲烷-甲醇（30：1、27：1、24：1、21：1、18：1、15：1、12：1、9：1、6：1、3：1）进行梯度洗脱，每个体系用 5 L，用 TLC 点板后合并斑点大体相同的部分，得到 A~E 五个部分。A 部分经石油醚-丙酮再次洗脱后得到橘黄色针晶化合物Ⅰ（80 mg）。B 部分在浓缩的时候析出白色结晶经甲醇重结晶后得到化合物Ⅱ（50 mg）。C 部分经三氯甲烷-甲醇梯度洗脱后得到白色结晶Ⅲ（60 mg）。D 部分经三氯甲烷-甲醇多次梯度洗脱后分别得到白色结晶化合物Ⅳ（30 mg）和化合物Ⅴ（25 mg）。

化合物 I（图 3-2）：橘黄色针晶，熔点 76～77℃，分子式为 $C_{11}H_8O_3$，相对分子质量为 188（M^+）。对其进行薄层色谱检测，将其与白花丹醌对照品点于同一薄层板上，并分别采用 3 种溶剂系统展开：石油醚-丙酮（8：1）、石油醚-乙酸乙酯（8：1）、环己烷-丙酮（7：1），结果其在日光、紫外灯下均呈单一斑点，并均与白花丹醌对照品薄层色谱的 Rf 值相同。

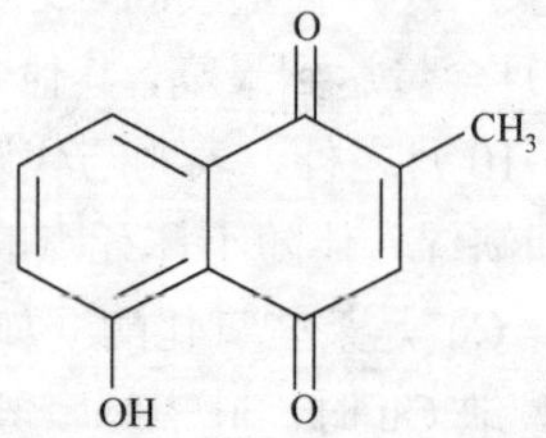

图 3-2　化合物 I 的化学结构

UV：λ_{max}（MeOH）：213nm。IR（KBr）cm^{-1}：3448（—OH）、2964、1644（—C＝O）、1455、1365、753。

^{1}H-NMR（CDCl$_3$）：δppm：11.975（1H，s，—OH，7.62（1H，d，8-H），7.60（1H，d，6-H），7.25（1H，q，7-H），6.8（1H，d，3-H），2.2（3H，s，—CH$_3$）。EI-MS（m/z）：188（M^+，100），173（M—CH$_3$），160（M—CO），145，131，120，114，103。

其与白花丹醌对照品混合后，混合熔点不下降。将数据与文献报道作比较，基本一致，故将该化合物鉴定为白花丹醌。

化合物 II（图 3-3）：白色结晶，熔点 136～138℃，分子式 $C_{29}H_{50}O$，相对分子质量为 414，溶于石油醚、三氯甲烷、乙酸乙酯，Liebermann-Burchard 反应呈阳性。将其与 β-谷甾醇对照品点于同一薄层板上，并且分别采用 3 种溶剂系统展开：石油醚-乙酸乙酯（6：1）、石油醚-丙酮（7：1）、环己烷-苯（3：1），喷以 5%硫酸乙醇溶液于 105℃下加热 1 min，显色，在日光下检视，其呈紫红色的单一斑点，与 β-谷甾醇对照品薄层色谱的 Rf 值相同。

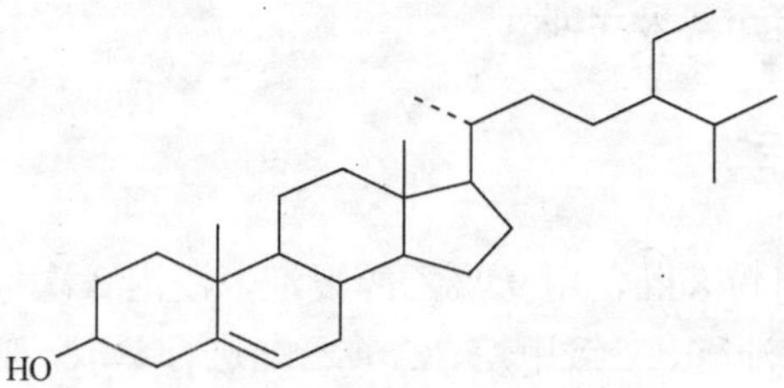

图 3-3　化合物 II 的化学结构

^{1}H-NMR（CDCl$_3$）：δppm：5.36（1H，d，H-6）为烯碳质子峰，环内双键，3.52（1H，m，H-3）为多重峰，应为 CH 与 O 相连，并且左右都连有 CH$_2$ 与之耦合所致 1.01（3H，s，CH$_3$-19），0.93（3H，d，CH$_3$-21），0.84（3H，t，CH$_3$-29），0.83（3H，d，CH$_3$-26），0.81（3H，d，CH$_3$-27），0.68（3H，s，CH$_3$-18）。

其与 β-谷甾醇对照品混合后，混合熔点不下降。将数据与文献报道对照，故将该化合物鉴定为 β-谷甾醇。

化合物Ⅲ（图 3-4）：白色无定形粉末，易溶于氯仿。熔点 284～288℃。Liebermann-Burchard 反应呈现紫红色，Molish 反应阳性。分子式 $C_{35}H_{60}O_6$。^{1}H-NMR（DMSO，500MHz）δ：0.65（3H，s，18-H），0.82（3H，s，26-H），0.86（3H，overlap，29-H），0.95（3H，d，J=6.8Hz，27-H），0.90-0.99（1H，m，9-H），0.91-0.98（1H，m，24-H）0.94（3H，d，J=6.4Hz，21-H），0.97-1.07（1H，m，14-H），1.00-1.07（1H，m，22-H），1.03（3H，s，19-H），1.04-1.13（1H，m，15-H），1.09（1H，m，1-H），1.09-1.17（1H，m，17-H），1.15-1.22（2H，m，23-H），1.19（1H，m，12-H），1.21-1.32（2H，m，28-H），1.24-1.32（1H，m，16-H），1.32-1.39（1H，m，22-H），1.34-1.42（1H，m，20-H），1.43-1.50（1H，m，8-H），1.45-1.55（2H，m，11-H），1.53-1.59（1H，m，7-H），1.57-1.64（1H，m，15-H）1.57-1.66（1H，m，2-H），1.64-1.72（1H，m，25-H），1.83-1.90（1H，m，16-H），1.88（1H，m，1-H），1.90-1.97（1H，m，2-H），1.95-2.03（1H，m，7-H），2.09（1H，d，J=12.4Hz，12-H），2.70（1H，dd，J=13.2，2.8Hz，4-H），2.44（1H，t，J=12.0Hz，4-H），4.08（1H，t，J=8.0Hz，2'-H），4.38（1H，dd，J=12.0，5.6Hz，6'-H），4.53（1H，d，J=12.0，1.6Hz，6'-H），5.30（1H，m，6-H）。

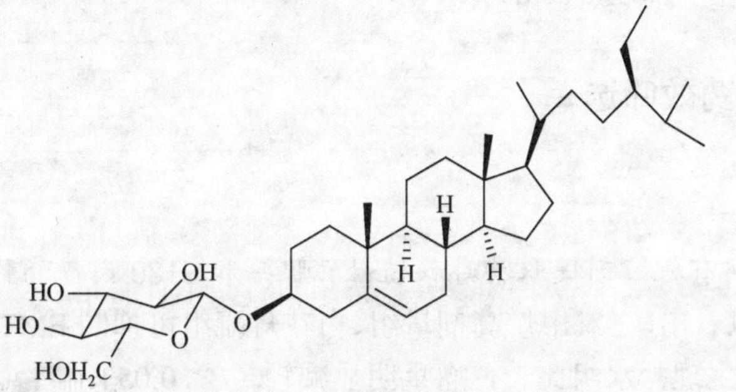

图 3-4　化合物Ⅲ的化学结构

^{13}C-NMR（DMSO）δ：11.9（C-18），12.1（C-29），19.0（C-21），19.4（C-19），19.9（C-27），24.2（C-28），24.9（C-15），26.4（C-23），28.5（C-16），29.5（C-25），30.2（C-2），32.1（C-8），32.2（C-7），34.2（C-22），36.3（C-20），36.9（C-10），37.5（C-1），39.3（C-4），39.9（C-12），42.5（C-13），46.0（C-24），50.4（C-9），356.3（C-17），56.9（C-14），62.6（C-6'），71.7（C-4'），75.2（C-2'），78.3（C-5'），78.5（C-3'），78.2（C-3），102.5（C-1'），121.6（C-6），140.9（C-5）。将数据与文献报道对照，基本一致，故将该化合物鉴定为胡萝卜苷。

化合物Ⅳ（图 3-5）：白色结晶，熔点 210～212℃，分子式 $C_8H_8O_4$，相对分子质量为168，溶于石油醚、三氯甲烷、乙醇、甲醇，三氯化铁-铁氰化钾反应阳性，说明存在酚羟基；溴甲酚绿反应阳性，说明存在羧基。

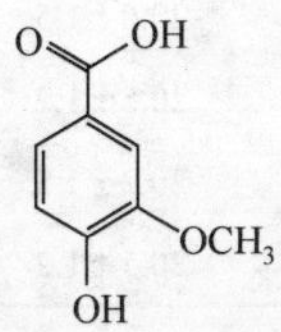

图 3-5　化合物Ⅳ的化学结构

^{1}H-NMR（400MHz，DMSO-d$_6$）：δppm：7.46（1H，dd，J=8.0，2.0Hz，H-6），7.44（1H，d，J=2.0Hz，H-2），6.85（1H，d，J=8.4Hz，H-5），3.81（3H，s，OCH$_3$-3）EI-MS：[(M-1)$^-$，167]

将其与香草酸对照品点于同一薄层板上采用 3 种溶剂系统展开：石油醚-乙酸乙酯-乙酸（8：2：0.1）、石油醚-丙酮-乙酸（4：3：0.1）、三氯甲烷-甲醇-乙酸（9：1：0.1），在紫外灯下检视，其呈单一斑点，与香草酸对照品薄层色谱的 Rf 值相同。其与香草酸对照品混合后，混合熔点不下降。将数据与文献报道对照，故将该化合物鉴定为香草酸（vanillic acid）。

化合物 V：白色片状固体，易溶于乙醚、氯仿、苯，在甲醇中溶解性不大，几乎不溶于水。熔点 67～72℃，IR1700（C=O），920，720。分子式 CH$_3$（CH$_2$）$_{16}$COOH，相对分子质量为 284.47。^{1}H-NMR（CDCl$_3$,500MHz）δ：0.89（t，J=6.5Hz，H-18），2.35（t，J=7.5Hz，H-2），12（br，COOH）。13C-NMR（CDCl3，500MHz）δ：180.18（s，C-1），34.28（t，C-2），24.94（t，C-3），29.32-29.94（t，C-4～C-15），32.18（t，C-16），32.95（t，C-17），14.38（q，C-18）。以上数据与文献的数据基本一致，与标准品进行 TLC 对照，Rf 值相同，因此，鉴定为硬脂酸（stearic acid）。

二、白花丹药材药效筛选

1. 抗癌活性筛选

1）白花丹不同有机溶剂提取物对移植性乳腺癌和 S180 肉瘤的作用

从表 3-20 可以看出，三氯甲烷高剂量组、白花丹醌组可抑制 EMT-6 乳腺癌在 BALB/C 小鼠体内生长，与生理盐水组比较，瘤重明显减轻（$P<0.05$），三氯甲烷高剂量组、白花丹醌组抑制率分别为 34.2% 和 41.2%（均超过 30%），说明白花丹三氯甲烷部位、白花丹醌对动物移植性乳腺癌有一定抗肿瘤作用。

表 3-20　白花丹对 BALB/C 小鼠移植性 EMT-6 乳腺癌的作用

组别	剂量/（g/kg）	开始时动物数	给药后动物数	开始时体重/g	给药 10 天后体重/g	瘤重（$\bar{x}\pm s$）/g	肿瘤抑制率/%
模型对照组		8	8	19.8±1.4	22.1±2.1	1.053±0.455	
三氯甲烷高剂量组	1	8	8	20.2±1.3	22.6±1.3	0.693±0.084*	34.2
三氯甲烷低剂量组	0.5	8	8	20.4±1.5	21.8±2.3	0.800±0.114	24.0
石油醚高剂量组	1	8	8	20.5±1.6	21.6±2.0	0.770±0.214	26.9
石油醚低剂量组	0.5	8	8	20.5±1.2	21.6±1.8	0.938±0.280	10.9
乙酸乙酯高剂量组	1	8	8	20.6±1.5	21.6±2.0	0.828±0.209	21.4
乙酸乙酯低剂量组	0.5	8	8	20.5±1.2	22.8±1.7	0.774±0.283	26.5
白花丹醌组	0.02	8	8	20.2±1.5	17.±0.9*	0.620±0.071*	41.2
顺铂组	0.001	8	8	20.5±1.2	21.9±1.2	0.577±0.137*	45.2

*$P<0.05$（与模型对照组比较）

从表 3-21 可以看出，三氯甲烷高、低组，石油醚高、低组，乙酸乙酯高、低组均可抑制 S180 肉瘤在 KM 小鼠体内生长，与生理盐水组比较，瘤重明显减轻（$P<0.05$ 或 <0.01），其中以三氯甲烷高组抑制率最高（$P<0.01$），达 55.6%。可见三氯甲烷提取物、石油醚提取物、乙酸乙酯提取物有一定抑制移植性 S180 肉瘤的作用。

表 3-21　白花丹对 KM 小鼠移植性 S180 的作用

组别	剂量/ (g/kg)	开始时动物数	给药后动物数	开始时体重/g	给药 10 d 后体重/g	瘤重（$\bar{x}\pm s$）/g	肿瘤抑制率/%
模型对照组		10	10	23.7±1.4	32.3±4.0	1.895±0.593	
三氯甲烷高剂量组	1	10	10	23.6±1.7	29.4±3.5	0.841±0.497**	55.6
三氯甲烷低剂量组	0.5	10	10	23.0±2.3	32.3±3.6	1.311±0.350*	30.8
石油醚高剂量组	1	10	10	23.0±1.2	30.3±2.8	1.161±0.634*	38.7
石油醚低剂量组	0.5	10	10	23.6±1.7	29.1±4.2	1.306±0.570*	31.1
乙酸乙酯高剂量组	1	10	10	23.9±2.3	31.1±3.9	1.232±0.353*	35.0
乙酸乙酯低剂量组	0.5	10	10	23.2±2.6	31.9±4.1	1.168±0.752*	38.4
环磷酰胺组	0.1	10	5	22.8±1.6	23. ±1.7*	0.033±0.024**	98.3

*$P<0.05$，**$P<0.01$（与模型对照组比较）

该结果说明白花丹提取物，尤其是三氯甲烷提取物在肿瘤的综合治疗中有相当好的应用前景，值得进一步深入研究。

2）白花丹醌对人乳腺癌 mda-mb-231 细胞及人胚肺成纤维细胞 MRC-05 的体外抑制效应

数据分析采用 CS2000 统计分析软件，以溶剂对照组肿瘤细胞为对照，计算不同浓度药物对肿瘤细胞的抑制率，以抑制率和对数剂量作直线回归计算药物半数抑制浓度（IC_{50}）。样品对肿瘤细胞的抑制率以溶剂处理的肿瘤细胞为对照计算而得。溶媒中 DMSO 的体积分数小于 1%，试验结果显示，溶媒对照组与正常对照组的 OD 值差异无统计学意义，见表 3-22。

$$\text{肿瘤细胞的抑制率（\%）}=\frac{\text{对照组平均A值}-\text{给药组平均A值}}{\text{对照组平均A值}}\times100\%$$

表 3-22　MTT 法测试白花丹醌对 mda-mb-231 和 MRC-05 的抑制活性（$n=5$）

浓度/（g/L）	mda-mb-231		MRC-05	
	平均抑制率/%	IC_{50}/（g/L）	平均抑制率/%	IC_{50}/（g/L）
0.273	72.56**		76.45**	
0.137	71.71**		7.94	
0.069	70.39**	0.014	5.94	0.263
0.035	69.59**		−1.67	
0.018	41.03**		−2.53	

**$P<0.01$（与对照组相比）

3）白花丹醌对人乳腺癌 mda-mb-231 细胞克隆形成的抑制作用

数据分析采用 CS2000 统计分析软件，以集落抑制百分率与药物浓度的对数作图可得一条"S"形曲线，根据曲线可求出药物对癌细胞克隆原形成的半数抑制浓度（IC$_{50}$）。

$$集落形成抑制率（\%）=\frac{对照组集落数-给药组集落数}{对照组集落数}\times100\%$$

试验结果显示，白花丹醌对乳腺癌细胞（mda-mb-231）有较好的抑制生长作用，而对正常细胞人胚肺成纤维细胞 MRC-05 的细胞毒作用较弱，只在高浓度时（0.273 g/L）显示较强的抑制生长作用，见表 3-23。

表 3-23　集落形成试验测试白花丹醌对 mda-mb-231 的抑制活性（$\bar{x}\pm s$；$n=3$）

浓度/（g/L）	mda-mb-231		
	集落数/孔	平均抑制率/%	IC$_{50}$/（g/L）
对照组	38.67±7.64		
2.31×10^{-2}	3.67±1.53	90.51	
1.16×10^{-2}	11.00±7.21	71.55	
5.80×10^{-3}	17.33±4.16	55.18	5.13×10^{-3}
2.90×10^{-3}	27.00±8.19	30.18	
1.45×10^{-3}	31.33±8.62	18.98	

2. 抗炎活性筛选

白花丹醌（5-羟基-2-甲基-1,4 萘醌）是一种存在于蓝雪科、茅膏菜科、钩枝藤科和双钩叶科植物中的天然黄色素。现有研究表明，白花丹醌具有抗癌、抗炎及镇痛作用，但其抗炎作用制仍不清楚。本研究首先评价了口服白花丹醌（5～20 mg/kg）的抗炎镇痛作用，并测定了 NF-κB 通路的变化，以及对前炎症性细胞因子和介质生成的影响。结果表明，白花丹醌剂量依赖性地抑制了角叉菜胶、组织胺、五羟色胺、缓激肽和前列腺素 E2 诱导的大鼠足跖肿胀（图 3-6～图 3-8）。

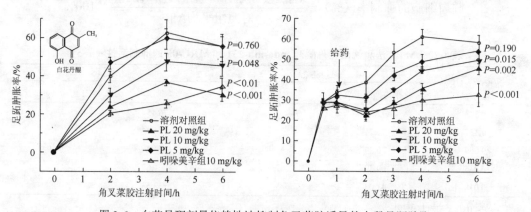

图 3-6　白花丹醌剂量依赖性地抑制角叉菜胶诱导的大鼠足跖肿胀

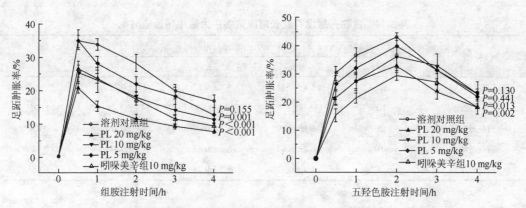

图 3-7　白花丹醌剂量依赖性地抑制组织胺和五羟色胺诱导的大鼠足跖肿胀

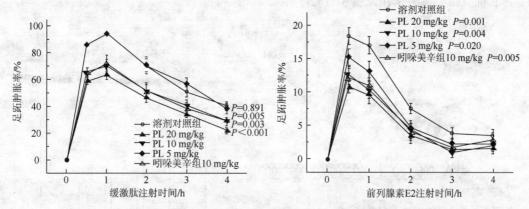

图 3-8　白花丹醌剂量依赖性地抑制缓激肽和前列腺素 E2 诱导的大鼠足跖肿胀

白花丹醌剂量显著减少了腹腔注射乙酸引起的小鼠扭体反应次数,但对硫酸镁诱导小鼠扭体反应并没有明显的抑制作用,也没有延长甩尾试验中大鼠甩尾反应时间(图 3-9,表 3-24)。

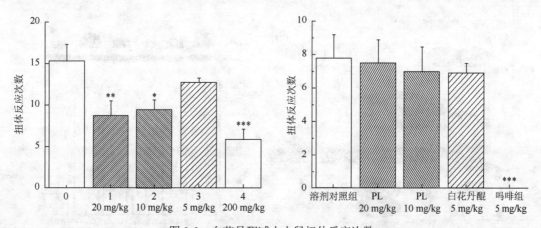

图 3-9　白花丹醌减少小鼠扭体反应次数

表 3-24　白花丹醌没有延长甩尾试验中大鼠甩尾反应时间

组别	剂量/（mg/kg）	甩尾反应时间			P 值
		1 h	2 h	3 h	
溶剂对照组		5.8±0.34	5.8±0.57	4.8±0.25	
罗通定组	100	15.0±1.76	14.6±1.32	14.8±1.19	＜0.001
白花丹醌组	20	6.1±0.19	6.2±0.46	5.4±0.36	＞0.05
白花丹醌组	10	6.2±0.44	6.2±0.36	5.8±0.41	＞0.05
白花丹醌组	5	5.4±0.27	5.3±0.35	5.2±0.41	＞0.05

白花丹醌可能是通过抑制 κBα 的磷酸化和降解，从而抑制了 NF-κB 的 p65 磷酸化而发挥其抗炎作用（图 3-10，图 3-11）。

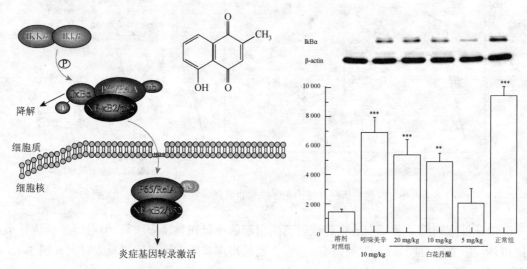

图 3-10　白花丹醌抑制 κBα 的磷酸化和降解

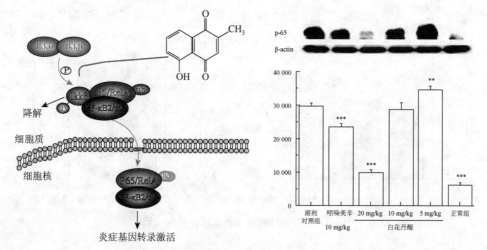

图 3-11　白花丹醌可剂量依耐性的抑制 p65 蛋白表达增加

白花丹醌显著地降低了前炎症性介质 iNOS 和 COX-2 蛋白的表达，但对 COX-1 则无影响（图 3-12）。

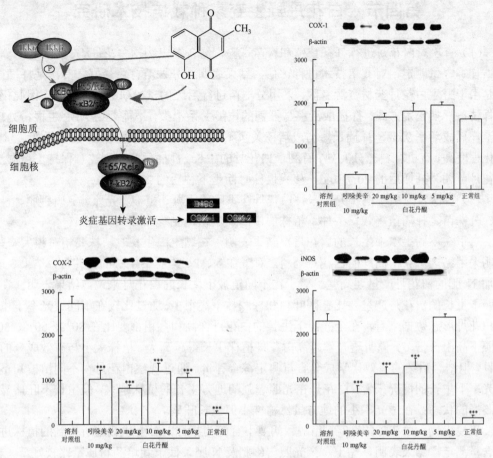

图 3-12　白花丹醌对前炎症性介质的作用

白花丹醌显著地抑制了前炎症性细胞因子 IL-1β、IL-6 和 TNF-α 的生成（图 3-13）。

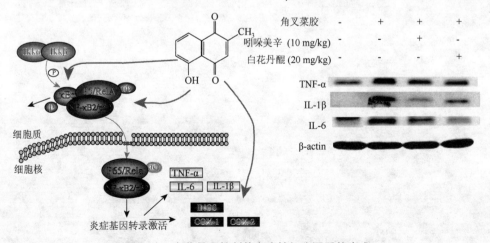

图 3-13　白花丹醌抑制前炎症性细胞因子的生成

上述研究结果提示，白花丹醌有望成为一个治疗炎症性疾病的新药。

第四节　白花丹野生变家种栽培技术研究

（1）首次对白花丹进行扦插繁殖和育苗试验，结合浸出物、白花丹醌、β-谷甾醇、胡萝卜苷等含量测定，对栽培技术进行评估，结果表明，分株苗含量最好，其次是扦插苗。但是由于野生白花丹药材资源有限，采用分株苗进行后续的试验研究样本不足，因此仍然选择枝条扦插繁殖方式。扦插成活率与插穗的枝龄关系不大，不需要用 ABP 生根粉处理，壤土扦插成活率 95%，扦插长短与成活率关系不大。扦插时间以每年 6～8 月为好，土壤熟化程度高，有机肥料充分腐熟，有利于白花丹的生长。扦插后要特别注意保持土壤湿润，白花丹苗期为扦插后的 20～30 d，移栽最佳时期是下种后的 20～30 d。

（2）首次较为系统地研究了家种白花丹在不同的土壤、植被、光照、氮磷钾肥、种子苗、分株苗、扦插苗等栽培条件下植株的株高及茎粗，见彩图 26～彩图 41。

对于在不同土壤中生长的白花丹，结果表明，在黏土中生长时植株要相对粗大一些，说明采用黏土可获得高产的白花丹药材。对于在 N、P、K 肥下生长的白花丹，结果表明，施加 N 肥的白花丹产量要高些。对于在不同植被下生长的白花丹来说，结果表明，在全光照下生长的白花丹产量要比在阔叶林和橡胶林下高很多。通过比较在不同透光率下生长的白花丹形态数据来看，在全光照下生长的白花丹株高和茎粗都要比在 80%、60%、30%光照下高出一倍多，说明透光率越高白花丹植株生长得越高大。植株大小与有效成分的相关性，拟结合后续的有效化学成分含量测定综合评价。通过观察白花丹在不同植被和不同透光率下生长的情况来看，白花丹在光照越强的地方生长的植株越大，但生长不旺盛显示出萎靡的状态；在透光率小的地方虽然植株小但生长旺盛。

以浸出物、白花丹醌、β-谷甾醇、胡萝卜苷等为指标，对上述栽培所得到的植株进行了含量测定，结果表明，黏土、全光照、K 肥及 N 肥条件下栽培药材质量比较好。

第四章 石斛属植物的资源开发与利用研究

第一节 石斛属植物的原植物和显微鉴别研究

对金钗石斛（*Dendrobium nobile* Lindl.）、叠鞘石斛［*Dendrobium denneanum*（Kerr）Z. H. Tsi.］、马鞭石斛（*Dendrobium fimbriatum* Hook. var. *oculatum* Hook.）、鼓槌石斛（*Dendrobium chrysotoxum* Lindl.）、报春石斛（*Dendrobium primulinum* Lindl.）进行了原植物、显微组织结构和粉末鉴别研究，并对相关特征数据进行了统计对比，对该5种药用石斛种间的鉴别具有一定指导意义（表4-1）。5种石斛的检索表如下：

1. 茎稍扁形；花白色带紫红色·····················金钗石斛
1. 茎圆柱形、棒状或卵状纺锤形
　　2. 茎棒状或卵状纺锤形·····················鼓槌石斛
　　2. 茎圆柱形
　　　3. 花淡紫色·····························报春石斛
　　　3. 花金黄色
　　　　4. 从落了叶的老茎上部节上发出，花开展，下垂，具2～8朵花；唇瓣近圆形，唇盘上有一圆形紫色斑块，边缘具复流苏·····················马鞭石斛
　　　　4. 侧生于落了叶的茎上端，常1～2朵花；花序柄基部具数枚圆筒状、套叠的鞘状苞片·····························叠鞘石斛

表 4-1　石斛属植物来源表

序号	名称	样品号	产地	海拔/m	采集时间	标本号
		No. 1	云南景洪	555	2007.5	Y. Liu 07051001（SWUN）
1	金钗石斛 *D. nobile* Lindl.	No. 2	云南景洪	555	2007.5	Y. Liu 07051002（SWUN）
		No. 3	云南景洪	555	2007.5	Y. Liu 07051003（SWUN）
		No. 1	四川夹江县歇马	852	2007.7	Z. R. sun 07071001（SWUN）
2	叠鞘石斛 *D. denneanum*（Kerr.）Z. H. Tsi.	No. 2	四川夹江县歇马	852	2007.7	Z. R. sun 07071002（SWUN）
		No. 3	四川夹江县歇马	852	2007.7	Z. R. sun 07071003（SWUN）
		No. 1	云南景洪	570	2007.5	Y. Liu 07051004（SWUN）
3	鼓槌石斛 *D. chrysotoxum* Lindl.	No. 2	云南景洪	570	2007.5	Y. Liu 07051005（SWUN）
		No. 3	云南景洪	570	2007.5	Y. Liu 07051006（SWUN）

序号	名称	样品号	产地	海拔/m	采集时间	标本号
4	马鞭石斛 D. fimbriatum Hook. var. oculatum Hook.	No. 1	四川夹江县歇马	852	2007.7	Z. R. sun 07071004（SWUN）
		No. 2	四川夹江县歇马	852	2007.7	Z. R. sun 07071005（SWUN）
		No. 3	四川夹江县歇马	852	2007.7	Z. R. sun 07071006（SWUN）
5	报春石斛 D. primulinum Lindl.	No. 1	云南勐腊	780	2007.5	Y. Liu 07051007（SWUN）
		No. 2	云南勐腊	780	2007.5	Y. Liu 07051008（SWUN）
		No. 3	云南勐腊	780	2007.5	Y. Liu 07051009（SWUN）

一、原植物描述

金钗石斛的原植物为兰科石斛属植物金钗石斛 D. nobile Lindl. 的植株。多年附生草本，高 10～60 cm。茎丛生，直立，上部肉质状肥厚，较扁平，干后金黄色。叶互生，革质，2 列，短距圆形，长 6～12 cm，宽 1～4 cm，无柄。总状花序，从具叶或落了叶的老茎中部以上部分发出，长 2～5 cm，花序柄长 5～16 cm，具 1～4 朵花；花两性，两侧对称；花被片 6，排成 2 轮，内外轮各 3 片；花被片白色带紫红色，先端紫红色，唇瓣近基部中央有一紫色斑块。花梗和子房淡紫色；花瓣长 2～4 cm，宽 2～3 cm；唇瓣宽卵形，长 2～4 cm，宽 2～4 cm，基部两侧具紫红色条纹和短爪，边缘具睫毛状的齿；中部以下围抱蕊柱；合蕊柱绿色，长约 5 mm，基部稍扩大；药帽紫红色，圆锥形；柱头位于蕊喙下面，常凹陷。蒴果，种子微小，极多数，无胚乳。花期 4～5 月，果期 6～7 月。

与其他 4 种原植物的特征比较见彩图 42 和表 4-2。

二、显微组织鉴别

金钗石斛根横切：根近椭圆形，直径约 1116 μm。根被细胞 3～6 层，厚约 130 μm，细胞大多径向切向延长，多边形。外皮层细胞 1 列，细胞多径向延长，径切向壁和内切向壁加厚，其间散在近方形薄壁的通道细胞。皮层薄壁细胞 5～6 列，厚 170～234 μm，细胞多近圆形，向内逐渐增大。内皮层细胞 1 列，较外皮层细胞小，壁厚，对着中柱木质部束的一般为 3 个薄壁的通道细胞。维管组织包括木质部束和韧皮部束，多原型；初生韧皮部 4～5 个细胞，初生木质部和后生木质部细胞从外向内逐渐增大，约 18 束。横切面上菌丝多分布在根被、皮层薄壁细胞中。

与其他 4 种根横切的特征比较见彩图 43 和表 4-3。

表 4-2　石斛原植物

植物名	金钗石斛 D. nobile Lindl.	叠鞘石斛 D. denneanum (Kerr.) Z. H. Tsi.	鼓槌石斛 D. chrysotoxum Lindl.	马鞭石斛 D. fimbriatum Hook. var. oculatum Hook.	报春石斛 D. primulinum Lindl.
植株高	10~60 cm	20~45 cm	6~30 cm	50~100 cm	20~35 cm
茎	较扁平，丛生，直立，上部肉质状肥厚，略折状弯曲；干后淡黄色	圆柱形，上部多少弯曲，干后淡黄色	圆柱形或棒状或卵状纺锤形，粗壮，干后金黄色	圆柱形或有时基部上方稍呈纺锤形，粗壮，斜立或下垂，质地硬，干后淡黄色	圆柱形，下垂，厚肉质，干后浓黄色
叶	革质，2列，短距圆形，长6~11 cm，无柄；基部鞘状抱茎	革质，近顶端2~5枚叶，长9~10 cm，宽1.5~2.5 cm；叶鞘紫抱状茎	革质，近顶端2~5枚叶，长达20 cm，宽达3 cm；基部不呈抱状茎	长圆形或长圆状披针形，长9~16 cm，宽1.5~3.5 cm，先端急尖；叶鞘紧复质茎	纸质，2列，披针形或卵状披针形，基部具纸质或膜质膜质的叶鞘
总状花序	从具叶或落了叶的老茎中部以上部分发出，具1~4朵花；花序柄基部具数枚圆筒状、套叠的鞘状苞片，白色；膜质，卵状披针形	侧生于落了叶的茎上端，常1~2朵花；花序柄基部具数枚鞘状苞片	近顶生，斜出或稍下垂，花序轴粗壮，疏生多数花，花4~5枚鞘，花苞片小，膜质	从落了叶的老茎上部发出，花开展，下垂，具2~8朵花；花序柄着生于茎节处呈舟状凹下，形长深紫色斑块，膜质复质	从落了叶的老茎上部节上发出，花开展，下垂，具1~3朵花，花序柄着生于茎节处呈舟状凹下，基部被3~4枚膜质鞘
花	萼片和花瓣淡玫片近白色，先端紫色斑块，唇瓣近菱形，中部以下围抱蕊柱，先端具一紫色斑块；中部以下围抱蕊柱	橘黄色，唇瓣近圆形，边缘具不整齐的齿，唇盘具1个紫色斑块；唇盘通常呈"∧"隆起，有时具"U"形的栗色斑块	金黄色，花梗和子房橘黄色，唇瓣近肾状圆形，边缘具流苏，上表面密被毛，唇盘常呈"U"形，色黄色	花金黄色，唇瓣比萼片和花瓣的颜色深，近圆形，边缘具复流苏，唇盘具1个新月形横生的深紫色斑块，上面密布短绒毛	萼片和花瓣淡紫色或淡玫瑰色，花开度，下垂，花1~3朵花，花序柄着生于茎节处凹下，边缘具不整齐的细齿，两面密布短绒毛，唇瓣具紫红色的脉纹
合蕊柱	绿色，药帽紫红色，圆锥形	狭圆锥状	淡黄色，长约5 mm；药帽淡黄色，尖塔状	黄色，长约2 mm；药帽黄色	白色，长约3 mm；药帽紫色
花期	4~5月	4~6月	3~5月	4~5月	3~4月
果期	6~7月	6~7月	6~7月	6~8月	6~7月

表 4-3　根的横切面

植物名	金钗石斛 D. nobile Lindl.	叠鞘石斛 D. denneanum (Kerr.) Z. H. Tsi.	鼓槌石斛 D. chrysotoxum Lindl.	马鞭石斛 D. fimbriatum Hook. var. oculatum Hook.	报春石斛 D. primulinum Lindl.
形状	椭圆形	圆形	圆形	圆形	圆形
直径	1116 μm	1126 μm	1399 μm	1618 μm	1621 μm
根被	3~6列细胞，约130 μm	5~6列细胞，122~204 μm	10~13列细胞，339~196 μm	6~7列细胞，190~383 μm	10~13列细胞，约256~371 μm
皮层薄壁细胞	170~234 μm	193~251 μm	278~406 μm，外皮层壁全面增厚	250~362 μm	200~293 μm
维管束	约18束	约16束	约16束	约11束	约18束
菌丝和内含物	菌丝多分布在根被、皮层薄壁细胞中细胞中	皮层薄壁细胞中绿色内含物团块，菌、菌丝较多，可见黄色针晶，簇晶及红色团块物	皮层薄壁细胞中绿色内含物团块，菌丝较多，根被及皮层薄壁细胞中菌丝和针晶少见	皮层薄壁细胞中绿色内含物团块较多，根被及皮层薄壁细胞中菌丝较少	皮层细胞中含红棕色团块，皮层细胞中偶见草酸钙方晶

　　金钗石斛茎和叶鞘横切：茎表皮细胞 1 列，细胞较小，略扁平，表皮细胞外被金黄色角质层，厚约 7 μm，角质层易与表皮细胞相分离。皮层外侧 1～3 列细胞较小，细胞多角形。皮层内侧薄壁细胞较大，类圆形，细胞大小近相等。薄壁细胞中散在多数有限外韧型维管束，维管束外侧纤维群半圆形或新月形，纤维外侧薄壁细胞中含大量草酸钙簇晶。纤维细胞小，壁极厚，胞腔小，木质部导管数个至十余个。薄壁细胞中散在大量草酸钙针晶束。

　　叶鞘角质层金黄色，约 11 μm，表皮细胞为 1 列，近方形，薄壁细胞内含大量细柱状草酸钙结晶形成的晶束。维管束有限外韧性，维管束外侧纤维群半月形，6～7 列纤维，直径 4～6 μm。韧皮部由筛管和伴胞组成，木质部由导管和木薄壁细胞组成。

　　与其他 4 种茎和叶鞘的特征比较见彩图 44 和表 4-4。

表 4-4　石斛茎和叶鞘的横切面

植物名	金钗石斛 D. nobile Lindl.	叠鞘石斛 D. denneanum （Kerr.）Z. H. Tsi.	鼓槌石斛 D. chrysotoxum Lindl.	马鞭石斛 D. fimbriatum Hook. var. oculatum Hook.	报春石斛 D. primulinum Lindl.
茎形状	椭圆形，边缘浅波状	类圆形，具钝角和深沟	类圆形	类圆形，边缘不规则波状	肾形，边缘不规则波状
茎表皮细胞	外被金黄色角质层，厚约 7 μm	外被角质层，厚约 3 μm；表皮细胞四面壁比较厚，木化	外被角质层，厚 4～6 μm	外被角质层，厚约 12 μm；表皮细胞四面壁比较厚，木化	外被暗红色角质层，厚约 10 μm
茎皮层薄壁细胞	草酸钙针晶束较多	草酸钙针晶未见	草酸钙针晶较多	草酸钙针晶散在	草酸钙针晶较多
维管束	散在其中	散在其中	散在其中	散在其中	散在其中
维管束外侧纤维群	半月形，有 2～4 列纤维组成，外缘嵌有细小薄壁细胞，可见圆柱状的硅质体、细针晶束、小方晶	多角形，有 2～6 列纤维组成，外缘嵌有细小薄壁细胞，可见短柱晶	半月形，有 2～4 列纤维组成，外缘嵌有细小薄壁细胞，可见圆柱状的硅质体	半圆形，有 2～4 列纤维组成，外缘嵌有细小薄壁细胞，可见硅质体	有 2～4 列纤维组成，外缘嵌有细小薄壁细胞，可见硅质体
叶鞘	角质层金黄色约 11 μm，薄壁细胞内含大量细柱状草酸钙结晶形成的晶束。维管束有限外韧型，维管束外侧纤维群半月形，6～7 列纤维，直径 4～6 μm	角质层很窄。表皮细胞可见非腺毛残端。薄壁细胞中未见细柱状草酸钙结晶形成的针晶束	角质层很窄，薄壁细胞中可见大量草酸钙针晶束，韧皮部外侧纤维 10～12 列	同金钗石斛	同金钗石斛

　　金钗石斛叶横切：叶片由表皮、叶肉、叶脉构成。叶肉无栅栏组织和海绵组织分化，均为等面叶，上下表皮细胞为 1 列，长方形，被角质层和非腺毛。表皮下方的叶肉组织细胞中有草酸钙针晶束散在。叶脉维管束为有限外韧型，木质部由数个导管和木薄壁细胞组成，韧皮部有 4～5 个筛管和伴胞，周围有多列厚壁纤维细胞组成的维管束鞘。气孔只分布于下表皮，保卫细胞肾形，副卫细胞 2 个，平轴式气孔；或周围具 4 个副卫细胞，两侧的副卫细胞与保卫细胞的长轴平行，两端的副卫细胞与保卫细胞长轴垂直，为 4 列型气孔。

与其他 4 种叶的特征比较见彩图 45、彩图 46 和表 4-5、表 4-6。

表 4-5　石斛叶的横切面组织结构鉴别

植物名	金钗石斛 D. nobile Lindl.	叠鞘石斛 D. denneanum（Kerr.）Z. H. Tsi.	鼓槌石斛 D. chrysotoxum Lindl.	马鞭石斛 D. fimbriatum Hook. var. oculatum Hook.	报春石斛 D. primulinum Lindl.
颜色	灰黄色	土黄色	灰黄色	灰黄色	灰黄色
薄壁细胞	可见草酸钙针晶，偶见灰色的内含物团块	可见棕色的团块物和草酸钙簇晶	薄壁细胞中纹孔清晰可见，油滴散在	可见草酸钙簇晶	可见红棕色团块物

表 4-6　石斛叶气孔的大小及参数

种	气孔宽/μm	气孔长/μm	长/宽	气孔指数
金钗石斛	19.54±1.1	28.97±3.2	1.48±0.2	8.3%～22.2%
叠鞘石斛	11.55±1.8	24.98±2.4	2.16±0.2	3.7%～9.8%
鼓槌石斛	22.76±3.8	28.04±1.4	1.23±0.1	2.7%～5.8%
马鞭石斛	18.22±1.9	24.11±2.8	1.32±0.1	7.1%～13.3%
报春石斛	13.81±1.2	24.03±2.5	1.74±0.2	5.6%～14.3%

三、粉末鉴别

金钗石斛根：灰黄色。①表皮细胞组织碎片随处可见，呈长方形，角质层层纹明显。②木纤维灰白色，较多，成束存在，壁厚，壁孔及孔沟明显。③薄壁细胞呈长方形或多角形。④多为梯纹导管，少见网纹导管。⑤可见草酸钙针晶。⑥偶见灰色的内含物团块。

金钗石斛茎：浅黄色。①表皮细胞组织碎片随处可见，细胞类长方形。②束鞘纤维壁厚，胞腔窄，壁孔和孔沟明显；纤维外侧薄壁细胞中含硅质块。③导管碎片可见梯纹、网纹，灰色，细胞壁厚，壁孔及孔沟明显。④木薄壁细胞碎片易见，灰色，纹孔明显。⑤可见草酸钙针晶束。

金钗石斛叶：草绿色。①上表皮细胞碎片表面观多角形；下表皮细胞碎片可见平轴式气孔。②束鞘纤维两种类型，一种红棕色，壁厚、胞腔窄、壁孔和孔沟明显，纤维外侧薄壁细胞中含硅质块；另一种纤维细胞壁薄，胞腔宽。③梯纹导管、网纹导管碎片随处可见。④草酸钙针晶成束或散在。

与其他 4 种根、茎和叶粉末特征比较见彩图 47 和表 4-7。

表 4-7　石斛粉末鉴别

植物名		金钗石斛 D. nobile Lindl.	叠鞘石斛 D. denneanum（Kerr.）Z. H. Tsi.	鼓槌石斛 D. chrysotoxum Lindl.	马鞭石斛 D. fimbriatum Hook. var. oculatum Hook.	报春石斛 D. primulinum Lindl.
根	颜色	灰黄色	土黄色	灰黄色	灰黄色	灰黄色
	内含物	草酸钙针晶束散在	可见棕色的团块物、草酸钙簇晶	细柱状草酸钙针晶束、油滴散在	大量草酸钙簇晶	可见红棕色团块物、草酸钙簇晶

续表

植物名	金钗石斛 *D. nobile* Lindl.	叠鞘石斛 *D. denneanum* （Kerr.）Z. H. Tsi.	鼓槌石斛 *D. chrysotoxum* Lindl.	马鞭石斛 *D. fimbriatum* Hook. var. *oculatum* Hook.	报春石斛 *D. primulinum* Lindl.
茎　颜色	浅绿色	浅绿色	灰白色	浅黄色	灰黄色
茎　内含物	束鞘纤维外侧薄壁细胞中含硅质块，可见草酸钙针晶束	红棕色团块物、草酸钙方晶、大量草酸钙针晶成束或散在	草酸钙簇晶，棱角钝圆；可见草酸钙方晶	草酸钙针晶成束或散在，硅质块可见，油滴散在	可见大量的草酸钙针晶成束或散在
叶　颜色	草绿色	草绿色	深黄色	深黄色	灰黄色
叶　内含物	硅质块和草酸钙针晶束散在	可见红棕色团块物、草酸钙方晶，大量草酸钙针晶成束或散在	可见细柱状草酸钙针晶束	草酸钙针晶成束或散在，硅质块可见，油滴散在	可见草酸钙针晶和簇晶

第二节　石斛中多糖和滨蒿内酯含量测定

仪器和试药：Waters2695 高效液相色谱仪，Waters2996 dAD 检测器；Unicam UV-500（Thermo electron corporation）紫外-可见分光光度计；RE-52A 型旋转蒸发仪（上海亚荣生化仪器厂）；KQ-250B 型超声波清洗器（昆山市超声仪器有限公司）；METTLER AE240 电子分析天平（梅特勒-托利多仪器上海有限公司）。

滨蒿内酯对照品（中国药品生物制品检定所，1511－200001）；葡萄糖（中国药品生物制品检验所）；乙腈为色谱纯；水为重蒸水，其余试剂为分析纯。

石斛药材收集于云南各地、四川夹江县歇马乡及成都五块石药材市场，药材均经刘圆教授、彭朝忠副教授鉴定，见表4-8。

表4-8　不同品种石斛来源

名称	植物学名	采集地点	采集日期
球花石斛	*Dendrobium thyrsiflorum* Rchb. f.	云南 靖西	2007.7
马鞭石斛	*D. fimbriatum* Hook. var. *oculatum* Hook.	四川 夹江	2007.6
金钗石斛	*D. nobile* Lindl.	云南 景洪	2007.6
报春石斛	*D. primulinum* Lindl.	云南 勐腊	2007.6
肿节石斛	*D. pendulum* Roxb.	云南 西双版纳	2008.2
叠鞘石斛	*D. aurantiacum*(Kerr.) Z. H. Tsi.	四川 夹江	2007.6
鼓槌石斛	*D. chrysotoxum* Lindl.	云南 各地	2007.7
美花石斛	*D. loddigesii.* Rolfe.	成都五块石	2006.11
兜唇石斛	*D. aphyllum*(Roxb.) C. E. Fisch.	云南	2007.11

一、石斛中多糖含量测定

石斛中多糖的精制：称取各石斛药材粉末（过 2 号筛）100 g，精密称定，分别置圆底烧瓶中，各加入石油醚（60～90℃）400 mL，脱脂 30 min，过滤，通风橱中挥去溶剂。滤渣以 80%乙醇 100 mL 回流提取 30 min，趁热过滤。滤渣用 80%热乙醇充分洗涤，再于通风橱中挥去溶剂。取各残渣分别再用 500 mL 蒸馏水回流 2 h，提取 3 次，趁热过滤，用热水洗涤药渣和烧瓶，合并滤液。滤液浓缩至 150 mL，加入等容积的 sevage 试剂（正丁醇∶氯仿=4∶1 配制而成），分液漏斗萃取，取上层液体，反复操作。紫外分光光度计扫描，无蛋白吸收峰。逐滴加入乙醇（95%）至整个溶液中含醇量达到 80%，滴加过程中用磁力搅拌器搅拌，静置过夜，抽滤，沉淀用无水乙醇反复洗涤，60℃真空干燥，得各石斛精制多糖，封装备用。

供试品制备：精密称取 60℃恒重的石斛茎粉末（过 2 号筛）各 0.5 g，精密称定，分别置圆底烧瓶中，加入石油醚（0～90℃）5.0 mL，脱脂 30 min，过滤，通风橱中挥去溶剂。滤渣以 80%乙醇 100 mL 回流提取 30 min，趁热过滤。滤渣用 80%热乙醇充分洗涤，再于通风橱中挥去溶剂。取残渣再用 100 mL 蒸馏水回流 2 h，提取 3 次，趁热过滤，用热水洗涤药渣和烧瓶，合并滤液，冷却后在 500 mL 量瓶中用蒸馏水定容。

对照品溶液配制：称取葡萄糖约 0.08 g 于小烧杯中，精密称定，用蒸馏水溶解后，移至 100 mL 棕色容量瓶中，用蒸馏水定容，摇匀，制得对照品溶液。

换算因子的试验：称取 60℃干燥至恒重的相应石斛多糖各 10 mg，精密称定。分别配制成 0.1 mg/mL 溶液。各取 0.5 mL 按标准曲线的制备方法，测定吸收度，另取葡萄糖标准液，同法操作，求出相应石斛中葡萄糖浓度，按照下列公式计算 11 种石斛多糖换算因子 f。

$$f=多糖质量/（多糖液的葡萄糖浓度×多糖的稀释因素）$$

线性关系考察：精密取葡萄糖标准液 1 mL、1.5 mL、2 mL、2.5 mL、3 mL、3.5 mL，分别置 50 mL 棕色容量瓶中，各加蒸馏水至刻度。精密量取上述各浓度的标准溶液 0.5 mL 于 10 mL 棕色容量瓶中，各精密加入 5%苯酚溶液 1.0 mL，摇匀，迅速加入 5.0 mL 浓硫酸，在沸水浴中加热 20 min，冷却至室温。在波长 490 nm 下测定吸光度，随行空白，以标准溶液浓度为横坐标，吸光度值为纵坐标绘制标准曲线。对所测数据采用回归法计算出标准曲线的回归方程为 $Y=4.9949X–0.0252$（$r=0.9994$），结果表明，在 0.016～0.294 mg/mL，葡萄糖浓度与吸光度值具有良好的线性关系。

精密度试验：精密量取葡萄糖标准溶液 0.5 mL，置 10 mL 容量瓶中，按照线性关系考察制备项下的方法重复测定吸光度，RSD 为 1.06%（$n=6$）。结果表明仪器精密度良好。

稳定性试验：取葡萄糖标准液 0.5 mL，置 10 mL 容量瓶中，按照线性关系考察制备项下的方法每隔 0.5 h 测定吸光度值，连续 4 h，结果吸光度基本无变化，表明样品溶液 4h 之内稳定性良好。

加样回收率试验：取多糖含量已知的石斛粉末 0.25 g，精密加入葡萄糖储备液适量，按照供试品制备和线性关系考察项下的方法测定，平均回收率 98.62%，RSD 为 1.27%（$n=9$），符合测定要求。

不同种、不同药用部位多糖的含量测定：精取各石斛提取液 0.5 mL，按照线性关系考察项下操作，测定吸收度，按照上述公式计算样品中的多糖含量，重复 3 次，取平均值。不同种石斛茎中多糖的含量结果见表 4-9；4 种石斛不同部位的多糖含量测定结果见表 4-10；鼓槌石斛不同产地多糖的含量测定结果见表 4-11。

表 4-9　不同种石斛茎中多糖的含量（n=3）

样品号	药材名称	多糖含量/（mg/g）	RSD/%
SHDT-01	球花石斛	189.62	1.23
SHDT-02	马鞭石斛	248.93	0.75
SHDT-03	金钗石斛	204.92	1.78
SHDT-04	报春石斛	158.31	0.82
SHDT-05	肿节石斛	82.70	0.94
SHDT-06	叠鞘石斛	163.22	1.64
SHDT-07	鼓槌石斛	153.32	1.12
SHDT-08	美花石斛	282.81	0.88
SHDT-09	兜唇石斛	92.65	1.32

表 4-10　4 种石斛不同部位多糖的含量（n=3）

样品号	药材名称	根/（mg/g）	茎/（mg/g）	叶/（mg/g）
SHDT-10	金钗石斛	153.61	204.92	223.02
SHDT-11	马鞭石斛	175.63	248.93	208.82
SHDT-12	叠鞘石斛	94.85	163.22	174.28
SHDT-13	鼓槌石斛	100.06	150.33	190.81

表 4-11　不同产地鼓槌石斛茎中多糖的含量（n=3）

样品号	产地	海拔/m	多糖含量/（mg/g）
SHDT-14	云南尚勇	750	136.32
SHDT-15	云南普文	1060	228.80
SHDT-16	云南福海	1400	153.38
SHDT-17	云南大度岗景东	1300	185.72
SHDT-18	云南景洪	840	162.27
SHDT-19	云南勐海	1700	210.14
SHDT-20	云南大度岗	1300	132.05
SHDT-21	云南靖西	800	180.06
SHDT-22	云南新火山	2200	240.72

对 9 种石斛多糖含量测定结果表明，不同种中，以美花石斛的多糖含量最高，为 282.81 mg/g；不同产地鼓槌石斛中，以云南新火山的多糖含量最高，为 240.72 mg/g。此外，同种石斛根中多糖含量低于茎，叶中多糖的含量高于茎，建议石斛可以全草入药，并且不用搓去叶鞘。

二、鼓槌石斛不同炮制方法多糖含量的测定

中药炮制学是根据中医药理论，依照辨证施治的用药需求和药物自身性质，以及调剂

制剂的不同，所采取的一项制药技术。应用现代科学技术探讨炮制原理，改进炮制工艺，提高中药饮片质量，以保证临床用药的安全有效。本试验对鼓槌石斛干品、清炒鼓槌石斛（炒黄）、酒炙鼓槌石斛、盐炙鼓槌石斛的多糖含量进行测定，从而为更好地、合理地利用石斛提供基础。

鼓槌石斛干品：取同一批次鼓槌石斛茎稍烘干，搓去叶鞘，切片，干燥。

清炒鼓槌石斛（炒黄）：取净药材饮片 50 g 置热锅中，用文火炒至微焦，取出，放凉。

酒炙鼓槌石斛：取净药材饮片 50 g 加黄酒适量拌匀，闷透，置热锅内，用火炒至近干，颜色变深时即可，取出，放凉。

盐炙鼓槌石斛：取净药材饮片 50 g，与适量清水溶化食盐拌匀，闷透，置热锅内，用火炒至微焦，取出，放凉。鼓槌石斛茎（云南福海）不同炮制方法后多糖的含量见表 4-12。

表 4-12　鼓槌石斛茎（云南福海）不同炮制方法后多糖的含量（n=3）

炮制方法	多糖含量测定结果/（mg/g）
鼓槌石斛干品	153.38
清炒鼓槌石斛（炒黄）	164.42
酒炙鼓槌石斛	198.45
盐炙鼓槌石斛	156.20

结果表明，不同炮制方法中，以酒炙鼓槌石斛的多糖含量最高，为 198.45 mg/g；几种炮制工艺对石斛多糖的含量都有不同程度的提高。

三、滨蒿内酯的含量测定

用 Kromasil C_{18} 色谱柱（250 mm×4.6 mm，5 μm），以乙腈：水（20：80）为流动相，流速 1 mL/min，柱温 25℃，检测波长 343 nm，进样量 10 μL。在此色谱条件下，滨蒿内酯峰与样品中的其他组分峰达到基线分离，峰形对称。按滨蒿内酯峰计算，色谱柱的理论塔板数不低于 5000。

对照品溶液制备：精密称取滨蒿内酯对照品适量，加甲醇配置成 0.1170 mg/mL 的溶液。

样品溶液制备：取适量不同品种的石斛药材，粉碎，过 40 目筛，称取 2.0 g，精密称定。加 10%氨水润湿，置索氏提取器中，加入氯仿 40 mL，90℃水浴回流 4 h，冷却。提取液在 90℃水浴中挥干，冷却，残渣用 50%甲醇溶解转移至 25 mL 容量瓶，定容至刻度，用 0.45 μm 微孔滤膜过滤后取续滤液作样品溶液。

线性关系的考察：分别精密量取上述对照品溶液 1 μL、2 μL、4 μL、6 μL、8 μL、10 μL，在色谱条件下测定峰面积。以进样量 X（μg）为横坐标，峰面积 Y 为纵坐标绘制标准曲线，回归方程为 $Y=3.743×10^5X-1.254×10^3$（r=0.9998，n=6）。结果表明，滨蒿内酯进样量在 0.1221～1.2210 μg 与峰面积具有良好的线性关系。

精密度试验：精密吸取对照品溶液（0.1170 mg/mL）10 μL，重复进样 6 次，测得峰面积的 RSD 为 0.58%（n=6）。结果表明仪器精密度良好。

重复性试验：验取同一批样品，精密称取 6 份，按上述方法制备样品溶液，按照色谱条件测定滨蒿内酯的含量，RSD 为 0.65%（$n=6$），表明重复性良好。

稳定性试验：精密量取样品溶液 10 μL，分别于 0、2 h、4 h、8 h、16 h、24 h、48 h 测定。按照滨蒿内酯对照品峰面积计算 RSD 为 0.4%（$n=6$）。结果表明样品溶液在配制后 48 h 内稳定。

加样回收试验：精密称取 9 份已知含滨蒿内酯含量的药材粉末 0.5 g，依次加入低、中、高 3 种质量浓度滨蒿内酯对照品溶液，按照上述方法制备样品溶液，按照色谱条件测定。结果平均回收率为 99.5%，RSD 为 0.73%（$n=9$）。

样品测定：分别称取 6 批不同品种石斛药材粉末样品粉末约 2.0 g，精密称定。按照上述方法制备样品溶液，精密吸取样品溶液各 10 μL，分别进样，测定各批石斛滨蒿内酯含量，测定结果见表 4-13。

表 4-13　不同品种石斛中滨蒿内酯含量测定结果（mg/g；$n=3$）

名称	拉丁名	来源	滨蒿内酯含量
球花石斛	*D. thyrsiflorum*. Rchb. f	成都五块石	0.35
马鞭石斛	*D. fimbriatum* Hook. Var. *oculatum* Hook.	四川夹江	未检出
金钗石斛	*D. nobile* Lindl	云南景洪	未检出
报春石斛	*D. primulinum* Lindl	云南勐腊	未检出
肿节石斛	*D. pendulum* Roxb	云南西双版纳	未检出
叠鞘石斛	*D. aurantiacum*（Kerr.）Z. H. Tsi	四川夹江	未检出
鼓槌石斛	*D. chrysotoxum* Lindl	云南福海	未检出
美花石斛	*D. loddigesii* Rolfe	云南靖西	未检出

对 8 种石斛中滨蒿内酯含量测定结果表明，仅球花石斛含有滨蒿内酯，其余种均未检出。

由于兰科石斛属植物种类繁多、产地各异，商品药材复杂，是中国药典收载的药材中基源混乱的品种之一；从本文所检测的 8 种石斛属植物来看，仅球花石斛中含有滨蒿内酯，其余品种均未检出，这可作为球花石斛区别上述 7 种石斛的种间鉴定的依据之一。

建议对美花石斛、球花石斛、叠鞘石斛和鼓槌石斛进行进一步药效研究，明确是否可以替代药典品种；研究结论与 2010 年版《中国药典》收载"金钗石斛、鼓槌石斛（*Dendrobium chrysotoxum* Lindl.）或流苏石斛（*Dendrobium fimbriatum* Hook.）的栽培品及其同属植物近似种的新鲜或干燥茎"中，把鼓槌石斛作为新的药典品种一致；首次为美花石斛、球花石斛、叠鞘石斛收载于省药材标准和《中国药典》标准作了系统的比较研究。

第五章 荞麦类药食两用植物的资源开发与利用研究

第一节 苦荞和甜荞的原植物鉴别研究

苦荞 [*Fagopyrum tataricum*（L.）Gaertn.] 植株高约 100 cm，茎绿色，圆柱形，有横纹，无毛或具细绒毛，成熟时呈空腔。叶片多为阔卵形，基部心形或戟形。甜荞（*Fagopyrum esculentum* Moench）植株与苦荞相似，植株高约 100 cm。苦荞瘦果表面有纵沟，一般大于5 mm，不同的品种瘦果的形状变化颇大，一些品种果棱上具翅或具刺或两者都有；甜荞瘦果长大于 5 mm，不同的品种果表的变化大，有些品种果棱上有翅。见彩图 48 和彩图 49。

第二节 荞麦不同种、植株不同部位有效成分的含量测定

仪器、试剂与药材：Unicam UV-500 紫外可见分光光度计（Thermo electron corporation）；W201B 恒温水浴锅（上海申顺生物科技有限公司）；METTLER AE240 电子分析天平（梅特勒-托利多仪器上海有限公司）；Agilent 1200 高效液相色谱仪（美国 Agilent 公司）；Milli-Q 超纯水机（美国 Millipore 公司）；Waters2695 高效液相色谱仪（美国 Waters 公司）；KQ-250B 型超声波清洗器（昆山市超声仪器有限公司）。芦丁对照品（批号：100080-200707，中国药品生物制品检定所），槲皮素对照品（批号：100081-200907，中国药品生物制品检定所），山奈酚对照品（批号：MUST-11041101，成都杰锐科技有限公司），乙腈为色谱纯（美国迪马公司），水为超纯水，甲醇、磷酸、亚硝酸钠、氢氧化钠、硝酸铝为分析纯。荞麦来源见表 5-1。

表 5-1 荞麦来源表

No.	名称	拉丁名	采集地	采集时间
K1	'野苦 6 号'			
K2	'西荞 1 号'	*F. tataricum*（L.）Gaertn.	成都大学	2011.6.11
K3	'西荞 2 号'			
K4	'内蒙古温莎'			
K5	'鄂尔多斯'	*F. esculentum* Moench	同上	同上
K6	'蒙 103-3'			
K7	'川苦 2 号'			
K8	'晋荞 4 号'	*F. tataricum*（L.）Gaertn.	同上	同上
K9	'九江苦荞'			
K10	'川荞 1 号'			

No.	名称	拉丁名	采集地	采集时间
K11	'滇宁1号'			
K12	'云南旱苦'			
K13	'苦刺荞'			
K14	'黑丰1号'	*F. tataricum*（L.）Gaertn.	成都大学	2011.6.11
K15	'纳林5号'			
K16	'野苦1号'			
K17	'米荞1号'			
K18	'川渝3号'			
K19	'晋荞1号'			
K20	'正宁'	*F. esculentum* Moench	同上	同上
K21	'甘肃珀姓'			
K22	'通渭红花荞'			

一、荞麦总黄酮含量测定

黄酮类成分是荞麦区别于其他谷物的特殊成分，以总黄酮含量作为评价荞麦及其商品的质量有一定指导意义。本课题采用亚硝酸钠-硝酸铝-氢氧化钠法显色，以紫外-可见分光光度法测定荞麦总黄酮的含量。

对照品溶液的制备：取芦丁对照品适量，精密称定，加体积分数为69%的乙醇制成质量浓度为0.501 mg/mL的芦丁对照品储备液。

样品溶液的制备：称取'米荞1号'粉末0.5 g，按照料液比1∶42加入体积分数为69%的乙醇，回流提取，提取时间90 min，提取温度68℃，放冷后过滤，将滤液定容至100 mL容量瓶，按照显色方法显色，得待测样品溶液。

供试品溶液的测定：精密吸取5 mL样品溶液置于10 mL比色管中，加5%亚硝酸钠0.5 mL，放置6 min，加10%硝酸铝0.5 mL，放置6 min，再加4%氢氧化钠4 mL，摇匀，放置15 min，于510 nm处测定吸光度。

标准曲线的制备：精密吸取对照品储备液适量，分别稀释成质量浓度0.15 mg/mL、0.06 mg/mL、0.03 mg/mL、0.015 mg/mL、0.0075 mg/mL、0.003 mg/mL的对照品溶液，分别吸取5 mL上述对照品溶液于10 mL比色管中，按照供试品溶液测定的显色方法显色，于510 nm处测定吸光度。以对照品质量浓度（X，mg/mL）为横坐标，以吸光度（Y）为纵坐标作图，得回归方程：$Y=4.9848X-0.0006$，$R^2=0.9999$（$n=6$）。结果表明，芦丁在0.003～0.15 mg/mL范围内有良好线性关系。

试验结果表明，①苦荞中的总黄酮含量远高于甜荞，说明甜荞适合作为普通谷物而苦荞适合作为药食两用的保健食品；苦荞的新培育品种'米荞1号'（K17）的总黄酮及单体黄酮类成分的含量都高于同一产地的其他苦荞农业栽培品种，'米荞1号'可开发为高黄酮含量的保健食品，结果见表5-2和表5-3。②在荞麦的两个栽培种苦荞和甜荞植株叶中的总黄酮含量远高于其根茎，甚至高于种子，故可考虑综合利用荞麦种子以外的荞麦植株，作为荞麦总黄酮的提取物来源。③苦荞和甜荞不同部位总黄酮以叶含量最高，为27.3～68.3 mg/g；其次是苦荞种子，总黄酮含量在 14.7～28.5 mg/g；甜荞种子与两种荞麦根和茎中总黄酮含量差异不大，与叶及苦荞种子相比，含量明显较低。

表 5-2　不同种荞麦（种子）总黄酮含量（mg/g；n=3）

样品编号	拉丁名	总黄酮含量	样品编号	拉丁名	总黄酮含量
K7		15.8±0.21	K15		15.6±0.19
K8		17.2±0.28	K16	F. tataricum（L.）Gaertn.	13.7±0.26
K9		15.5±0.26	K17		21.6±0.30
K10	F. tataricum（L.）Gaertn.	15.3±0.32	K18		5.79±0.09
K11		15.2±0.20	K19		6.07±0.13
K12		17.4±0.31	K20	F. esculentum Moench	7.23±0.12
K13		17.4±0.37	K21		6.13±0.13
K14		17.4±0.26	K22		5.91±0.10

表 5-3　荞麦植株不同部位总黄酮含量（mg/g；n=3）

样品编号	F. tataricum（L.）Gaertn.			F. esculentum Moench		
	K1	K2	K3	K4	K5	K6
样品名	'野苦6号'	'西荞1号'	'西荞2号'	'内蒙古温莎'	'鄂尔多斯'	'蒙103-3'
根	9.62±0.16	6.45±0.14	8.67±0.16	7.81±0.17	8.89±0.19	5.58±0.13
茎	7.71±0.09	15.07±0.18	12.6±0.18	9.01±0.14	9.45±0.17	10.6±0.22
叶	68.3±0.75	34.9±0.52	27.3±0.26	51.0±0.47	43.9±0.61	51.0±0.71
种子	27.4±0.41	14.7±0.19	28.5±0.48	8.76±0.20	4.18±0.12	10.2±0.24

二、荞麦不同种、植株不同部位芦丁含量测定

流动相的选择：分别考察了甲醇-0.1%磷酸水、乙腈-0.1%磷酸水为流动相对样品和对照品溶液中目标峰的分离效果，结果发现，两种流动相对芦丁均有较好的分离效果。但是，采用甲醇-0.1%磷酸水为流动相时，芦丁分离的最佳条件为甲醇-0.1%磷酸水（50%：50%），此时由于黏度过大，柱压过高，对色谱柱及高效液相色谱仪都有较大损害，故选择乙腈-0.1%磷酸水为流动相。

检测波长的选择：利用 DAD 检测器对样品和对照品中的芦丁峰在200～400 nm扫描，结果芦丁在250～260 nm 和 350～360 nm 都有较大吸收，对比发现，芦丁在 255 nm 处吸光度最大，故选用测定波长为 255 nm。

色谱条件：DIKMA diamonsil（4.6 mm×250 mm，5 μm），柱温为20℃，检测波长为

255 nm，流速 1 mL/min，进样量 10 μL，流动相为乙腈-0.1%磷酸水。

对照品溶液的制备：取芦丁对照品适量，精密称定，加 90%甲醇制成质量浓度为 0.7952 mg/mL 的芦丁对照品储备液。

供试品溶液的制备：称取样品粉末（过 50 目筛）0.5 g，置圆底烧瓶中，按照料液比 1∶32 加入体积分数 90%甲醇，称重，回流提取 93 min，冷却，再称重，补足损失质量，摇匀，0.45 μm 微孔滤膜过滤，备用。

标准曲线的绘制：精密吸取芦丁对照品储备液，用体积分数 90%的甲醇稀释、定容，得系列质量浓度为 0.5964 mg/mL、0.3976 mg/mL、0.2982 mg/mL、0.1988 mg/mL、0.0994 mg/mL、0.003 976 mg/mL 的对照品溶液，取上述溶液 10 μL 注入高效液相色谱仪，记录峰面积。以峰面积对进样质量浓度（mg/mL）进行线性回归，得芦丁回归方程：$Y=6224.4Y+40.664$，$R^2=0.9999$。结果表明，芦丁在 0.003976～0.5964 mg/mL 范围呈良好线性关系。

精密度试验：以质量浓度为 0.2982 mg/mL 的芦丁对照品溶液按选定色谱条件重复测定 5 次，芦丁峰面积 RSD 为 1.47%。

重现性试验：取'米荞 1 号'粉末 5 份，按照样品制备方法制备供试液，计算芦丁含量，其得率 RSD 为 1.93%。

稳定性试验：取'米荞 1 号'样品溶液，室温放置，分别于 1.5 h、3 h、5 h、7 h、12 h 按选定色谱条件进行测定，计算芦丁含量，其得率 RSD 为 2.00%。

加样回收率试验：称取已知含量样品 6 份，分别精密加入质量分数为已知含量样品中芦丁含量的 80%、100%、120%芦丁对照品，按照供试品溶液制备方法制备，按照选定色谱条件测定，计算回收率，结果表明，平均回收率为 96.93%，RSD 为 2.72%。

从荞麦植株不同部位芦丁结果可以看出（结果见表 5-4），苦荞种子芦丁有较高含量，为 12.1～16.4 mg/g，甜荞种子芦丁含量较低，为 0.15～1.01 mg/g；苦荞与甜荞的根、茎中芦丁的含量都较很低，为 0.25～2.36 mg/g；叶（除 K5 中芦丁含量较低外）中芦丁都有很高的含量，远远高于根和茎，最高达到了 43.7 mg/g。建议在荞麦商品生产中，除了苦荞继续使用外，甜荞叶的使用应该受到关注；除了主要使用的苦荞的种子外，苦荞和甜荞的叶均可以综合开发与利用，并作为芦丁的主要新来源。

表 5-4　荞麦植株不同部位芦丁含量测定结果（mg/g；$n=3$）

样品编号	样品名	拉丁名	根	茎	叶	种子
K1	'野苦 6 号'	*F. tataricum* (L.) Gaertn.	0.70±0.02	1.66±0.03	43.7±0.52	16.4±0.18
K2	'西荞 1 号'	同上	0.25±0.01	0.91±0.02	25.7±0.41	14.1±0.24
K3	'西荞 2 号'	同上	0.34±0.01	0.74±0.01	12.8±0.23	12.1±0.21
K4	'内蒙古温莎'	*F. esculentum* Moench	0.47±0.02	2.36±0.03	14.1±0.18	0.15±0.01
K5	'鄂尔多斯'	同上	0.33±0.01	0.67±0.02	2.67±0.06	1.01±0.02
K6	'蒙 103-3'	同上	0.30±0.02	0.34±0.01	29.0±0.46	0.19±0.01

不同种荞麦（种子）芦丁含量测定结果表明（结果见表 5-5），芦丁为荞麦次生代谢

产物，在植物体内的形成受到诸多因素的影响，包括产地、生长季节、光照量、栽培技术等。本次试验结果表明，试验所测荞麦样品虽然都产于成都大学荞麦试验田，但是从表 5-5 中可以看出，不同苦荞农业栽培种或是甜荞农业栽培种中芦丁含量差异较大。试验所采用的荞麦样品均在相同环境下生长，显然，荞麦中芦丁含量的积累除上述因素外还会受到基因型的影响，通过测定不同基因型荞麦的芦丁含量，有利于筛选高芦丁含量的荞麦种质。所测苦荞样品中芦丁的含量为 11.1～18.1 mg/g，含量最高的为成都大学新培育品种：'米荞 1 号'；甜荞样品中芦丁含量为 0.16～0.55 mg/g，含量最高的为'晋荞 1 号'。可见，荞麦中芦丁的产生与积累和荞麦基因型有很大关系。

表 5-5　不同种荞麦（种子）芦丁含量测定结果（mg/g；n=3）

样品编号	拉丁名	芦丁含量	样品编号	拉丁名	芦丁含量
K7		11.1±0.13	K15		11.7±0.26
K8		16.4±0.25	K16	*F. tataricum*（L.）Gaertn.	13.0±0.21
K9		15.5±0.28	K17		18.1±0.33
K10	*F. tataricum*（L.）Gaertn.	17.8±0.25	K18		0.16±0.004
K11		13.6±0.29	K19		0.55±0.01
K12		14.5±0.28	K20	*F. esculentum* Moench	0.34±0.01
K13		15.3±0.20	K21		0.16±0.006
K14		16.0±0.27	K22		0.23±0.007

三、荞麦不同种、植株不同部位槲皮素和山奈酚含量测定

检测波长的选择：利用 PAD 检测器对样品和对照品中的槲皮素峰和山奈酚在 200～400 nm 扫描，结果槲皮素在 253.8 nm 和 366.9 nm，山奈酚在 264.5 nm 和 364.5 nm 处都有最大吸收，综合考虑，选用测定波长为 260 nm。

柱温的选择：分别考察柱温 25℃、30℃和 35℃时对色谱峰的影响，结果发现差别不大，故选择接近室温的 25℃。

色谱条件：色谱柱 DIKMA diamonsil（4.6 mm×250 mm，5 μm），柱温 25℃，检测波长 260 nm，流速 1 mL/min，进样量 10 μL，流动相乙腈（A）-0.1%磷酸水（B）。梯度洗脱条件：0～15 min，10%～40%A；15～30 min，40%～50% A。

适应性试验：吸取混合对照品溶液和样品溶液各 10 μL 注入高效液相色谱仪，按照色谱条件测定，槲皮素和山奈酚与相邻组分完全分离，峰形对称，分离度大于 1.5。

对照品溶液的制备：分别精密称取对照品适量，置 25 mL 容量瓶中，加甲醇溶解，制成质量浓度为 0.2808 mg/mL 槲皮素对照品储液和质量浓度为 0.2128 mg/mL 山奈酚对照品储备液。

标准曲线的绘制：精密吸取对照品储备液，加甲醇稀释、定容，得系列质量浓度为 0.1404 mg/mL、0.0702 mg/mL、0.028 08 mg/mL、0.014 04 mg/mL、0.005 616 mg/mL 的槲皮素对照品溶液；得系列质量浓度为 0.1064 mg/mL、0.0532 mg/mL、0.021 28 mg/mL、

0.010 64 mg/mL、0.004 256 mg/mL、0.002 128 mg/mL 的山柰酚对照品溶液。分别取上述溶液 10 μL 注入高效液相色谱仪，记录峰面积。以峰面积对进样质量浓度（mg/mL）进行线性回归，得槲皮素回归方程：$Y=3\times10^7X-29\,655$，$R^2=1$；山柰酚回归方程：$Y=3\times10^7X-35\,823$，$R^2=0.9999$。结果表明，槲皮素在 0.005 616～0.2808 mg/mL 范围呈良好线性关系；山柰酚在 0.002 128～0.2128 mg/mL 范围内呈良好线性关系，槲皮素检测限（LOD）为 0.0002 mg/mL，定量限（LOQ）为 0.0004 mg/mL；山柰酚 LOD 为 0.0002 mg/mL，LOQ 为 0.0005 mg/mL。

供试品溶液的制备：取荞麦样品粉末（过 50 目筛）0.5 g，精密称定，置具塞锥形瓶中，加体积分数 40%乙醇 25 mL，称重，超声 20 min，冷却，再称重，补足减失质量，摇匀，过滤，得待测样品溶液。

精密度试验：精密吸取同一混合对照品溶液，按照选定色谱条件测定，重复进样 6 次，测定槲皮素和山柰酚的峰面积，峰面积的 RSD 分别为 1.06%和 1.34%，表明仪器精密度良好。

重复性试验：取同一批次荞麦种子粉末 0.5 g，精密称定，按照供试品溶液制备方法制备，按照选定色谱条件测定峰面积，槲皮素和山柰酚含量的 RSD 分别为 0.92%和 1.31%，表明样品重复性良好。

稳定性试验：精密吸取'米荞 1 号'样品溶液，按照选定色谱条件测定，分别于 1 h、3 h、5 h、7 h、12 h、24 h 进样，测定峰面积，槲皮素和山柰酚含量的 RSD 分别为 1.00%和 1.59%。

加样回收率试验：取已知含量的'米荞 1 号'种子粉末 0.25 g，精密称定 6 份，加入为已知含量样品中槲皮素和山柰酚含量 80%、100%、120%的对照品，按照供试品溶液制备方法制备，按照选定色谱方法测定，计算加样回收率。结果槲皮素和山柰酚的平均回收率分别为 101.75%和 102.38%，RSD 分别为 2.54%和 2.19%。

样品含量测定：精密称取荞麦植株不同部位、不同种荞麦（种子）样品粉末（过 50 目筛）0.5 g，按照供试品溶液制备方法制备，按照选定色谱条件测定，计算槲皮素和山柰酚的含量。

不同种荞麦（种子）的样品均产于成都大学荞麦试验田，从表 5-6 可以看出，同一产地不同农业栽培种苦荞槲皮素和山柰酚含量差异不大，槲皮素含量为 5.28～7.56 mg/g，山柰酚含量为 0.33～0.52 mg/g。甜荞样品中由于槲皮素和山柰酚含量太低均未检测出。

表 5-6　不同种荞麦（种子）槲皮素、山柰酚含量测定结果（mg/g；$n=3$）

样品编号	名称	含量	
		槲皮素	山柰酚
K7	'川苦 2 号'	6.01±0.14	0.43±0.02
K8	'晋荞 4 号'	7.18±0.12	0.38±0.01
K9	'九江苦荞'	7.26±0.11	0.44±0.01
K10	'川荞 1 号'	6.94±0.17	0.40±0.01
K11	'滇宁 1 号'	5.54±0.12	0.37±0.01

续表

样品编号	名称	含量	
		槲皮素	山柰酚
K12	'云南旱苦'	6.02±0.14	0.36±0.02
K13	'苦刺荞'	6.84±0.13	0.33±0.01
K14	'黑丰 1 号'	6.51±0.16	0.43±0.02
K15	'纳林 5 号'	5.28±0.07	0.37±0.02
K16	'野苦 1 号'	6.35±0.11	0.47±0.02
K17	'米荞 1 号'	7.56±0.17	0.52±0.03
K18	'川渝 3 号'	—	—
K19	'晋荞 1 号'	—	—
K20	'正宁'	—	—
K21	'甘肃珀姓'	—	—
K22	'通渭红花荞'	—	—

注："—"表示未检测出

从表 5-7 可以看出，苦荞（K1～K3）不同部位槲皮素含量由高到低为种子＞叶＞茎，由于根中槲皮素含量过低而均未检测到；3 种农业栽培种苦荞中只在种子中检测到一定含量的山柰酚，含量为 0.32～0.53 mg/g，而其他部位只在叶中检测到了极低含量的山柰酚。甜荞样品中槲皮素含量差异不大，均很低，不同部位的甜荞样品中均由于山柰酚含量太低而未检测到。结果表明，苦荞中槲皮素和山柰酚含量要远高于甜荞中槲皮素和山柰酚含量。

表 5-7　荞麦植株不同部位槲皮素和山柰酚含量测定结果（mg/g；$n=3$）

样品编号	植株部位	含量	
		槲皮素	山柰酚
K1	根	—	—
	茎	0.41±0.02	—
	叶	2.06±0.04	—
	种子	7.30±0.24	0.53±0.03
K2	根	—	—
	茎	0.3±0.01	—
	叶	1.48±0.05	0.09±0.005
	种子	6.05±0.22	0.4±0.02
K3	根	—	—
	茎	0.31±0.01	—
	叶	0.87±0.04	—
	种子	5.02±0.18	0.32±0.02

续表

样品编号	植株部位	含量	
		槲皮素	山柰酚
K4	根	—	—
	茎	0.13±0.01	—
	叶	0.25±0.01	—
	种子	0.14±0.006	—
K5	根	0.11±0.005	—
	茎	0.15±0.007	—
	叶	0.49±0.02	—
	种子	0.08±0.005	—
K6	根	0.13±0.007	—
	茎	0.24±0.02	—
	叶	0.23±0.01	—
	种子	0.15±0.01	—

注："—"表示未检测出

四、荞麦无机元素含量测定

仪器、试剂与药材：6300 Radial 系列 ICP-OES（美国 Thermo 公司）；WX-8000 微波消解仪（上海屹尧分析仪器有限公司）；Milli-Q Gradient 纯水机（美国 Millipore 公司）；METTLER AE240 电子分析天平（梅特勒-托利多仪器上海有限公司）。HNO_3 为优级纯（成都市科龙化工试剂厂）；水为超纯水；元素标准品（中国国家钢铁材料测试中心钢铁研究总院和国家有色金属及电子材料分析测试中心）；生物成分分析标准物质小麦（生物成分分析标准物质，中国地球物理地球化学勘查研究所）。样品见表 5-1。

样品处理方法：准确称取荞麦根、茎、叶粉末 0.100 g，种子粉末称取 0.200 g，置于微波消解罐中，加入 5 mL HNO_3，常温放置 15 min 后放入微波消解仪中消解，消解完成后开盖时滴加两滴过氧化氢。将消解液用超纯水定容于 10 mL 容量瓶中，过滤，得待测液 A，吸取待测液 A 1 mL 定容于 10 mL 容量瓶中，得待测液 B。ICP-OES 工作条件为 RF 功率为 1150 W，泵速 50 r/min，辅助气流量 0.5 L/min，雾化器气体流量 0.55 L/min，驱气气体流量一般。分析线波长根据样品差异、样品中存在的离子、各元素之间的干扰情况及仪器对该元素的灵敏度确定。

标准曲线的制备及检测限（LOD）、定量限（LOQ）：将元素标准品用 5%硝酸稀释成系列浓度梯度 20 μg/mL、2 μg/mL、0.2 μg/mL、0.02 μg/mL、0，按照选定仪器方法进行测定标准溶液响应值，按照最小二乘法线性回归，建立回归方程并绘制工作曲线，然后对样品溶液直接测定后可自动计算出待测元素浓度。检测限根据 IUPAC 规定，在各元素最佳分析波长下，对空白水溶液连续测定 11 次，取 3 倍标准偏差所对应的浓度值为各元素的检出限，取 10 倍标准偏差所对应的浓度值为各元素的定量限。

标准样品对照分析：应用本法对国家标准物质小麦（GBW10011）中 25 种元素进行多次重复（n=6）测定，分析结果表明，本法测定值与标准物质样品标准值有较好的一致性。

试验结果见表 5-8～表 5-14，从结果可以看出，同一产地的不同种荞麦（苦荞和甜荞）元素含量差异较小，说明遗传作用对不同种荞麦元素的积累影响较小。同一产地相同种荞麦间元素含量差异不大，说明产地对荞麦元素的积累也有较大影响。除此之外，气候和季节对植物元素的吸收有一定影响。

荞麦根茎叶中无机元素的含量高于种子，特别是毒性元素 Cd 和 Pb 等在叶的积累量最高，因此，以荞麦全株植物作为商品时，建议考虑元素的摄入是否会超过人体每日的摄入范围。

表 5-8　荞麦 6 个不同农业栽培种种子中元素含量（$\bar{x} \pm s$；$n=3$）

元素	含量/（μg/g）					
	K1	K2	K3	K4	K5	K6
Ca	198.5±2.44	479.5±2.99	417.5±5.69	374.3±5.24	368.4±2.37	312.75±4.48
Na	12.115±0.45	13.89±0.555	15.06±0.778	11.98±0.923	13.54±0.750	13.76±0.33
K	817±8.89	963.5±24.3	929±12.4	966.5±42	1043.5±25.3	1240±33.7
Al	113±1.46	611.5±22.9	219.2±8.78	53.9±2.23	70.4±3.31	59.5±2.33
Mg	600.5±9.69	697.5±9.98	621.5±33.2	652.5±23.4	685±23.5	797.5±10.2
P	1558±11.2	1234.5±12.1	588.5±13.4	1359±13.2	1388±16.1	2243±14.3
Fe	13.86±0.66	251.45±4.57	23.155±1.11	145.5±2.43	39.2±1.01	101.1±2.07
Si	59.95±6.66	31.405±4.47	44.315±2.25	51.5±1.15	58.9±2.04	48.85±0.72
Zn	29.1±1.19	26.97±1.33	28.875±1.30	31.62±0.890	31.6±1.30	46.275±1.12
B	6.9±0.019	7.125±0.098	5.375±0.065	5.79±0.110	6.06±0.195	6.76±0.185
Co	0.06±0.001	0.63±0.002	0.265±0.001	0.075±0.001	0.11±0.002	0.25±0.013
Cr	<0.45	<0.45	<0.45	<0.45	<0.45	<0.45
Cu	4.465±0.115	6.51±0.018	6.31±0.093	4.26±0.0703	4.02±0.107	6.43±0.094
Mn	11.565±0.46	86.8±1.21	24.185±446	13.86±0.400	15.48±0.020	14.86±0.94
Mo	0.555±0.002	0.855±0.002	0.405±0.002	0.375±0.005	0.52±0.002	1.08±0.017
Ni	1.08±0.008	6.59±0.116	5.045±0.130	1.865±0.012	1.115±0.053	1.88±0.002
Se	0.17±0.002	0.125±0.032	0.1±0.003	0.145±0.005	0.075±0.003	0.08±0.002
Sn	<0.90	<0.90	<0.90	<0.90	<0.90	<0.90
Sr	1.13±0.012	2.87±0.130	2.34±0.11	1.48±0.067	2.25±0.005	2.34±0.085
Ti	0.145±0.019	4.35±0.14	0.27±0.002	1.32±0.021	0.605±0.033	3.2±0.082
V	0.355±0.017	1.665±0.068	0.9±0.06	0.1±0.0025	0.185±0.002	0.135±0.006
As	<0.30	<0.30	<0.30	<0.30	<0.30	<0.30
Hg	<0.10	<0.10	<0.10	<0.10	<0.10	1.935±0.067
Cd	0.095±0.002	0.23±0.001	0.165±0.003	0.13±0.001	0.145±0.002	0.15±0.001
Pb	2.31±0.002	4.91±0.661	4.54±0.085	1.77±0.087	2.415±0.026	1.845±0.002

注："<"表示含量值小于 LOQ

表 5-9 不同荞麦种（种子）元素含量（$\bar{x} \pm s$；$n=3$）

元素	含量/（µg/g）					
	F. tataricum（L.）Gaertn			*F. esculentum* Moench		
	K7	K8	K9	K18	K19	K20
Ca	516±22.8	615.5±13.9	488.3±9.27	641.5±19.8	627.5±16.3	740±34.7
Na	13.89±2.14	16.355±0.82	12.85±0.578	11.005±0.26	17.5±0.42	13.25±0.089
K	804±33.2	1021.5±46.8	1083.5±41.15	937.5±13.1	911±29.3	1346±47.11
Al	53.7±2.21	84.7±2.99	39.15±18.33	51.7±1.96	65.35±1.05	84.55±2.19
Mg	505±9.11	650.5±19.5	628±12.7	643±18.6	632.5±29.7	776±14.7
P	1754±65.3	1928±101	1781±19.8	1675.5±87.1	1699.5±39.1	2452±41.6
Fe	148.45±3.44	142.6±5.68	13.535±0.65	92.45±2.03	73.2±1.85	55.9±1.34
Si	150±5.49	160.1±10.2	39.54±1.34	164.3±3.93	172.35±5.53	184.35±5.70
Zn	20.24±0.80	30.575±0.33	31.975±1.36	33.345±0.77	25.72±1.49	48.7±2.28
B	5.26±0.075	9.925±0.079	12.115±0.33	7.82±0.392	6.955±0.340	8.115±0.421
Co	<0.05	<0.05	0.07±0.003	0.075±0.004	0.065±0.004	0.48±0.029
Cr	<0.45	<0.45	<0.45	<0.45	<0.45	<0.45
Cu	4.265±0.028	9.845±0.245	7.975±0.308	5.215±0.213	4.87±0.262	6.835±0.42
Mn	10.07±0.790	14.88±0.577	15.045±0.69	14.52±0.449	11.14±0.399	22.68±0.86
Mo	0.835±0.016	0.625±0.011	0.785±0.039	0.53±0.022	0.49±0.021	1.34±0.064
Ni	17.635±0.67	3.69±0.081	3.4±0.153	2.82±0.115	3.155±0.112	3.955±0.106
Se	<0.30	<0.30	<0.30	0.31±0.019	0.79±0.033	0.37±0.019
Sn	<0.90	<0.90	<0.90	<0.90	<0.90	<0.90
Sr	2.7±0.137	3.655±1.86	2.745±0.153	3.63±0.102	3.18±0.186	5.005±0.216
Ti	1.315±0.013	0.815±0.049	0.325±0.017	1.24±0.071	0.285±0.004	0.28±0.014
V	0.115±0.006	0.215±0.007	<0.05	0.125±0.005	0.165±0.006	0.21±0.006
Cd	0.285±0.002	<0.05	0.12±0.003	0.07±0.001	0.075±0.002	0.11±0.005
Pb	4.345±0.130	1.325±0.061	2.32±0.009	3.445±0.187	0.79±0.041	4.765±0.276

注："<" 表示含量值小于 LOQ

表 5-10 不同荞麦种（种子）元素含量（$\bar{x} \pm s$；$n=3$）

元素	含量/（µg/g）				
	K10	K11	K12	K13	K14
Ca	349.25±4.18	564±25.9	562.5±27.2	582.5±26.2	478.5±7.17
Na	12.07±0.564	16.74±0.684	11.795±0.696	16.415±0.377	11.285±0.395
K	817±41.6	880.5±51.0	1058±61.3	1028±37.0	832.5±36.6
Al	53.85±2.10	35.275±1.93	54.85±1.32	66.4±29.2	91.85±4.6
Mg	526.5±24.6	611±28.71	495.6±23.76	687.5±6.23	550±18.7
P	1174±49.3	2048±43.0	1699.5±79.8	1799±118	1687.5±18.5
Fe	74.8±3.44	27.85±0.668	142.9±2.90	18.755±0.841	121.3±2.05

元素	含量/（μg/g）				
	K10	K11	K12	K13	K14
Si	48.97±1.66	141±6.99	181.7±11.9	134.4±9.18	73.5±1.39
Zn	21.605±0.475	29.18±1.79	35.32±0.373	35.725±1.43	32.305±1.06
B	7.07±0.366	9.725±0.64	11.105±0.563	6.675±0.356	5.16±0.283
Co	<0.05	<0.05	0.34±0.022	0.12±0.006	0.07±0.004
Cr	<0.45	<0.45	<0.45	<0.45	<0.45
Cu	4.56±0.028	3.995±0.179	6.085±0.189	6.295±0.258	4.985±0.241
Mn	11.005±0.535	13.445±0.281	26.225±1.52	18.62±5.58	14.6±0.511
Mo	0.82±0.041	0.475±0.005	1.23±0.005	0.98±0.024	0.895±0.066
Ni	4.71±0.052	4.7±0.071	4.015±0.231	7.05±0.423	4.22±0.225
Se	<0.30	<0.30	0.35±0.021	<0.30	<0.30
Sn	<0.90	<0.90	<0.90	<0.90	<0.90
Sr	2.17±0.097	3.795±0.242	3.45±0.186	2.875±0.063	2.91±0.136
Ti	0.4±0.008	0.225±0.010	1.44±0.066	0.18±0.011	1.28±0.075
V	0.095±0.003	<0.05	0.12±0.005	0.165±0.008	0.205±0.006
Cd	0.105±0.004	0.165±0.009	0.075±0.007	<0.05	<0.05
Pb	1.41±0.07	4.465±0.033	3.945±0.213	1.755±0.83	9.73±0.505

注："<"表示含量值小于 LOQ

表 5-11　不同荞麦种（种子）元素含量（$\bar{x} \pm s$；$n=3$）

元素	含量/（μg/g）				
	K15	K16	K17	K21	K22
Ca	554±7.22	633±32.9	627±17.5	738±16.2	685.5±17.81
Na	10.56±0.483	18.245±0.783	16.64±0.415	17.375±0.571	17.74±0.740
K	930.5±63.2	1015.5±35.5	770±20.79	1100±60.5	1049.5±32.4
Al	50.15±2.71	196.4±8.42	334.7±93.2	178.6±7.86	173.4±4.15
Mg	651.5±24.7	573.5±11.4	594.5±23.7	714.4±17.8	755±26.4
P	1944.5±93.3	1594±89.8	1767.5±61.8	1875±88.1	2118.5±88.9
Fe	80.3±4.15	238.75±6.66	362.55±16.6	168.05±7.05	183.93±2.92
Si	156.85±9.9	178.4±3.02	269.65±10.5	179.3±8.23	182.95±6.91
Zn	38.445±1.11	32.125±1.02	20.86±1.04	28.355±0.821	24.34±0.437
B	6.53±0.294	6.005±0.291	4.71±0.131	7.06±0.002	8.6±0.116
Co	0.18±0.001	0.215±0.011	0.23±0.003	0.315±0.015	0.15±0.004
Cr	<0.45	0.475±0.009	<0.45	<0.45	<0.45
Cu	6.825±0.326	7.57±0.219	3.235±0.148	5.76±0.357	5.63±0.014
Mn	13.54±0.786	14.545±0.319	34.525±1.83	19.62±0.745	16.53±0.396
Mo	1.445±0.078	0.9±0.048	<0.25	0.705±0.020	0.525±0.024

续表

元素	含量/（µg/g）				
	K15	K16	K17	K21	K22
Ni	6.585±0.217	3.4±0.061	1.995±0.095	2.645±0.153	4±0.125
Se	＜0.30	＜0.30	＜0.30	＜0.30	＜0.30
Sn	＜0.90	1.46±0.054	＜0.90	＜0.90	＜0.90
Sr	3.745±0.207	3.51±0.102	3.595±0.205	4.125±0.193	4.245±0.018
Ti	2.86±0.194	1.24±0.055	14.955±0.594	0.935±0.051	0.545±0.027
V	0.11±0.005	0.445±0.025	1.085±0.042	0.445±0.012	0.435±0.012
Cd	0.055±0.003	0.09±0.005	0.085±0.001	0.1±0.005	0.1±0.006
Pb	2.975±0.181	21.155±1.07	1.685±0.007	1.72±0.071	1.865±0.079

注："＜"表示含量值小于 LOQ

表 5-12　荞麦 6 个不同农业栽培种根中元素含量（$\bar{x} \pm s$；$n=3$）

元素	含量/（µg/g）					
	K1	K2	K3	K4	K5	K6
Ca	7682±326	8242±495	8479±401	10020±325	15790±502	14060±221
Na	47.66±4.84	48.73±2.02	48.44±1.39	41.22±3.42	52.34±1.52	65.64±03.94
K	4392±157	2886±52.4	2811±113	2998±136	3023±15.5	3068±112
Al	10670±120	4287±138	7501±271	12940±415	4036±27.5	5030±421
Mg	1703±35.3	2331±122	2281±73.5	3279±106	2925±87.7	2819±102
P	317.1±18.6	204.8±7.01	278.6±8.85	240.8±7.14	375.9±9.10	497.9±16.7
Fe	12670±332	11600±197	9295±233	14770±395	4081±135	5857±169
Si	41.17±8.35	34.69±5.69	26.47±1.68	39.52±3.32	19.72±1.06	29.68±1.84
Zn	133.8±0.919	129.6±6.97	96.39±7.24	149.1±7.65	84.63±4.28	115.3±7.63
B	21.61±1.18	30.64±0.841	18.71±2.38	39.64±4.49	16.25±2.28	20.23±3.14
Co	6.43±0.961	3.88±0.167	4.93±0.212	8.64±0.169	2.15±0.226	3.04±0.332
Cr	25.77±0.544	18.01±1.93	18.64±1.47	35.83±3.09	9.92±2.35	12.33±0.410
Cu	58.14±3.06	26.36±0.855	28.07±1.47	114.1±3.39	20.85±0.091	40.89±0.664
Mn	208.5±13.3	118.3±2.96	141.5±5.09	344.1±14.9	80.85±4.64	86.63±3.89
Mo	1.51±0.028	2.04±0.020	1.66±0.075	1.26±0.065	1.72±0.056	1.61±0.012
Ni	125.9±0.353	149.3±3.71	224.8±4.10	191.2±1.62	80.05±1.18	229.7±5.43
Se	＜0.30	＜0.30	＜0.30	＜0.30	＜0.30	＜0.30
Sn	＜0.90	＜0.90	＜0.90	＜0.90	＜0.90	＜0.90
Sr	108.1±0.919	139.4±1.20	118.4±0.875	161.6±4.92	219.1±8.17	201.8±2.25
Ti	182.1±2.53	199.8±1.98	106.9±1.20	132.2±2.79	57.95±1.46	81.26±2.98
V	33.92±0.665	25.38±0.150	25.69±0.675	38.71±1.26	12.17±0.443	15.74±0.369
As	5.01±0.155	2.02±0.028	3.73±0.065	6.77±0.026	1.46±0.029	1.68±0.002
Hg	＜0.10	＜0.10	＜0.10	＜0.10	＜0.10	＜0.10
Cd	2.05±0.070	2.44±0.011	1.54±0.046	2.84±0.045	1.66±0.013	1.39±0.007
Pb	27.29±1.28	25.94±0.185	24.12±2.87	37.03±2.31	28.2±1.23	21.33±0.408

注："＜"表示含量值小于 LOQ

表 5-13　荞麦 6 个不同农业栽培种茎中元素含量（$\bar{x} \pm s$；n=3）

元素	含量/（μg/g）					
	K1	K2	K3	K4	K5	K6
Ca	26560±226	12240±95.5	11220±212	14870±125	33110±326	18360±245
Na	61.1±2.67	53.78±1.64	48.42±1.24	63.23±3.88	60.96±0.444	78.65±2.51
K	10010±332	12090±133	8862±97.9	13220±112	5361±22.0	7978±270
Al	2959±42.3	387.5±13.5	604.9±20.9	464±7.79	2102±25.7	2050±68.0
Mg	2689±11.3	1336±2.55	2067±10.6	2478±46.8	1857±35.7	1920±35.7
P	280.9±12.3	174.6±4.55	253.2±5.40	136.8±2.98	130.9±1.77	266±8.55
Fe	2172±110	851.9±4.45	956±13.3	492.4±5.44	1794±76.7	1850±10.2
Si	73.2±3.75	95.39±2.33	101.6±1.51	69.9±0.901	39.38±1.29	37.16±1.61
Zn	147.8±7.01	169.1±1.46	76.77±3.43	165.1±4.84	108.9±2.19	111.9±1.73
B	15.4±0.023	17.72±1.09	17.2±0.043	23.12±0.090	15.91±0.985	21.09±1.26
Co	1.7±0.003	0.89±0.003	0.49±0.001	0.75±0.020	1.72±0.023	1.81±0.019
Cr	2.17±0.035	2.89±0.21	1.52±0.015	4.09±0.089	4.36±0.145	10±0.265
Cu	11.4±0.310	14.22±0.154	8.01±0.034	48.63±2.85	13.37±0.088	21.02±1.08
Mn	163.8±1.15	42.58±1.59	31.56±0.605	37.28±2.39	84.33±2.21	58.1±1.51
Mo	1.08±0.042	2.46±0.008	1.88±0.078	0.36±0.001	0.44±0.003	0.95±0.002
Ni	141.9±2.84	114.3±1.29	254.1±2.10	137.7±1.92	42.25±1.77	64.34±2.08
Se	<0.30	0.44±0.012	0.56±0.025	0.69±0.003	0.45±0.010	0.52±0.018
Sn	<0.90	<0.90	<0.90	1.43±0.021	<0.90	3.35±0.028
Sr	133.6±2.83	166.5±3.15	109.9±1.83	194.3±8.76	418.5±20.8	228.1±1.20
Ti	112.4±3.78	18.86±0.79	31.61±2.21	26.84±1.14	30.38±1.66	39.13±1.81
V	4.1±0.135	1.35±0.037	1.77±0.076	1.71±0.004	5.98±0.044	5.98±.020
As	<0.30	<0.30	<0.30	<0.30	0.57±0.003	0.36±0.002
Hg	<0.10	<0.10	<0.10	<0.10	<0.10	<0.10
Cd	7.6±0.432	2.1±0.020	1.1±0.003	1.55±0.170	3.98±0.103	2.1±0.063
Pb	77.7±0.992	28.56±0.983	15.78±3.06	78.36±1.49	15.78±1.35	32.14±1.29

注："<"表示含量值小于 LOQ

表 5-14　荞麦 6 个不同农业栽培种叶中元素含量（$\bar{x} \pm s$；n=3）

元素	含量/（μg/g）					
	K1	K2	K3	K4	K5	K6
Ca	7481±140	7918±269	7871±113	16260±248	14850±177	12080±271
Na	49.47±1.66	46.5±1.59	44.74±1.56	48.9±2.56	41.82±1.78	54.75±1.31
K	5970±120	5152±86.5	3895±76.5	4579±67	4148±5.90	5447±98.5
Al	1159±10.4	682.9±31.4	419.2±12.6	712±24.3	553.1±12.9	1555±12.5
Mg	2816±34.3	3833±13.8	3599±35.0	6429±210	7545±118	3605±66.5
P	236.9±3.33	195.6±3.89	88.4±2.10	214.8±1.18	433.8±13.4	160.2±9.85

元素	含量/（μg/g）					
	K1	K2	K3	K4	K5	K6
Fe	1064±23.1	234.2±5.33	235.4±10.7	297.5±3.60	100±2.48	1246±8.11
Si	79.63±2.77	227±12.4	238.5±6.65	106.3±2.10	111.8±1.66	66.58±1.07
Zn	104.5±4.80	137.1±3.22	92.52±3.80	94.12±3.90	110.8±6.14	130.5±1.91
B	31.21±1.08	42.67±1.45	30.41±0.091	18.04±0.685	24.42±1.02	27.2±0.711
Co	1.04±0.002	0.7±0.002	0.55±0.001	0.62±0.018	0.67±0.002	1.3±0.027
Cr	1.76±0.012	1.01±0.005	<0.45	0.73±0.002	0.94±0.002	3.3±0.004
Cu	13.07±0.411	15.79±0.661	10.11±0.231	8.53±0.550	8.67±0.084	17.47±0.987
Mn	251.4±1.41	101.3±2.48	156±5.4	206.5±12.6	165.2±1.14	339.8±11.4
Mo	3.2±0.033	7.38±0.014	4.11±0.21	6.6±0.037	4.48±0.019	2.85±0.022
Ni	5.49±0.556	8.87±0.140	6.79±0.085	7.65±0.016	10.8±0.064	7.62±0.164
Se	0.7±0.016	0.67±0.014	0.87±0.027	0.72±0.003	0.77±0.04	0.7±0.038
Sn	<0.90	<0.90	<0.90	<0.90	<0.90	<0.90
Sr	72.12±2.11	72.95±1.21	87.5±2.89	186±10.4	128.8±10.2	114.7±2.67
Ti	51.37±1.77	48.68±3.22	24.23±1.36	28.16±1.51	18.68±1.41	78.21±2.85
V	5.01±0.22	2.09±0.121	1.41±0.052	2.31±0.057	1.54±0.054	6.27±0.029
As	<0.30	<0.30	<0.30	<0.30	<0.30	0.6±0.002
Hg	<0.10	<0.10	<0.10	<0.10	<0.10	<0.10
Cd	9.26±0.009	34.74±0.731	6.86±0.088	25.59±1.83	9.26±0.276	8.44±0.410
Pb	117.7±2.69	393.6±9.95	105.4±1.47	293.5±11.4	73.37±1.22	108.2±2.67

注："<"表示含量值小于 LOQ

第三节　苦荞商品质量评价

苦荞商品总黄酮、芦丁和无机元素含量测定

仪器、试剂与药材：Unicam UV-500 紫外-可见分光光度计（Thermo electron corporation）；W201B 恒温水浴锅（上海申顺生物科技有限公司）；METTLER AE240 电子分析天平（梅特勒-托利多仪器上海有限公司）；Waters2695 高效液相色谱仪（美国 Waters 公司）；6300 Radial 系列 ICP-OES（美国 Thermo 公司）；WX-8000 微波消解仪（上海屹尧分析仪器有限公司）；Milli-Q Gradient 纯水机（美国 Millipore 公司）。芦丁对照品（批号：100080-200707，中国药品生物制品检定所）；无水乙醇、亚硝酸钠、硝酸铝、氢氧化钠、甲醇均为分析纯；元素标准品（中国国家钢铁材料测试中心钢铁研究总院和国家有色金属及电子材料分析测试中心）；生物成分分析标准物质小麦（生物成分分析标准物质，中国地质科学院地球物理地球化学勘查研究所）。苦荞商品来源见表 5-15 和表 5-16。

表 5-15　苦荞商品来源表

样品号	品牌	商品名	产地
S1	西部村寨	如意苦荞酥	四川
S2		苦荞挂面	四川
S3		大凉山苦荞米	四川
S4	来利发	木糖醇无蔗糖天然粗粮苦荞饼干	山东
S5		木糖醇五谷杂粮苦荞麦饼干	山东
S6		木糖醇无蔗糖苦荞威化饼	山东
S7	中膳堂	糖醇麦香味苦荞饼干	广东
S8		糖醇芝麻味苦荞饼干	广东
S9	阿庐	荞丝	云南
S10		荞麦自发粉	云南
S11	强劲奥林	麦芽糖醇苦荞沙琪玛	四川
S12	正中	麦芽糖醇苦荞沙琪玛	四川
S13	元农	木糖醇苦荞沙琪玛	四川
S14	松芳	木糖醇苦荞味沙琪玛	天津
S15	航飞	大凉山苦荞早餐片	四川
S16	三农恋	苦荞面条	山西
S17	雁门清高	苦荞全麦面	四川
S18	金品福	苦荞蛋卷	广东
S19	阿庐	苦荞面条	云南
S20	业康	红豆味苦荞饼干	山东

表 5-16　商品苦荞茶来源表

NO.	品牌	商品名	种类	产地
N1	彝乡人	苦荞茶	节节茶	四川
N2		黑苦荞全株茶	节节茶	四川
N3		黑苦荞全皮茶	节节茶	四川
N4		黑苦荞全胚芽茶	种子茶	四川
N5	三匠	黑苦荞茶	节节茶	四川
N6		黑苦荞全株茶	节节茶	四川
N7		苦荞茶	节节茶	四川
N8		黑苦荞全胚芽茶	种子茶	四川
N9	乐百味	苦荞茶	节节茶	甘肃
N10	本草拾遗	苦荞茶	种子茶	安徽
N11	永昌堂	苦荞茶	种子茶	广东
N12	几木朵	苦荞茶	种子茶	云南
N13	蕾蒙	苦荞茶	种子茶	江苏
N14	麦之汤	苦荞茶	种子茶	北京
N15	君品苑	苦荞茶	种子茶	福建
N16	艺福堂	苦荞茶	种子茶	浙江
N17	雁门清高	苦荞茶	种子茶	山西

1. 总黄酮含量测定

供试品的制备：取样品粉末 0.5 g，加入体积分数 70%的乙醇 21 mL，回流提取 90 min，提取 2 次，过滤，回收溶剂，样品溶液定容至 50 mL。吸取 5 mL 溶液于 10 mL 的比色管中，加 5%亚硝酸钠 0.5 mL，静置 6 min，加 10%硝酸铝 0.5 mL，静置 6 min，加 4%氢氧化钠 4 mL，摇匀，静置 15 min 后作为待测液。

紫外扫描条件：波长范围 310～550 nm；吸光度范围 0.1～2.0；波长间隔 1 nm；石英比色皿厚度 1 cm；扫描 3 次，取光谱数据平均值作为最终样品紫外光谱数据。

结果见表 5-17 和表 5-18。

表 5-17　商品苦荞茶总黄酮含量（mg/g；n=3）

样品编号	总黄酮含量	样品编号	总黄酮含量
N1	9.06±0.11	N10	12.3±0.21
N2	8.35±0.13	N11	8.54±0.15
N3	7.74±0.15	N12	16.8±0.20
N4	8.29±0.12	N13	10.5±0.18
N5	11.2±0.24	N14	13.3±0.28
N6	14.1±0.16	N15	14.0±0.25
N7	13.9±0.18	N16	6.96±0.16
N8	8.34±0.18	N17	10.0±0.15
N9	8.73±0.12		

表 5-18　苦荞食品的总黄酮含量（mg/g；n=3）

样品号	品牌	商品名	产地	总黄酮含量
S1	西部村寨	如意苦荞酥	四川	0.016
S2	西部村寨	苦荞挂面	四川	0.452
S3	西部村寨	大凉山苦荞米	四川	3.110
S4	来利发	木糖醇无蔗糖天然粗粮苦荞饼干	山东	0.066
S5	来利发	木糖醇五谷杂粮苦荞麦饼干	山东	0.128
S6	来利发	木糖醇无蔗糖苦荞威化饼	山东	0.365
S7	中膳堂	糖醇麦香味苦荞饼干	广东	0.306
S8	中膳堂	糖醇芝麻味苦荞饼干	广东	0.252
S9	阿庐	荞丝	云南	0.179
S10	阿庐	荞麦自发粉	云南	1.416
S11	强劲奥林	麦芽糖醇苦荞沙琪玛	四川	0.258
S12	正中	麦芽糖醇苦荞沙琪玛	四川	0.229
S13	元农	木糖醇苦荞沙琪玛	四川	0.484
S14	松芳	木糖醇苦荞味沙琪玛	天津	0.573
S15	航飞	大凉山苦荞早餐片	四川	3.806
S16	三农恋	苦荞面条	山西	2.183
S17	雁门清高	苦荞全麦面	四川	0.812
S18	金品福	苦荞蛋卷	广东	0.241
S19	阿庐	苦荞面条	云南	0.732
S20	业康	红豆味苦荞饼干	山东	0.067

对不同产地、不同品种、不同品牌的苦荞产品中的总黄酮含量进行测定，从结果可以看出，所测的苦荞产品中总黄酮的含量差异明显。航飞大凉山苦荞早餐片、西部村寨大凉山苦荞米的总黄酮含量最高，依次为 3.806 mg/g、3.11 mg/g；总黄酮含量最低的是业康红豆味苦荞饼干、来利发木糖醇无蔗糖苦荞饼干、西部村寨苦荞如意酥，含量依次为 0.067 mg/g、0.066 mg/g、0.016 mg/g；在饼干类产品中，总黄酮含量从高到低依次为：来利发木糖醇无蔗糖苦荞威化饼＞中膳堂糖醇麦香味苦荞饼干＞中膳堂糖醇芝麻味苦荞饼干＞金品福苦荞蛋卷＞来利发木糖醇五谷杂粮苦荞麦饼干＞业康木糖醇红豆味苦荞饼干＞来利发木糖醇无蔗糖+天然粗粮苦荞饼干＞西部村寨如意苦荞酥。在沙琪玛类产品中：总黄酮含量从高到低依次为：松芳木糖醇苦荞味沙琪玛＞元农木糖醇苦荞沙琪玛＞强劲奥林麦芽糖醇苦荞沙琪玛＞正中麦芽糖醇苦荞沙琪玛。在面条类产品中，总黄酮含量从高到低依次为：三农恋苦荞面＞雁门清高苦荞全麦面＞阿庐荞丝＞西部村寨苦荞挂面。

通过商品苦荞茶总黄酮含量测定结果表明：同一厂家生产的苦荞茶总黄酮含量差异不大，不同生产地苦荞茶总黄酮含量差异较大，可能与原料及制作工艺不同有关。

2. 芦丁含量测定

商品苦荞茶的样品制备方法及色谱条件同"荞麦不同种、植株不同部位芦丁含量测定"的方法。结果见表 5-19。

表 5-19 商品苦荞茶芦丁含量测定结果（mg/g；$n=3$）

样品编号	芦丁含量	样品编号	芦丁含量
N1	0.17±0.004	N10	8.22±0.17
N2	0.12±0.004	N11	3.95±0.09
N3	0.11±0.003	N12	14.4±0.20
N4	2.14±0.05	N13	4.58±0.10
N5	0.52±0.02	N14	7.61±0.12
N6	0.45±0.02	N15	9.17±0.19
N7	0.48±0.01	N16	2.36±0.04
N8	6.12±0.11	N17	3.83±0.08
N9	0.34±0.01		

结果表明：苦荞种子经加工制成苦荞茶后芦丁含量明显降低；苦荞茶的生产工艺对芦丁的含量有较大影响，可能是由于节节茶生产过程中加水使芦丁降解。

3. 商品苦荞茶无机元素含量测定

商品苦荞茶无机元素含量测定的样品制备方法及 ICP-OES 仪器方法同"荞麦无机元素含量测定"。结果见表 5-20 和表 5-21。结果表明，不同生产地苦荞茶中 Cd 和 Pb 有较高含量，含量最高分别为 1.435 μg/g、18.38 μg/g；而 Cr、As 在 10 个样品中未被检测出；Hg 在样品 S16 中检测出有较低含量。不同类型苦荞茶全胚芽茶的大部分元素的含量都低于其他几个类型苦荞茶中元素的含量，并且毒性元素 Pb 的含量较高。

表 5-20 不同生产地苦荞茶元素含量 （x̄±s; n=3）

含量/(μg/g)

元素	N1	N9	N10	N11	N12	N13	N14	N15	N16	N17
Ca	765.5±19.9	556±61.6	471.15±22.1	273.05±3.01	310.4±11.4	259.55±14.8	168.3±4.03	228.3±6.15	211.55±8.02	204.3±8.57
Na	142.2±1.98	25.12±1.03	23.78±0.99	11.68±0.24	14.84±0.41	17.08±0.41	12.79±0.343	13.58±0.39	13.43±0.549	13.2±0.634
K	1174.5±28.1	1084.5±28.2	721±31.0	773.5±18.5	768±31.4	682.5±28.6	750±36.2	769±1.79	491.75±5.59	657.5±26.9
Al	246.7±7.62	42.78±2.05	27.18±1.84	59.55±1.60	51.45±2.16	63.55±1.33	34.065±0.65	58.45±1.22	58.75±1.53	39.83±2.69
Mg	901±15.3	976.5±36.1	354.15±18.4	403.55±7.25	623.5±26.7	234.3±6.55	205.95±10.7	432.45±13.4	145.05±8.26	215.3±9.24
P	3646.5±91.5	3960±166	1625±83.3	2692.5±67.3	2989.5±50.8	1610.5±65.1	2100.5±65.1	2708.5±121	1313±58.8	1595±17.5
Fe	72.45±3.47	86.55±1.90	7.31±0.2709	28.05±0.728	20.005±6.02	14.39±0.158	10.26±0.14	12.76±0.25	11.72±0.18	2.58±0.029
Si	143.5±3.71	179.75±9.12	208.95±9.15	35.94±0.65	39.07±1.87	45.925±1.52	34.28±1.19	36.38±3.23	45.965±1.65	31.46±1.45
Zn	26.59±0.48	22.81±0.934	13.77±0.438	19.42±0.60	33.22±1.56	18.30±0.22	13.46±0.29	16.48±0.88	14.32±0.729	11.66±0.326
B	6.52±0.241	7.6±0.114	2.84±0.037	8.595±0.249	8.67±0.364	8.985±0.341	5.68±0.261	9.635±0.163	8.42±0.194	6.24±0.218
Co	0.71±0.036	0.095±0.002	0.525±0.022	0.18±0.007	0.21±0.011	0.59±0.014	0.36±0.008	0.325±0.009	0.11±0.0045	0.32±0.014
Cu	3.73±0.078	3.26±0.089	2.65±0.048	2.65±0.042	3.435±0.065	2.825±0.132	3.00±0.105	2.865±0.063	1.845±0.028	2.575±0.112
Mn	22.77±1.06	16.23±0.78	9.81±0.461	12.69±0.355	13.97±0.569	5.27±0.305	6.755±0.324	8.76±0.376	4.02±0.072	6.115±0.256
Mo	<0.25	1.1±0.531	<0.25	<0.25	<0.25	<0.25	<0.25	<0.25	0.16±0.002	0.06±0.003
Ni	1.91±0.080	1.03±0.043	2.14±0.117	1.69±0.054	1.875±0.061	3.035±0.036	3.07±0.159	1.845±0.061	1.335±0.071	1.76±0.086
Se	<0.3	<0.3	<0.3	<0.3	<0.3	<0.3	<0.3	<0.3	0.015±0.001	0.075±0.004
Sr	2.37±0.688	3.735±0.164	2.78±0.108	2.515±0.090	2.34±0.129	2.67±0.137	2.145±0.101	1.575±0.066	2.265±0.079	1.985±0.093
Ti	1.835±0.033	1.125±0.061	0.65±0.019	0.455±0.015	0.395±0.004	0.855±0.040	0.42±0.018	0.52±0.022	1.42±0.064	0.235±0.005
V	0.205±0.009	0.065±0.001	<0.05	<0.05	<0.05	<0.05	<0.05	<0.05	0.035±0.002	0.005±0.001
Hg	<0.1	<0.1	<0.1	<0.1	<0.1	<0.1	<0.1	<0.1	1.805±0.064	<0.1
Cd	0.225±0.013	0.085±0.020	0.175±0.009	0.155±0.009	0.68±0.017	1.435±0.020	0.215±0.011	0.225±0.034	0.14±0.003	0.075±0.004
Pb	0.965±0.011	1.61±0.085	1.335±0.082	1.61±0.063	2.175±0.161	18.38±0.142	1.065±0.048	1.64±0.078	0.52±0.019	0.305±0.011

注："<"表示含量值小于 LOQ

表5-21　不同类型商品苦荞茶元素含量（$\bar{x}\pm s$；$n=3$）

元素	含量/(μg/g)							
	N1	N2	N3	N4	N5	N6	N7	N8
Ca	765.5±19.9	671.5±26.8	810.5±21.8	183.35±8.41	481.7±26.9	554.5±26.1	337.9±8.09	220±11.2
Na	142.2±1.98	159.25±6.04	125.95±2.45	12.925±0.451	16.82±0.537	21.675±0.345	15.785±0.537	23.455±0.257
K	1174.5±28.1	1264.5±49.2	1224.5±39.1	870±2.2	1707±14.3	1597.5±39.8	1388.5±56.9	856.5±18.8
Al	246.7±7.62	348.5±8.7	258.25±6.19	17.255±0.985	53.75±0.438	65.65±1.44	44.835±1.38	15.835±1.05
Mg	901±15.3	929.5±38.2	907±32.6	353.3±14.8	1365.5±42.2	1341.5±71.1	1151±33.4	503±23.2
P	3646.5±91.5	2239±107	1449±23.1	1124±1.3	1955±41.1	2448±100	2733±87.5	2230.5±33.5
Fe	72.45±3.47	57.05±1.65	54.65±1.25	34.71±0.971	116.55±5.8	101.6±4.65	73.95±3.99	19.7±0.433
Si	143.5±3.71	39.215±2.04	125.55±6.15	36.275±0.615	132.15±2.65	142.75±1.98	50.45±2.42	143.3±3.29
Zn	26.585±0.477	27.365±0.324	27.395±0.411	17.145±0.735	41.08±0.349	44.12±1.36	36.565±1.87	16.98±0.642
B	6.52±0.241	9.365±0.318	5.62±0.123	3.055±0.729	8.495±0.339	11.575±0.207	7.14±0.399	2.665±0.114
Co	0.71±0.036	0.29±0.007	0.21±0.009	0.29±0.012	0.415±0.013	0.4±0.01	0.43±0.012	0.255±0.006
Cu	3.73±0.078	3.62±0.188	3.795±0.106	2.64±0.126	5.375±0.128	5.225±0.109	4.645±0.112	3.14±0.088
Mn	22.77±1.06	21.625±1.07	22.675±0.406	9.44±0.151	34.295±1.43	34.24±1.57	29.065±1.24	14.34±0.653
Mo	0.095±0.005	0.155±0.006	0.225±0.005	0.11±0.004	0.29±0.012	0.315±0.006	0.24±0.007	0.1±0.002
Ni	1.91±0.080	1.99±0.057	2.39±0.100	1.885±0.052	3.275±0.058	3.33±0.056	2.925±0.161	2.72±0.119
Se	<0.30	<0.30	<0.30	<0.30	<0.30	<0.30	<0.30	<0.30
Sr	2.37±0.688	2.075±0.085	2.61±0.121	0.96±0.013	2.415±0.086	2.955±0.044	1.405±0.073	2.4±0.103
Ti	1.835±0.033	0.58±0.030	0.975±0.042	2.465±0.084	1.9±0.091	1.185±0.074	0.795±0.046	0.74±0.045
V	0.205±0.009	0.105±0.002	0.065±0.001	<0.05	0.225±0.002	0.21±0.011	0.195±0.008	<0.05
Cd	0.225±0.013	0.135±0.005	0.285±0.011	0.2±0.001	0.35±0.006	0.64±0.035	0.36±0.009	0.205±0.009
Pb	0.965±0.011	0.81±0.041	6.31±0.082	2.335±0.055	4.51±0.234	10.275±0.475	3.96±0.139	1.33±0.072

注："＜"表示含量值小于LOQ

第四节 掺假苦荞鉴别方法的建立

仪器、试剂与药材：德国 IKA RV10 基本型旋转蒸发仪（德国 IKA 集团）；Nexus 470 傅里叶变换红外光谱仪（美国 Thermo 公司）；JY-02 多功能粉碎机（永康浩瀚工贸有限公司）；SHB-Ⅲ循环水式真空泵（巩义市英峪华科仪器厂）；DHG-9246A 型电热恒温鼓风干燥箱（上海精宏试验设备有限公司）；METTLER TOLEDO TYPE AE240S 分析天平（梅特勒-托利多仪器有限公司）；KQ5200E 型超声波清洗仪（昆山超声仪器有限公司）。Unicam UV-500 紫外-可见分光光度计（Thermo electron corporation）；W201B 恒温水浴锅（上海申顺生物科技有限公司）；Waters Acquity UPLC H-Class system 型超高效液相色谱仪，包括 Acquity UPLC QSM、Acquity UPLC sample Manager FTN、Acquity UPLC PDA detector 和 Empower 3 工作站（美国 Waters 公司）；Milli-Q（美国 Millipore 公司）。溴化钾粉末（美国 PIKE 公司）、无水乙醇、亚硝酸钠、硝酸铝、氢氧化钠均为分析纯；芦丁对照品（批号：MUST-12040302，四川省成都市曼斯特生物科技有限公司）；山柰酚对照品（批号：MUST-11041101，四川省成都市曼斯特生物科技有限公司）；槲皮素对照品（批号：100081-200907，中国食品药品检定研究院）；色谱甲醇（Fisher scientific 公司）；甲醇（分析纯），磷酸（科密欧试剂，色谱纯）。'黔苦 2 号'（E#）、'黔苦 5 号'（F#）、'西荞 1 号'（A#）、'西荞 2 号'（B#）、'川荞 1 号'（C#）、'川荞 2 号'（D#）、均采自成都大学；大麦粉（南阳兴农种业有限公司）；燕麦（广东国泰食品贸易有限公司）；小麦粉（武威市西部粮油土产经销有限责任公司）；苦荞粉（K11 成都人民营养食品厂、K12 三绿有机食品有限公司、K13 天津市港保税区爱信食品有限公司、K14 凉山州跨克苦荞食品有限责任公司、K15 山西雁门清高食业有限责任公司）。

一、苦荞掺兑燕麦粉、小麦粉、大麦粉的红外鉴别研究

供试品的制备：取适量苦荞、小麦粉、大麦粉、燕麦粉分别过 80 目筛，放入电热恒温鼓风干燥箱于 60℃下连续烘 12 h，取出后放入干燥器中冷却至常温。按照大麦、小麦、燕麦的质量百分比为 5%、10%、20%、30%的比例精确称量并均匀混合于苦荞粉中，制得苦荞掺兑样品，放入干燥器中储存待用。①样品粉末直接压片：精密称取 KBr 粉末 200 mg、苦荞掺兑样品 2 mg 于玛瑙研钵中混合均匀并研细，直接压片，放入红外光谱仪中进行检测。②水提浓缩物压片：精密称取已配置好的苦荞掺兑样品 10 g，加入自制蒸馏水 200 mL，超声提取时间为 30 min，超声仪频率为 40kHZ，取上层清液，过滤后放入旋转蒸发仪中，减压浓缩，水浴加热挥干多余水分，即得水提浓缩物。精密称取苦荞掺兑样品的水提浓缩物 2 mg、KBr 粉末 200 mg 于玛瑙研钵中混合均匀并研细，直接压片，放入红外光谱仪中进行检测。

光谱采集和数据处理：DTGS 检测器，扫描波长为 4000～400 cm^{-1}，扫描次数 16 次，光谱分辨率 4 cm^{-1}，扫描时排除 CO_2 和水分的干扰。为了降低压片工艺时的误差，每个样品在玛瑙研钵内研磨均匀后压片平行扫描 3 次，以保证所收集到的光谱更准确可靠，并用 EZ OMNIC 32 软件来处理采集到的光谱图，取 3 次检测到的光谱平均值作为该样品的吸收光谱。

结果表明，6 个不同种苦荞粉在相应吸收波长处的光谱图均能很好地吻合，其相似性

很高，这恰好符合同种植物不同栽培种间的化学成分的种类、含量的差异要远小于不同种植物间的化学成分种类、含量差异的理论（图 5-1）。

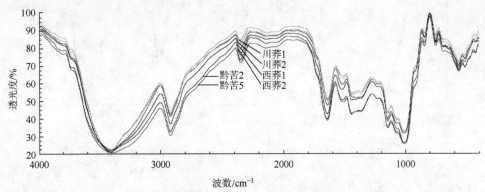

图 5-1　不同种苦荞粉的红外光谱图

从图 5-2～图 5-4 可知，不同掺假比例样品的红外吸收光谱图的峰位、峰型没有明显的差异，相似性很高，在 3100～2800 cm⁻¹ 处出现了—CH 吸收峰；在 3500～3000 cm⁻¹ 范围内出现了—OH 的吸收峰；在 1000 cm⁻¹ 左右出现糖环中 C—C 伸缩振动吸收峰；在 1635 cm⁻¹ 附近出现 C＝O 或 C＝C 的伸缩振动区；在 2400～2300 cm⁻¹ 处红外吸收差异明显，纯苦荞粉的吸收峰偏低，掺假苦荞粉的吸收峰偏高，随着掺假比例的加大，这种现象越明显，3 种掺假苦荞粉的吸收峰强度强弱依次为燕麦、大麦、小麦。

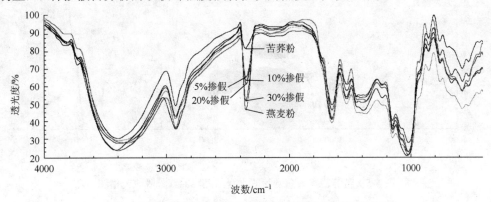

图 5-2　苦荞粉按不同比例掺假燕麦粉的红外吸收光谱图

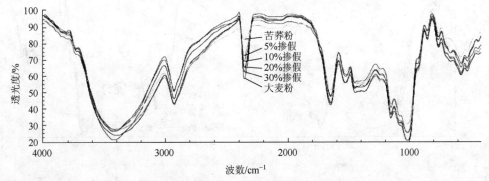

图 5-3　苦荞粉按不同比例掺假大麦粉的红外吸收光谱图

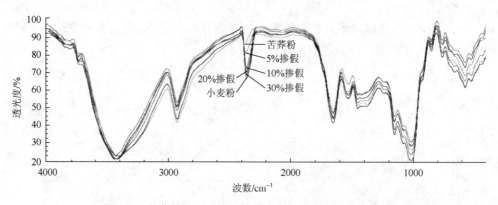

图 5-4　苦荞粉按不同比例掺假小麦粉的红外吸收光谱图

以'西荞 1 号'为代表，按照上述方法制备苦荞掺假粉，并进行水提浓缩物压片，得到不同掺假物种和不同掺假质量百分比的红外吸收光谱图；由图 5-5～图 5-7 可得出，不同比例的掺假样品水提浓缩的红外吸收光谱图无明显差异，均在 $1500\sim1300\ cm^{-1}$ 左右出现 C—H 的弯曲振动区，在 $3500\sim3000\ cm^{-1}$ 附近内出现了—OH 的吸收峰，在 $1000\ cm^{-1}$ 附近出现糖环中 C—C 伸缩振动吸收峰，在 $3100\sim2800\ cm^{-1}$ 左右出现了—CH 的伸缩振动吸收峰；但在 $1650\ cm^{-1}$ 出现的 C=O 或 C=C 伸缩振动区的红外吸收差异明显，纯苦

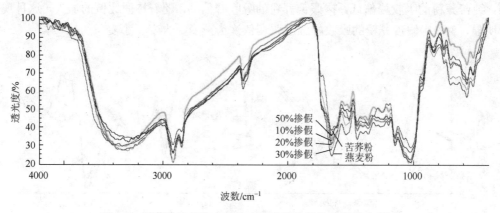

图 5-5　苦荞粉掺假燕麦粉的水提浓缩物的红外吸收光谱图

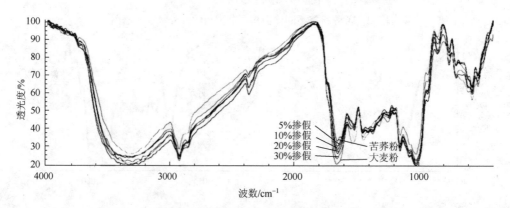

图 5-6　苦荞粉掺假大麦粉的水提浓缩物的红外吸收光谱图

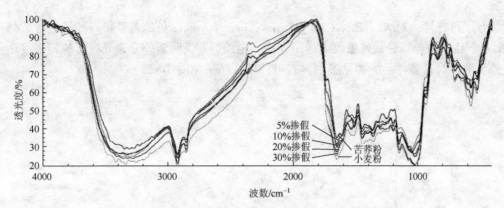

图 5-7　苦荞粉掺假小麦粉的水提浓缩物的红外吸收光谱图

荞粉样品有 2 个吸收峰，而掺假苦荞粉样品只有 1 个吸收峰。另外，3 种掺假苦荞粉样品的吸收峰存在差异，如在 2400～2300 cm^{-1} 处，燕麦和大麦均有 1 个弱吸收峰，且燕麦吸收峰强度比大麦的吸收峰强度强，小麦却没有吸收现象。

二、苦荞掺兑小麦粉、大麦粉的紫外鉴别研究

苦荞粉的掺兑：

11#样品（掺兑 5%大麦粉）：0.475 g A#品种苦荞粉中掺入 0.025 g 大麦粉；

12#样品（掺兑 10%大麦粉）：0.450 g A#品种苦荞粉中掺入 0.050 g 大麦粉；

13#样品（掺兑 20%大麦粉）：0.400 g A#品种苦荞粉中掺入 0.100 g 大麦粉；

14#样品（掺兑 30%大麦粉）：0.350 g A#品种苦荞粉中掺入 0.150 g 大麦粉；

15#样品（掺兑 5%小麦粉）：0.475 g A#品种苦荞粉中掺入 0.025 g 小麦粉；

16#样品（掺兑 10%小麦粉）：0.450 g A#品种苦荞粉中掺入 0.050 g 小麦粉；

17#样品（掺兑 20%小麦粉）：0.400 g A#品种苦荞粉中掺入 0.100 g 小麦粉；

18#样品（掺兑 30%小麦粉）：0.350 g A#品种苦荞粉中掺入 0.150 g 小麦粉。

供试品的制备：取样品粉末 0.5 g，加入体积分数 70%的乙醇 21 mL，回流提取 90 min，提取 2 次，过滤，回收溶剂，样品溶液定容至 50 mL。吸取 3 mL 溶液于 10 mL 的比色管中，加 5%亚硝酸钠 0.5 mL，静置 6 min，加 10%硝酸铝 0.5 mL，静置 6 min，加 4%氢氧化钠 4 mL，摇匀，静置 15 min 后作为待测液。

紫外扫描条件：波长范围 310～550 nm；吸光度范围 0.1～2.0；波长间隔 1 nm；石英比色皿厚度 1 cm；扫描 3 次，取光谱数据平均值作为最终样品紫外光谱数据。

相似度计算公式：采用文献报道的相似度计算公式，相似度计算公式为

$$S = 1 - \frac{1}{n}\sum_{i=1}^{n}\left|\frac{h1i - h2i}{h1i + h2i}\right|$$

式中，S 为 2 个紫外吸收曲线的相似度；n 为 n 个采样点（相似元数，本试验中为 241 个采样点）；h1i、h2i 为 2 个紫外吸收曲线某一对应采样点吸光度。

方法可行性：对 A#、B#、C#、D#、E#、F#6 个不同品种的苦荞粉待测液进行紫外扫描，6 个品种的苦荞粉紫外吸收光谱图存在一定差异，说明紫外分光光度计的精密度达到试验要求，对苦荞样品的掺兑鉴别具有可行性，结果见图 5-8。

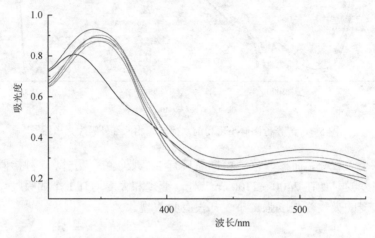

图 5-8　6 个品种苦荞粉的紫外吸收图谱

重复性：取同一样品 6 份按样品制备方法处理后进行紫外扫描，样品间的最小相似度为 0.9708，样品相似度的相对标准偏差为 4.2%，说明方法具有比较好的重复性。

阈值的确定：选用质量稳定的 A#品种的 10 批次（1#～10#）粉末样品为对照品，所有对照品和待测样品都在完全相同的预处理条件和紫外条件下取得紫外吸收曲线数据，求出每一对照品与其他对照样品的吸收曲线相似度，并求出平均值，以其中最小值为相似度阈值。从表 5-22 可以看出，10 个批次的 A#品种为正常样品（1#～10#），彼此之间相似度平均值的最小值为 0.9863，因此，将该值定为该品种苦荞粉的阈值。

掺兑的影响：从图 5-9 和图 5-10 可以看出，当以大麦粉为掺兑物，分别以 5%、10%、20%、30%的比例掺入时，紫外指纹图谱相似度计算结果表明，当掺入 5% 和 10% 的大麦粉时，其相似度的平均值为 0.9571 和 0.9523，明显小于该品种苦荞粉的阈值，但这两种比例的平均相似度较接近。当掺入 20% 的大麦粉时，其平均相似度为 0.9393；当掺入 30% 的大麦粉时，其平均相似度值为 0.8943，随着掺兑比例的增加，其相似度平均值和阈值的差距越明显。同样当分别以 5%、10%、20% 和 30% 的比例掺入小麦粉时，紫外指纹图谱相似度计算结果表明，当掺入 5% 和 10% 的小麦时，其相似度的平均值为 0.9204 和 0.9164，明显超出该品种苦荞粉的阈值，两者掺兑比例的相似度平均值很接近，当掺入 20% 和 30% 的小麦时，其相似度的平均值为 0.8627 和 0.8537，其相似度平均值和阈值的差距越明显。结果表明，当苦荞粉的掺兑质量分数大于 5% 时，紫外指纹图谱相似度能够很好地反映出来。从图中也可明显看出，掺兑 5%、10%、20% 和 30% 的大麦粉，以及掺兑 5%、10%、20% 和 30% 的小麦粉和正常苦荞粉的紫外吸收图谱差异。

表 5-22　苦荞粉紫外指纹图谱相似度

样品编号	1#	2#	3#	4#	5#	6#	7#	8#	9#	10#	11#	12#	13#	14#	15#	16#	17#	18#
1#	1	0.9912	0.9971	0.9928	0.9968	0.9924	0.9936	0.9849	0.9796	0.9815	0.9637	0.9548	0.9416	0.8946	0.9281	0.924	0.8664	0.8537
2#	0.9912	1	0.9886	0.9901	0.9902	0.9977	0.997	0.9901	0.9883	0.9902	0.9565	0.9526	0.9397	0.8952	0.9193	0.9154	0.8629	0.8548
3#	0.9971	0.9886	1	0.9903	0.9954	0.9899	0.9912	0.9827	0.9769	0.9789	0.9666	0.9569	0.9436	0.8953	0.9305	0.9266	0.8684	0.8539
4#	0.9928	0.9900	0.9903	1	0.9918	0.9904	0.9915	0.9812	0.9785	0.9804	0.9577	0.9519	0.9387	0.8923	0.9213	0.9174	0.8636	0.8515
5#	0.9968	0.9902	0.9954	0.9918	1	0.9916	0.9928	0.9857	0.9785	0.9804	0.9656	0.9534	0.9401	0.8931	0.9291	0.9251	0.8643	0.852
6#	0.9924	0.9977	0.9899	0.9904	0.9916	1	0.9979	0.9908	0.9869	0.9888	0.9578	0.9516	0.9387	0.8938	0.9208	0.9168	0.8622	0.8534
7#	0.9936	0.9970	0.9912	0.9915	0.9928	0.9979	1	0.9897	0.9857	0.9876	0.9591	0.9531	0.9401	0.8947	0.9219	0.9179	0.8629	0.8541
8#	0.9849	0.9901	0.9827	0.9812	0.9857	0.9908	0.9897	1	0.9914	0.9918	0.9522	0.9443	0.9316	0.8894	0.9152	0.9112	0.8537	0.8495
9#	0.9796	0.9883	0.9769	0.9785	0.9785	0.9869	0.9857	0.9914	1	0.9969	0.9449	0.9527	0.9400	0.8977	0.9079	0.9039	0.8614	0.8576
10#	0.9815	0.9902	0.9789	0.9804	0.9804	0.9888	0.9876	0.9918	0.9969	1	0.9468	0.9517	0.9392	0.8967	0.9097	0.9058	0.8615	0.8569
平均值	0.9900	0.9923	0.9891	0.9887	0.9903	0.9926	0.9927	0.9888	0.9863	0.9877	0.9571	0.9523	0.9393	0.8943	0.9204	0.9164	0.8627	0.8537

注：1#～10#号为 A#品种的 10 批次质量稳定的正常样品，11#～18#号为掺兑样品

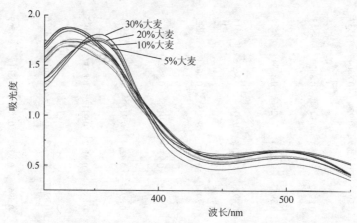

图 5-9　10 个批次 A#品种的苦荞粉和掺兑 5%、10%、20%和 30%的大麦粉的紫外吸收光谱图

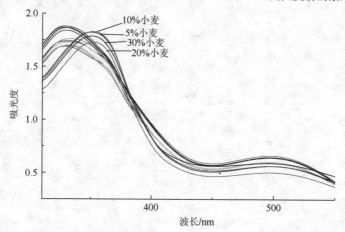

图 5-10　10 个批次 A#品种的苦荞粉和掺兑 5%、10%、20%和 30%的小麦粉的紫外吸收光谱图

三、苦荞掺兑小麦粉、大麦粉的超高效液相鉴别研究

样品：22 批不同来源的苦荞粉样品（成都大学苦荞试验田）；掺兑的大麦粉（南阳兴农种业有限公司）、小麦粉（武威市西部粮油土产经销有限责任公司）；苦荞粉（Z1 成都人民营养食品厂、Z2 三绿有机食品有限公司、Z3 天津市港保税区爱信食品有限公司、Z4 凉山州跨克苦荞食品有限责任公司、Z5 山西雁门清高食业有限责任公司）。

对照品溶液的制备：分别精密称取对照品芦丁 10 mg、槲皮素 1 mg 和山柰酚 1 mg 于 10 mL 容量瓶中，用甲醇定容，配成浓度分别为 1 mg/mL、0.1 mg/mL 和 0.1 mg/mL 的对照品贮备液。

供试品溶液的制备：分别精密称取荞麦样品（过 5 号筛）0.2 g，置于具塞锥形瓶中，加入 70%甲醇 20 mL，在室温条件下超声（250 W，40 kHz）30 min，静置 5 min 后，过滤取滤液，将滤液离心 15 min 取上清液为供试品溶液。进样前用 0.22 μm 有机滤膜过滤。

色谱条件：色谱柱 ACQUITY UPLC HSS T3（1.8 μm，2.1 mm×100 mm）；流动相组成为甲醇（A）-0.1%磷酸水（B）溶液线性梯度洗脱；流速 0.2 mL/min；检测波长 280 nm；进样量 0.8 μL；柱温：30℃；梯度洗脱程序为 0～1 min，40%～45%A；1～3 min，45%～

45% A；3～4 min，45%～65% A；4～7 min，60%～70% A；7～8.5 min，70%～80% A；8.5～10 min，80%～95% A；10～11 min，95% A；11～13 min，95%～100% A；13～15 min，100% A；15～16 min，100%～40% A。

重复性试验：精密称取苦荞粉样品'西荞 1 号'5 份，按照样品溶液制备方法制备供试品溶液并进行测定，以芦丁的相对保留时间为参照，计算得各个共有峰相对保留时间和相对峰面积的相对标准差（RSD）均小于 4%，说明该方法的重复性良好。

精密度试验：精密吸取样品'西荞 1 号'供试品溶液，连续进样 5 次，以芦丁的相对保留时间为参照，计算得各个共有峰相对保留时间和相对峰面积的相对标准差（RSD）均小于 2.7%，说明该仪器精密度良好。

稳定性试验：精密吸取样品'西荞 1 号'供试品溶液分别于 0、4 h、8 h、16 h、32 h 进行测定，以芦丁的相对保留时间为参照标准，每个共有峰的相对保留时间和相对保留峰面积的相对标准差（RSD）均小于 3%，说明该供试液在 32h 内稳定。

苦荞粉 UPLC 指纹图谱的构建：对 22 批次不同来源的苦荞粉按照样品制备方法提取芦丁、槲皮素和山奈酚，按照色谱条件进行超高效液相分析，采集超高效液相色谱图。利用中药色谱指纹图谱相似度评价软件（2004A 版），采用自动匹配方式生成了 22 批苦荞粉样品的指纹图谱（S1～S22），用中位数法生成 22 批苦荞粉样品的对照指纹图谱（R），得到 22 批苦荞粉的指纹图谱的 7 个共有峰，见图 5-11。

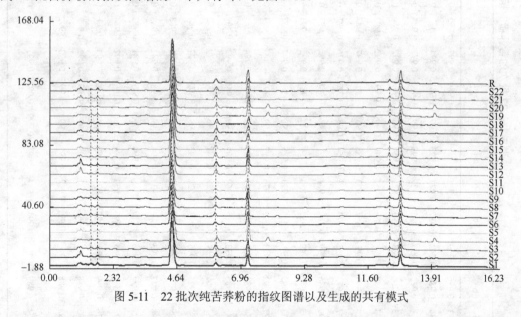

图 5-11　22 批次纯苦荞粉的指纹图谱以及生成的共有模式

苦荞粉 UPLC 指纹图谱的相似度分析：指纹图谱相似度是中药质量控制的一个重要参数，中药指纹图谱相似度常用于中药的真伪鉴别研究和质量控制。本试验利用中药色谱指纹图谱相似度评价系统（2004A 版）对所测样品之间的指纹图谱进行评价，以 22 批纯苦荞粉样品的指纹图谱数据生成对照指纹图谱，并以此对各批次样品的指纹图谱的相似度进行评价。其结果（表 5-23）表明，样品指纹图谱与对照指纹图谱的相似度都大于 0.954，即不同来源的纯苦荞粉样品具有相同的 UPLC 指纹特征。

表 5-23　22 批次的苦荞粉的指纹图谱相似度

编号	S1	S2	S3	S4	S5	S6	S7	S8	S9	S10	S11	S12	S13	S14	S15	S16	S17	S18	S19	S20	S21	S22	对照指纹图谱
S1	1	0.993	0.993	0.986	0.999	0.989	0.954	1	1	0.989	0.992	0.993	0.994	0.981	0.993	0.994	0.994	0.995	0.986	0.99	0.999	0.999	0.999
S2	0.993	1	0.984	0.984	0.992	0.987	0.971	0.993	0.993	0.987	0.994	1	0.999	0.973	0.984	0.983	0.983	0.983	0.984	0.99	0.992	0.992	0.993
S3	0.993	0.984	1	0.973	0.993	0.973	0.927	0.993	0.993	0.973	0.977	0.984	0.985	0.982	1	0.999	0.998	0.999	0.973	0.976	0.993	0.993	0.994
S4	0.986	0.984	0.973	1	0.988	0.993	0.973	0.986	0.986	0.993	0.992	0.984	0.985	0.965	0.973	0.976	0.977	0.977	1	0.999	0.988	0.988	0.989
S5	0.999	0.992	0.993	0.988	1	0.99	0.952	0.999	0.999	0.99	0.992	0.992	0.993	0.98	0.993	0.995	0.995	0.996	0.988	0.99	1	1	1
S6	0.989	0.987	0.973	0.993	0.99	1	0.973	0.988	0.989	1	0.997	0.987	0.985	0.977	0.973	0.979	0.98	0.979	0.993	0.992	0.99	0.99	0.991
S7	0.954	0.971	0.927	0.973	0.952	0.973	1	0.954	0.954	0.973	0.976	0.971	0.969	0.929	0.927	0.93	0.931	0.93	0.973	0.975	0.952	0.952	0.954
S8	1	0.993	0.993	0.986	0.999	0.988	0.954	1	0.989	0.988	0.992	0.993	0.994	0.981	0.993	0.994	0.994	0.994	0.986	0.989	0.999	0.999	0.998
S9	1	0.993	0.993	0.986	0.999	0.989	0.954	0.989	1	0.989	0.992	0.993	0.993	0.994	0.999	0.999	0.998	0.999	0.986	0.99	0.999	0.999	0.991
S10	0.989	0.987	0.973	0.993	0.99	1	0.973	0.988	0.989	1	0.997	0.987	0.985	0.977	0.973	0.979	0.98	0.979	0.993	0.992	0.99	0.99	0.991
S11	0.992	0.994	0.977	0.992	0.992	0.997	0.976	0.992	0.992	0.997	1	0.994	0.992	0.979	0.977	0.981	0.982	0.981	0.992	0.993	0.992	0.993	0.993
S12	0.993	1	0.984	0.984	0.992	0.987	0.971	0.993	0.993	0.987	0.994	1	0.999	0.973	0.984	0.983	0.982	0.983	0.984	0.99	0.992	0.992	0.993
S13	0.994	0.999	0.985	0.985	0.993	0.985	0.969	0.994	0.993	0.985	0.992	0.999	1	0.969	0.984	0.983	0.983	0.983	0.985	0.991	0.993	0.993	0.993
S14	0.981	0.973	0.982	0.965	0.98	0.977	0.929	0.981	0.994	0.977	0.979	0.973	0.969	1	0.982	0.988	0.989	0.984	0.965	0.966	0.98	0.98	0.981
S15	0.993	0.984	1	0.973	0.993	0.973	0.927	0.993	0.999	0.973	0.977	0.984	0.984	0.982	1	0.999	0.999	0.999	0.973	0.976	0.993	0.993	0.994
S16	0.994	0.983	0.999	0.976	0.995	0.979	0.93	0.994	0.999	0.979	0.981	0.983	0.983	0.988	0.999	1	1	0.999	0.976	0.978	0.995	0.995	0.995
S17	0.994	0.983	0.998	0.977	0.995	0.98	0.931	0.994	0.998	0.98	0.982	0.982	0.983	0.989	0.999	1	1	0.999	0.977	0.979	0.995	0.995	0.996
S18	0.995	0.983	0.999	0.977	0.996	0.979	0.93	0.994	0.999	0.979	0.981	0.983	0.984	0.984	0.999	0.999	0.999	1	0.977	0.979	0.996	0.996	0.996
S19	0.986	0.984	0.973	1	0.988	0.993	0.973	0.986	0.986	0.993	0.992	0.984	0.985	0.965	0.973	0.976	0.977	0.977	1	0.999	0.988	0.988	0.989
S20	0.99	0.99	0.976	0.999	0.99	0.992	0.975	0.989	0.99	0.992	0.993	0.99	0.991	0.966	0.976	0.978	0.979	0.979	0.999	1	0.99	0.99	0.991
S21	0.999	0.992	0.993	0.988	1	0.99	0.952	0.999	0.999	0.99	0.992	0.992	0.993	0.98	0.993	0.995	0.995	0.996	0.988	0.99	1	1	1
S22	0.999	0.992	0.993	0.988	1	0.99	0.952	0.999	0.999	0.99	0.993	0.992	0.993	0.98	0.993	0.995	0.995	0.996	0.988	0.99	1	1	1
对照指纹图谱	0.999	0.993	0.994	0.989	1	0.991	0.954	0.998	0.991	0.991	0.993	0.993	0.993	0.981	0.994	0.995	0.996	0.996	0.989	0.991	1	1	1

1. 掺假大麦粉后的指纹图谱比较分析

因大麦粉中不含有芦丁等黄酮类物质，故拟在纯苦荞粉中掺入大麦粉，苦荞粉中的黄酮类成分含量会降低。因此本试验模拟制备 6 个掺兑 2%、5%、10%、15%、20%、25% 的大麦粉的苦荞粉样品。按照样品提取方法提取这些样品中的黄酮类化合物，并按照所建立的色谱条件进行超高效液相指纹分析（表 5-24 和图 5-12）。

表 5-24　7 个不同种的纯苦荞粉与掺假大麦粉的相对共有峰面积

编号	1	2	3	4	5	6	7	8
A1	0.0560	0.0416	0.0353	1.0000	0.0759	0.0990	0.0859	0.4088
A2	0.0684	0.0453	0.0304	1.0000	0.0788	0.2389	0.1921	0.6328
A3	0.1520	0.0589	0.0386	1.0000	0.0689	0.1391	0.1990	0.7036
A4	0.2093	0.0761	0.0670	1.0000	0.0764	0.0638	0.1524	0.6333
A5	0.2439	0.0759	0.0734	1.0000	0.0720	0.1052	0.1600	0.6483
A6	0.3552	0.0842	0.0722	1.0000	0.0760	0.1100	0.1788	0.7559
'西荞 2 号'	0.0492	0.0205	0.0227	1.0000	0.0781	0.0941	0.0552	0.1688
'黔苦 5 号'	0.1506	0.0249	0.0262	1.0000	0.0756	0.2354	0.1249	0.1628
'野咸 3 号'	0.0484	0.0287	0.0284	1.0000	0.0626	0.2715	0.1333	0.1733
'云南旱苦'	0.0519	0.0162	0.0294	1.0000	0.0617	0.1572	0.1231	0.1595
'川荞 2 号'	0.0541	0.0153	0.0249	1.0000	0.0593	0.2533	0.1689	0.2417
'川荞 1 号'	0.0753	0.0372	0.0327	1.0000	0.0487	0.1604	0.1150	0.1739
'西荞 1 号'	0.0424	0.0654	0.0297	1.0000	0.0846	0.5013	0.0283	0.2620

注：A1～A6 依次为掺入 2%、5%、10%、15%、20%、25%大麦粉的苦荞粉

由图 5-12 可知，S1～S7 为纯苦荞粉，S8～S13 为掺假大麦的苦荞粉，在大约 14 min 处，掺假苦荞粉都出现了纯苦荞粉不具有的峰，并以此作为苦荞粉是否掺假大麦粉的鉴别依据。

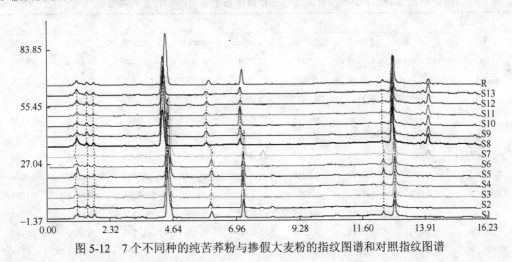

图 5-12　7 个不同种的纯苦荞粉与掺假大麦粉的指纹图谱和对照指纹图谱

从图 5-13 可知：'西荞 2 号'、'黔苦 5 号'、'野咸 3 号'、'川荞 1 号'、'云南旱苦'、'川荞 2 号'可划分为一类，这一类皆是纯苦荞粉；A1、A2、A3、A4、A5、A6 可划分

为一大类，这一类皆为掺假大麦粉的苦荞粉。由此，当掺假量达到2%时掺假大麦粉的苦荞粉与纯苦荞粉被明显的区分开。

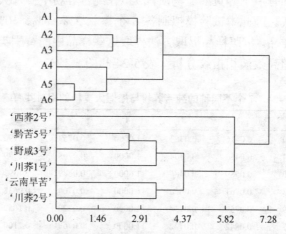

图 5-13　纯苦荞粉与掺假大麦粉的聚类分析树状图

2. 掺假小麦粉后的指纹图谱比较分析

因小麦粉中不含有芦丁等黄酮类物质，故可以向纯苦荞粉中掺入小麦粉，苦荞粉中的黄酮类成分含量会降低。因此本试验模拟制备 6 个掺假 2%、5%、10%、15%、20%、25%的小麦粉的苦荞粉样品。按照上述方法提取这些样品中的黄酮类化合物，并按照所建立起来的色谱条件进行超高效液相指纹分析（表 5-25 和图 5-14）。根据色谱峰的相对峰面积组成的矩阵采用 DPS 软件以规格化转换-兰氏距离-可变平均法对数据进行标准化统计分析，所得的聚类分析树状图见图 5-15。

表 5-25　7 个不同种的纯苦荞粉与掺假小麦粉的相对共有峰面积

编号	1	2	3	4	5	6	7	8
B1	0.0726	0.0652	0.0506	1.0000	0.0822	0.2620	0.1321	0.4926
B2	0.0833	0.0669	0.0552	1.0000	0.0788	0.2609	0.1666	0.5328
B3	0.1260	0.0669	0.0639	1.0000	0.0763	0.1537	0.1829	0.5777
B4	0.0582	0.0385	0.0447	1.0000	0.0717	0.1400	0.1667	0.6427
B5	0.0156	0.0643	0.0719	1.0000	0.0625	0.0401	0.1427	0.6245
B6	0.1661	0.0630	0.0757	1.0000	0.0780	0.0737	0.2346	0.7624
'西荞 2 号'	0.0492	0.0205	0.0227	1.0000	0.0781	0.0941	0.0552	0.1688
'黔苦 5 号'	0.1506	0.0249	0.0262	1.0000	0.0756	0.2354	0.1249	0.1628
'野咸 3 号'	0.0484	0.0287	0.0284	1.0000	0.0626	0.2715	0.1333	0.1733
'云南旱苦'	0.0519	0.0162	0.0294	1.0000	0.0617	0.1572	0.1231	0.1595
'川荞 2 号'	0.0541	0.0153	0.0249	1.0000	0.0593	0.2533	0.1689	0.2417
'川荞 1 号'	0.0753	0.0372	0.0327	1.0000	0.0487	0.1604	0.1150	0.1739
'西荞 1 号'	0.0424	0.0654	0.0297	1.0000	0.0846	0.5013	0.0283	0.2620

注：B1～B6 依次为掺入 2%、5%、10%、15%、20%、25%小麦粉的苦荞粉

由图 5-14 可知，S1～S7 为纯苦荞粉，S8～S13 为掺假小麦的苦荞粉，在大约 14 min 处，掺假苦荞粉都出现了纯苦荞粉不具有的峰，并以此作为苦荞粉是否掺假小麦粉的鉴别依据。

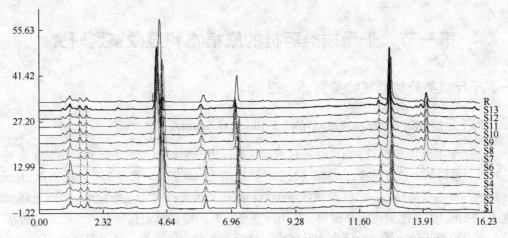

图 5-14　7 个不同种的纯苦荞粉与掺假小麦粉的指纹图谱和对照指纹图谱

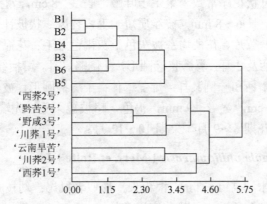

图 5-15　纯苦荞粉与掺假小麦粉的聚类分析树状图

从图 5-15 可知：'西荞 2 号'、'西荞 1 号'、'黔苦 5 号'、'野咸 3 号'、'川荞 1 号'、'云南旱苦'、'川荞 2 号' 可划分为一类，这一类皆是纯苦荞粉；B1、B2、B3、B4、B5、B6 可划分为一大类，这一类皆为掺假大麦粉的苦荞粉。由此，当掺假量达到 2%时掺假小麦粉的苦荞粉与纯苦荞粉被明显的区分开。S1～S7 为纯苦荞粉，S8～S13 为掺假大麦的苦荞粉，在大约 14 min 处，掺假苦荞粉都出现了纯苦荞粉不具有的峰，并以此作为苦荞粉是否掺假大麦粉的鉴别依据。

第六章　千斤拔类药材的资源开发与利用研究

第一节　千斤拔类药材的原植物和显微鉴别研究

一、千斤拔类药材原植物鉴别（彩图 50）

1. 大叶千斤拔 *Moghania macrophylla*（Willd.）O. Kuntze

　　直立灌木，高 0.8～2.5 m。幼枝有明显纵棱，密被紧贴丝质柔毛。叶具指状 3 小叶；托叶大，披针形，长可达 2 cm，先端长尖，被短柔毛，具腺纹，常早落；叶柄长 3～6 cm，具狭翅，被毛与幼枝同；小叶纸质或薄革质，顶生小叶宽披针形至椭圆形，长 8～15 cm，宽 4～7 cm，先端渐尖，基部楔形；基出脉 3 条，两面除沿脉上被紧贴的柔毛外，通常无毛，下面被黑褐色小腺点，侧生小叶稍小，偏斜，基部一侧圆形，另一侧楔形；小叶柄长 2～5 mm，密被毛。总状花序常数个聚生于叶腋，长 3～8 cm，常无总梗；花多而密集；花梗极短；花萼钟状，长 6～8 mm，被丝质短柔毛，裂齿线状披针形，较萼管长 1 倍，下部一枚最长，花序轴、苞片、花梗均密被灰色至灰褐色柔毛；花冠紫红色，稍长于萼，旗瓣长椭圆形，具短瓣柄及 2 耳，翼瓣狭椭圆形，一侧略具耳，瓣柄纤细，龙骨瓣长椭圆形，先端微弯，基部具长瓣柄和一侧具耳；雄蕊二体；子房椭圆形，被丝质毛，花柱纤细。荚果椭圆形，长 1～1.6 cm，宽 7～9 mm，褐色，略被短柔毛，先端具小尖喙；种子 1～2 粒，球形光亮黑色。花期 6～9 月，果期 10～12 月。

2. 蔓性千斤拔 *Moghania philippinensis*（Merr. et Rolfe）Li

　　直立或披散亚灌木，高 1～2 m；根粗长，形似老鼠尾；幼枝具棱，被柔毛。托叶宿存；小叶柄极短，密被短柔毛。总状花序通常长 2～2.5 cm，各部密被灰褐色至灰白色柔毛；苞片狭卵状披针形；萼裂片披针形，远较萼管长，被灰白色长伏毛；旗瓣基部两侧具不明显的耳，翼瓣镰状，基部具瓣柄及一侧具微耳。

3. 球穗千斤拔 *Moghania strobilifera*（Linn.）Ait.

　　直立或蔓延状小灌木，高 0.3～3 m。小枝密被灰色至灰褐色柔毛。单叶互生，近革质，卵形、卵状椭圆形或长圆形，长 6～15 mm，宽 3～7 cm，先端渐尖、钝或急尖，基部圆形或微心形，两面除中脉或侧脉外无毛或几无毛，侧脉每边 5～9 条；叶柄长 0.3～1.5 cm，密被毛；托叶线状披针形，长 0.8～1.8 cm，宿存或脱落。小聚伞花序包藏于杯状苞片内，再排成总状或复总状花序，花序长 5～11 cm，序轴密被灰褐色柔毛；杯状苞片纸质至近膜质，长 1.2～3 cm，宽 2～4.4 cm，先端截形或圆形，微凹形或有细尖，两面多少被长硬毛，边缘具缘毛。花小；花梗长 1.5～3 mm；花萼微被短柔毛，萼齿卵形，略长于萼管，花冠伸出萼外。荚果椭圆形、膨胀，长 6～10 mm，宽 4～5 mm，略被短柔毛；常黑褐色。

4. 宽叶千斤拔 *Moghania Latifolia* Benth.

直立灌木，高 1～2 m。幼枝三棱柱形，密被锈色贴伏绒毛；叶柄被灰色短柔毛；顶生小叶椭圆形或椭圆状披针形，偶为倒卵形，长 8～14 cm，宽 4～6 cm，稀更长或更宽，先端渐尖或急尖，基部宽楔形或圆形，两面被短柔毛，下面沿脉上较密，密被黑褐色腺点；侧生小叶偏斜，宽披针形，基部一侧圆形，另一侧狭楔形，基出脉常 4 条；密被锈色绒毛。总状花序腋生或顶生，1～3 个簇生于同一叶腋内，长 3～11 cm，密被锈色绒毛；苞片椭圆形或椭圆状披针形，长 0.7～1 cm，先端常钝，外面密被锈色绒毛；旗瓣倒卵形或倒卵状椭圆形，翼瓣微倒卵状长圆形至倒卵状长圆形，微弯，具细长瓣柄和向下的尖耳，龙骨瓣较翼瓣宽，半圆形，亦具长瓣柄和细尖耳。荚果膨胀，被锈色绒毛。

5. 腺毛千斤拔 *Moghania glutiaosa*（Prain）Y. T. Wei et S. Lee

直立亚灌木，高 0.4～1 m，常多分枝。小枝圆柱形，密被基部膨大的金黄色长腺毛和灰色绒毛；托叶具纵纹，先端长尖，通常宿存；叶柄无翅，具细纵棱，被绒毛及腺毛；顶生小叶椭圆形，长 4～9 cm，宽 1.5～3 cm，上面被短柔毛或偶夹杂稀疏长柔毛，下面被短柔毛并密被红褐色小腺点；侧生小叶被短柔毛。圆锥花序顶生或腋生，长 1.5～5 cm，初时密被金黄色、基部膨大的长腺毛及绒毛；总花梗长 1 至数厘米；花小，长 5～7 mm，常密集于分枝上端。苞片小，卵形至卵状披针形，密被灰色至灰黄色短柔毛；花梗极短；花萼与花梗均密被灰色绒毛；花冠黄色，与花萼等长或稍伸出萼外，长 5～11 cm，花序轴密被灰褐色柔毛；杯状苞片纸质至近膜质，长约 5 mm；龙骨瓣近半圆形，先端尖，具细瓣柄。荚果椭圆形，长 1～1.4 cm，宽 0.5～0.7 cm，先端有小凸尖，被基部扩大的淡黄色腺毛；种子黑褐色。

特征性区别：大叶千斤拔的根粗大，叶柄具狭翅，幼枝等密被紧贴丝质柔毛，花序轴等被灰色或灰褐色柔毛；蔓性千斤拔的根细长，花序各部被灰褐色至灰白色柔毛；球穗千斤拔与其他 4 种千斤拔区别较为明显，植株较矮，为小灌木，叶片近革质；宽叶千斤拔的叶片宽卵形；腺毛千斤拔的小枝、花序等密被基部膨大的金黄色长腺毛和灰色柔毛，果实基部膨大的被淡黄色腺毛。

二、千斤拔类药材显微鉴别（彩图 51～彩图 54）

1. 大叶千斤拔

根横切面：木栓层由 5～6 列细胞组成，细胞切向延长，排列整齐，外被落皮层。皮层狭窄，散在紫红色石细胞。韧皮部窄，韧皮薄壁细胞中内含红棕色团块物和石细胞，韧皮纤维成束。形成层不明显。木质部宽广，约占横切面的 5/7，导管大型，由多个径向稀疏排列成放射状或单个散在；木纤维成束。射线由 3～6 列细胞组成，细胞中有的内含红棕色内含物。薄壁细胞中含有淀粉粒、色素物质及草酸钙方晶。

茎横切面：不规则 5 波状凸起，表皮为 1 列排列紧密方形细胞，有绿色或紫红色内含物，外被角质层，外被单细胞或 2～3 个细胞组成的非腺毛。皮层较窄，由 4～5 列类圆形的大型薄壁细胞组成，薄壁细胞中含有棕色团块物，皮层中散在大量石细胞，石细胞细胞壁薄，层纹不明显。维管束较窄。韧皮部狭窄，由韧皮薄壁细胞、韧皮纤维和筛管分子构成，散在较多石细胞，大量薄壁细胞中有棕色内含物，大型的薄壁细胞中含有紫红色团块物；韧皮纤维束2～3列，波状成环。导管放射状排列，在茎的波状凸起处有大型导管，2～5个排成列，其余为小型导管1～2组成；射线短，为3～5列细胞组成。髓部宽广。皮层、韧皮部、髓部薄壁细胞含有紫红色色素，散在草酸钙方晶。

　　叶横切面：为异面叶，上表皮为类长方形细胞，稍大型；下表皮细胞较小，可见气孔；上下表皮外被角质层，上表皮被由2个细胞组成的非腺毛。栅栏组织细胞为1～2列，排列紧密，不通过主脉；海绵组织细胞排列疏松，2～3列，内含棕色内含物；可见侧脉维管束。海绵组织细胞和侧脉的薄壁细胞中可见草酸钙方晶。主脉维管束外韧型，呈半圆形，韧皮部细胞小型，导管1～2个排成列，主脉下方有8～9列薄壁细胞，上方有4～5列薄壁细胞，下表皮可见非腺毛；上表皮、下表皮和海绵组织细胞中含有紫红色色素颗粒和草酸钙方晶。

　　叶柄横切面：为类方形，波状5凸起，两侧有叶翼；表皮为1列类长方形细胞，内含棕色内含物，外被由单细胞或2～3个细胞组成的非腺毛。维管束12～16束环列，外韧型，韧皮薄壁细胞内含绿色、棕色内含物，韧皮纤维束2～4列，波状成环。形成层不明显。导管单个或2～3个排列成列。韧皮射线细胞为2～3列。髓部宽广，由大型类圆形薄壁细胞组成，内含紫红色内含物。叶翼上下表皮中含棕色内含物，被角质层，下表皮可见非腺毛。叶翼皮层中可见侧脉维管束。

2. 宽叶千斤拔

　　根横切面：①侧根形成部位的薄壁细胞含有大量红棕色团块物。②草酸钙方晶较少。
　　茎横切面：①茎圆形，3凸起。②维管束较大型，有20～22个。③韧皮纤维束呈帽状。④形成层为2～3列，切向延长。⑤草酸钙方晶较少。
　　叶横切面：①叶肉组织中含有紫红色色素颗粒、棕色团块物，草酸钙方晶较少。②栅栏组织约占叶肉横切面的2/3。
　　叶柄横切面：①波状5凸起，蝴蝶状。②韧皮纤维束呈帽状，排列呈环。③表皮外被非腺毛、腺毛。

3. 腺毛千斤拔

　　根横切面：①木栓层6～8列细胞组成。木栓细胞内可见草酸钙方晶。②皮层散在较多紫红色石细胞。③木质部导管木化程度较高，木纤维成束，较多。④射线宽广，较长，细胞从木质部中心到外逐渐变大型，由3～6列细胞构成。⑤薄壁细胞中含有较多淀粉粒、色素物质及草酸钙方晶。
　　茎横切面：①茎圆形。②表皮外被腺毛和非腺毛，腺毛的头部细胞由10余个细胞组成，柄部由单细胞组成。③薄壁细胞中色素草酸钙方晶较多，棕色团块物较少。
　　叶横切面：①表皮外被腺毛和非腺毛。②薄壁细胞中色素草酸钙方晶较多，棕色团块物较少。

叶柄横切面：①为类圆形，波状稍凸起。②表皮外被非腺毛和腺毛。③髓部宽广，由大型类圆形薄壁细胞组成，内含紫红色内含物较多。

三、粉末鉴别（彩图 55）

1. 大叶千斤拔

根：土黄色。①纤维成束或单个，细长，微弯曲，壁厚，微木化，胞腔线形；纤维束周围的细胞中常含有草酸钙方晶，形成晶鞘纤维；含晶细胞的壁厚，微木化或非木化。②薄壁细胞圆形或椭圆形，多破碎。③木薄壁细胞长方形或类方形，壁稍厚，具细小单纹孔。④色素块灰棕色、红棕色，形状不一。⑤孔纹导管，较大，多破碎，微呈黄色；纹孔较密，椭圆形；少数为网纹导管。⑥木栓细胞黄棕色。表面观呈五边形，壁厚。⑦石细胞灰色或棕色，类圆形或不规则形，孔沟不明显。⑧淀粉粒，多见单粒，亦见复粒。

茎：草绿色。①表皮组织细胞长方形，棕色、灰白色，较多；表皮细胞上着生非腺毛。②薄壁细胞圆形或椭圆形，多破碎。③纤维组织碎片单个或成束，细长，壁稍厚，微木化，胞腔线形。④孔纹导管，多破碎，微呈黄色；纹孔较密，椭圆形；少数为网纹导管；木纤维壁厚，长，胞腔线性。⑤木薄壁细胞壁厚，孔纹明显；纤维束外面的薄壁细胞中常含草酸钙方晶，形成晶鞘纤维。⑥草酸钙方晶灰白色，较多。⑦石细胞灰色或棕色，类方形，壁厚，木化，胞腔大，孔沟明显。⑧色素团块红棕色或棕色，较多。

叶：嫩绿色。①上表皮细胞类长边形，切向延长，表面观呈类多边形；下表皮细胞垂周壁波状弯曲，可见气孔，平轴式；表皮上着生单细胞组成非腺毛；多见非腺毛着生痕迹；表皮细胞中含有草酸钙方晶。②栅栏组织多破碎，细胞长方形，排列紧密。③海绵组织细胞圆形，多破碎。④纤维薄壁细胞中有草酸钙方晶形成晶鞘纤维。⑤导管多为梯纹。⑥草酸钙方晶灰白色，长方形或多边形，较多。⑦色素团块红棕色或灰棕色，较多。

2. 宽叶千斤拔

根：①粉末灰白色。②棕色团块物较多。③草酸钙方晶较少。④淀粉粒较多。

茎：①粉末淡绿色。②非腺毛多为弯曲呈"S"形。③草酸钙方晶较少。

叶：①粉末草绿色。②非腺毛多为弯曲呈"S"形。③草酸钙方晶较少。④棕色团物较少。⑤导管多为网纹。

3. 腺毛千斤拔

根：①粉末灰色。②棕色团块物较多。③草酸钙方晶较多。④淀粉粒较多。

茎：①粉末浅黄色。②非腺毛多为弯曲呈"S"形。③草酸钙方晶较多。

叶：①粉末深绿色。②非腺毛较多。③草酸钙方晶较多。④棕色团物较少。⑤淀粉粒较多。

区别性特征：千斤拔根、茎、叶、叶柄组织切片中均可见草酸钙方晶和大量棕色或红棕色内含物；根、茎、叶粉末鉴别中均可见韧皮纤维成束、草酸钙方晶、红棕色团块物存在。大叶千斤拔和宽叶千斤拔根、茎、叶、叶柄组织切片中草酸钙方晶比腺毛千斤拔中的少，宽叶千斤拔更少。宽叶千斤拔叶的组织切片中栅栏组织宽广，约占叶肉横切面的 2/3。腺毛千斤拔茎和叶的组织切片中含有腺毛和较多较长的非腺毛，根、茎、叶粉末中草酸钙方晶随处可见。

第二节　千斤拔类药材有效成分的含量比较研究

对不同种千斤拔药材中多糖、总黄酮、鞣质、β-谷甾醇等的含量进行比较研究，试验中选取了大叶千斤拔、蔓性千斤拔、球穗千斤拔、宽叶千斤拔、腺毛千斤拔 5 个品种进行分析。

（1）大叶千斤拔根中总黄酮、叶中多糖的含量较高，根和茎中多糖、茎中鞣质的含量较低；蔓性千斤拔根和茎中多糖、叶中总黄酮，茎和叶中 β-谷甾醇的含量较高；球穗千斤拔茎中总黄酮的含量较高，叶中总黄酮，根、叶中鞣质，根、茎中 β-谷甾醇的含量较低；宽叶千斤拔叶中多糖、根和茎中鞣质的含量较高，根中总黄酮的含量较低；腺毛千斤拔叶中鞣质的含量较高，茎中总黄酮的含量较低。

（2）根中有效成分总黄酮、鞣质、多糖和 β-谷甾醇的含量都保持在比较高的水平上，说明传统以根入药有其物质基础；同时也表明其叶中多糖的含量与根的高很多，茎中 β-谷甾醇的含量与根的接近或更高。

（3）不同产地千斤拔的 4 种有效成分含量高低不完全统一，但是仍然可以看出以下规律：购于四川成都药材市场云南产的大叶千斤拔中总黄酮、多糖的含量较高；采于四川华西植物园的大叶千斤拔鞣质、β-谷甾醇的含量较高；采于湖北宜昌夷陵区的蔓性千斤拔总黄酮、β-谷甾醇含量较高；采于广西恭城的蔓性千斤拔中多糖含量较高；购于深圳解放路广东产的鞣质含量较高。

仪器、试剂与药材：Lab Alliance 分离系统；ELSD model 200 检测器；N2000 色谱工作站；Waters2695 高效液相色谱仪；Waters2996 检测器；Empower 色谱工作站；Unicam UV-500（Thermo electron corporation）紫外-可见分光光度计；GoA 型电热真空干燥箱（天津市东郊机械加工厂）；RE-52A 型旋转蒸发器（上海亚荣生化仪器厂）；KQ-250B 型超声波清洗器（昆山市超声仪器有限公司）；METTLER AE240 电子分析天平（梅特勒-托利多仪器上海有限公司）；β-谷甾醇（110851-200403，中国药品生物制品检定所）；芦丁（100080-200306，中国药品生物制品检定所提供，含量测定用）；没食子酸（110831-200302，中国药品生物制品检定所提供，含量测定用）；（+）葡萄糖（AR，105℃干燥至恒重）；乙腈、甲醇为色谱纯（美国迪玛公司）；水为重蒸水；高氯酸、钨酸钠、硫酸锂、钼酸钠、冰醋酸、无水乙醇等均为分析纯；试验所用药材，室温阴干，经刘圆教授、戴斌副教授、彭朝忠副教授鉴定，来源见表 6-1。

表 6-1　千斤拔药材来源

样品	品种	产地	来源	海拔/m	日期
S1	大叶千斤拔	四川	采于四川华西植物园	500	2007.4
S2	大叶千斤拔	广西	采于广西金秀三江	1010	2007.5
S3	大叶千斤拔	云南	购于四川成都药材市场	不明	2007.5
S4	大叶千斤拔	广东	购于广东清平市场	不明	2007.7

样品	品种	产地	来源	海拔/m	日期
S5	大叶千斤拔	广东	购于深圳罗湖区	不明	2007.5
S6	大叶千斤拔	四川	购于四川成都	不明	2007.5
S7	蔓性千斤拔	广西	采于广西恭城	1583	2007.5
S8	蔓性千斤拔	湖北	采于湖北宜昌夷陵区	239	2007.4
S9	蔓性千斤拔	广西	采于广西南宁江西老	75	2007.4
S10	蔓性千斤拔	广西	采于广西象州	980	2007.4
S11	蔓性千斤拔	广东	购于深圳解放路	不明	2007.5
S12	蔓性千斤拔	广西	采于广西金秀三江	504	2004.4
S13	蔓性千斤拔	广西	采于广西金秀三江	490	2008.4
S14	蔓性千斤拔	广西	采于广西恭城	1592	2008.4
S15	蔓性千斤拔	广西	采于广西恭城	1574	2007.11
S16	蔓性千斤拔	江西	购于江西南昌市药店	不明	2007.5
S17	蔓性千斤拔	四川	购于广东深圳泽南路	不明	2007.5
S18	蔓性千斤拔	云南	购于江西南昌市药店	不明	2007.5
S19	蔓性千斤拔	江西	购于江西南昌市药店	不明	2007.5
S20	球穗千斤拔	广西	采于广西恭城	1580	2008.3
S21	球穗千斤拔	广西	采于广西	500	2007.9
S22	宽叶千斤拔	广西	采于广西	510	2008.4
S23	腺毛千斤拔	广西	采于广西	570	2008.4

一、多糖的含量测定

目前中药多糖的研究越来越受到人们的重视，不仅可以作为广谱免疫促进剂，具有免疫调节功能，还具有抗肿瘤、抗病毒、抗炎、降血糖、降血脂、抗辐射等方面药理作用，表明千斤拔多糖具有较大的应用前景。本试验拟采用苯酚-硫酸法显色，通过紫外-可见分光光度法测定多糖的含量。

多糖的提取与精制：精密称取千斤拔药材粉末（过 24 目）100 g，置 2000 mL 具圆底烧瓶中，加入石油醚（沸程 30～60℃）1200 mL，回流 3 h，过滤。石油醚洗涤滤渣，挥去石油醚，滤渣加入乙醚 1200 mL，回流 5 h，用乙醚洗涤药渣，挥去乙醚，滤渣加入 95%乙醇 1200 mL，回流 5 h，过滤，乙醇洗涤滤渣，挥去乙醇，滤渣精密加入蒸馏水 1800 mL，回流 3 次，每次 2 h，过滤，用水洗涤滤渣，合并滤液。滤液用 3.0%过氧化氢脱色，sevage 法除去蛋白质后，滤液浓缩后加入乙醇使醇浓度为 90%，静置 8 h，抽滤，滤渣依次用无水乙醇、丙酮、乙醚多次洗涤，40℃真空干燥至恒重。即得千斤拔多糖。

葡萄糖标准溶液的制备：精密称取干燥至恒重的葡萄糖标准品 70 mg，置 100 mL 容量瓶中，加蒸馏水至刻度，配成质量浓度为 700 μg/mL 的对照品溶液。

标准曲线的绘制：分别精密吸取对照品溶液 1.0 mL、1.5 mL、2.0 mL、2.5 mL、3.0 mL、

3.5 mL 置 50 mL 容量瓶中，稀释至刻度，再精密吸取 2.0 mL 于具塞试管中。另取 2.0 mL 蒸馏水作为空白对照。各管加入 4.0%苯酚溶液 1.0 mL，摇匀，迅速分别滴加浓硫酸 7.0 mL，摇匀后放置 5 min，置沸水浴中加热 15 min，取出冷至室温后，于 490 nm 处测定吸光度值。以浓度 C（μg/mL）为横坐标，吸光度 A 为纵坐标绘制标准曲线，得回归方程：$A=0.0046C-0.0058$（$r=0.9996$）。结果表明，葡萄糖浓度为 2.86～10.01 μg/mL 时和吸收度具有良好的线性关系。

换算因子测定：精密称取干燥至恒重的前述多糖纯品 20 mg，加适量水溶解，转移至 100 mL 容量瓶中，定容，精密量取 1 mL 于 10 mL 容量瓶中，定容，作贮备液用。精密吸取 2 mL，按照方法测定吸收度，求出千斤拔多糖液中葡萄糖浓度。按照换算因子 $f=W_0/C_0D$，W_0 为多糖质量（g），C_0 为糖液中葡萄糖的浓度（g/mL），D 为多糖的稀释因素。计算得换算因子 $f=3.12$。

样品溶液的制备：分别精密称取不同种、不同部位的千斤拔药材粉末（过 24 目）0.5 g，置 100 mL 具圆底烧瓶中，加入石油醚（沸程 30～60℃）50 mL，回流 3 h，过滤。洗涤滤渣，挥去石油醚，药渣加入乙醚 50 mL，回流 5 h，用乙醚洗涤药渣，挥去乙醚，药渣加入 95%乙醇 50 mL，回流 5 h，过滤，乙醇洗涤滤渣，挥去乙醇，滤渣精密加入蒸馏水 12 mL，回流 3 次，每次 2 h，过滤，用蒸馏水洗涤滤渣，合并滤液，置 100 mL 容量瓶中，加蒸馏水定容至 100 mL，作为样品溶液。

精密度试验：取同一对照品溶液，重复测定吸光度 6 次，RSD 为 2.06%。结果表明表明仪器的精密度良好。

重复性试验：取同一样品溶液，重复测定吸光度 6 次，RSD 为 1.06%。结果表明重复性良好。

稳定性试验：取样品溶液，照样品测定方法操作，每隔 0.5 h 测定吸光度值，连续 4 h，结果吸光度基本无变化，样品稳定性良好。

加样回收率试验：精密称取已知多糖含量的粗多糖溶液 1 mL，3 份，依次加入不同量的葡萄糖对照品溶液，取对照品溶液，按照测吸光度供试品溶液的制备方法依法操作，测得样品吸光度值，根据标准曲线求多糖的含量，并以葡萄糖标准溶液作对比测定，计算多糖回收率为 98.73%，RSD 为 1.41%（$n=9$）。

样品含量测定：精确量取样品液 2 mL，按照上述方法测定吸收度，按照下式计算多糖含量。结果见表 6-2 和表 6-3。

$$多糖含量\%=CDf/W×100\%$$

式中，C 为样品溶液的葡萄糖的质量（μg）；D 为样品溶液的稀释倍数；f 为换算因素；W 为样品的质量（μg）。

表 6-2　5 个种不同药用部位样品中 4 种成分的含量测定结果（$n=3$）

样品	品种	部位	总黄酮/（mg/g）	多糖/%	鞣质/（mg/g）	β-谷甾醇/（mg/g）
		根	3.71	5.70	4.51	6.90
S1	大叶千斤拔	茎	1.59	2.57	0.34	6.91
		叶	2.31	28.67	1.36	8.95

续表

样品	品种	部位	总黄酮/（mg/g）	多糖/%	鞣质/（mg/g）	β-谷甾醇/（mg/g）
S8	蔓性千斤拔	根	3.50	21.68	2.33	6.93
		茎	1.82	14.95	1.41	19.07
		叶	3.85	20.81	4.29	13.00
S20	球穗千斤拔	根	1.37	8.43	0.44	1.23
		茎	1.97	7.35	2.69	0.46
		叶	2.26	21.77	0.64	1.65
S22	宽叶千斤拔	根	1.43	8.25	14.97	5.10
		茎	1.02	7.18	4.83	6.93
		叶	3.34	17.20	5.13	—
S23	腺毛千斤拔	根	3.30	17.21	7.35	7.17
		茎	1.17	9.20	3.81	5.35
		叶	3.57	21.59	5.27	—

注："—"表示未检测出

表 6-3　不同产地千斤拔药材中 4 种化学成分的含量测定结果

样品	总黄酮/（mg/g）	多糖/%	鞣质/（mg/g）	β-谷甾醇/（mg/g）
S1	3.71	5.70	4.51	6.90
S2	4.88	7.59	4.08	1.81
S3	5.43	22.50	4.03	2.29
S4	4.03	22.56	1.54	2.24
S5	4.00	23.70	3.76	1.97
S7	2.72	24.62	3.32	1.84
S8	3.50	20.81	2.33	6.93
S9	2.19	10.34	1.86	1.77
S10	2.26	24.09	2.07	1.73
S11	1.40	14.65	4.13	1.03
S12	2.01	14.83	0.46	—
S13	0.70	7.05	1.87	—
S14	1.45	16.69	2.84	—
S15	1.03	10.39	1.77	—
S16	1.42	6.24	0.71	0.07
S17	2.67	7.59	3.21	1.18
S18	2.22	21.87	1.16	1.65
S19	1.80	6.70	1.68	1.24
S20	1.18	21.59	0.44	1.23
S21	1.37	14.00	1.03	—

注："—"表示未检测出

从试验结果可以看出，不同种千斤拔根中：蔓性千斤拔和宽叶千斤拔多糖含量较高，大叶千斤拔、球穗千斤拔、腺毛千斤拔多糖的含量均较低；5 个种的叶中多糖含量普遍较高，茎中含量较低。不同产地千斤拔根中：大叶千斤拔以购买于深圳罗湖区（广东产）的多糖含量最高，蔓性千斤拔和球穗千斤拔以采于广西恭城的含量最高，云南、湖北、广西、广东等地的药材质量较好。

二、总黄酮的含量测定

现代研究表明，黄酮类化合物能防治心脑血管系统和呼吸系统的疾病，具有抗炎抑菌、降血糖及增强免疫功能等药理作用。拟采用硝酸铝显色法，通过紫外-可见分光光度计测定总黄酮含量。

对照品溶液的制备：精密称定芦丁对照品适量，加 70%乙醇配成质量浓度为 18.34 μg/mL 的对照品溶液。

样品溶液的制备：分别称取千斤拔药材（10 目）约 1 g，精密称定，加入料液比为 1∶14 的 50%乙醇，回流提取 3 h，提取 3 次，过滤，滤液分别定容至 100 mL。吸取定容后的溶液 1 mL，挥去溶剂，残渣用 70%乙醇 4 mL 溶解，移至 10 mL 容量瓶中，作为样品溶液。

标准曲线的制备：精密移取标准溶液 0、0.5 mL、1.0 mL、1.5 mL、2.0 mL、2.5 mL、3.0 mL、3.5 mL 分别置于 10 mL 具塞试管中。以 70%乙醇补足至 4 mL，加 5%亚硝酸钠 0.4 mL，放置 6 min 后，加 10%硝酸铝 0.4 mL，放置 6 min，再加 4%氢氧化钠 4 mL，用 70%乙醇定容，摇匀，放置 15 min，于 510 nm 处测定吸收度 A，以浓度 C 为横坐标，吸光度 A 为纵坐标绘制标准曲线，得回归方程为 $Y=13.203X-0.0196$，$r=0.9996$。结果芦丁浓度在 0.917～6.419 μg/mL 范围内呈良好的线形关系。

精密度试验：取同一对照品溶液；重复测定吸光度 6 次，RSD 为 1.38%。结果表明精密度良好。

重复性试验：取同一样品溶液，重复测定吸光度 6 次，RSD 为 1.64%。结果表明重复性良好。

稳定性试验：取样品溶液，照样品测定方法操作，每隔 0.5 h 测定吸光度值，连续 4 h，结果吸光度值基本无变化，结果表明样品稳定性良好。

加样回收率试验：称取已知总黄酮含量的样品粉末 1 g，精密称定 9 份，依次加入不同量的芦丁对照品，置圆底烧瓶中，按照制备方法制备，精密量取样品溶液 1 mL 挥干溶剂，用 70%乙醇溶解于 10 mL 容量瓶中，按照标准曲线的制备项下方法，以芦丁标准溶液作对比测定，计算总黄酮回收率为 99.63%，RSD 为 1.36%（$n=9$）。

样品含量测定：称取药材粉末（过 10 目筛）约 1 g，精密称定，按照制备方法制备样品，精密量取样品溶液 0.3 mL 于蒸发皿中水浴蒸干，用 70%乙醇溶解于具塞试管中，按照标准曲线的制备项下方法测定吸收度，按照下式计算总黄酮含量，结果见表 6-2 和表 6-3。

$$总黄酮含量\%=CVD/W\times100\%$$

式中，C 为总黄酮显色稀释后的浓度（μg/mL），V 为稀释后的体积（mL）；D 为样品的稀释倍数，W 为样品的质量（g）。

从试验结果可以看出，不同种千斤拔中：与蔓性千斤拔、大叶千斤拔（药典收载）比较，球穗千斤拔、宽叶千斤拔根中总黄酮的含量较低，腺毛千斤拔根中总黄酮的含量接近；各个种叶中总黄酮的含量普遍较高，茎中量较低。

不同产地千斤拔根中：大叶千斤拔以购于四川成都（云南产）的总黄酮含量最高，蔓性千斤拔以采于湖北宜昌夷陵区的总黄酮含量最高，球穗千斤拔总黄酮含量均较低，但同时也表明云南、湖北、广西、广东等地的药材质量较好。

三、鞣质的含量测定

鞣质广泛应用于医药、皮革、印染、有机合成工业中，具有抗病毒、涩肠、收敛、止血、驱虫等作用。本试验拟采用药典规定的总酚测定法——磷钼钨酸法对千斤拔药材中的抗炎止痛有效成分总鞣质进行含量测定。

对照品溶液的制备：精密称定没食子酸对照品适量，棕色容量瓶中，加水配成质量浓度为 52 μg/mL 的对照品溶液。

样品溶液的制备：取药材粉末 0.5 g，精密称定，置 250 mL 棕色量瓶中，加水 150 mL，放置过夜，超声处理 10 min，放冷，用水稀释至刻度，摇匀，静置（使固体物沉淀），过滤，弃去初滤液 50 mL，精密量取续滤液 20 mL，置于 100 mL 棕色容量瓶中，用水稀释至刻度，摇匀，即得。

标准曲线的制备：精密量取对照品溶液 0.5 mL、1.0 mL、2.0 mL、3.0 mL、4.0 mL、5.0 mL 分别置于 25 mL 棕色量瓶中，各加入磷钼钨酸试液 1 mL，再分别加入水 11.5 mL、11 mL、10 mL、9 mL、8 mL、7 mL，用 29%碳酸钠溶液稀释至刻度，摇匀，放置 30 min，以相应试剂为空白，在 760 nm 的波长处测定吸光度，以吸收度为纵坐标，浓度为横坐标，绘制标准曲线。得回归方程为 $Y=4.6237X-0.0153$，$R=0.9993$。结果没食子酸浓度在 1.04～10.4 μg/mL 范围内呈良好的线形关系。

精密度试验：取同一对照品溶液，重复测定吸光度 6 次，RSD 为 0.03%。结果表明精密度良好。

重现性试验：取同一样品溶液，重复测定吸光度 6 次，RSD 为 1.02%。结果表明重现性良好。

稳定性试验：取样品溶液，照样品测定方法操作，每隔 0.5 h 测定吸光度值，连续 4 h，结果吸光度值基本无变化，样品稳定性良好。

加样回收率试验：称取已知鞣质含量的样品粉末适量，精密称定，9 份，依次加入 10 mL、20 mL、30 mL 没食子酸对照品溶液（52 μg/mL），置圆底烧瓶中，按照样品的制备方法制备，按照标准曲线的制备项下的方法，以没食子酸标准溶液作对比测定，计算鞣质回收率为 99.56%，RSD 为 0.12%（$n=9$）。

样品含量测定：按照《中国药典》（2005 年版）一部附录ⅩB 的鞣质含量测定法测定，总酚：精密量取供试品溶液 2 mL，置 25 mL 棕色容量瓶中，照标准曲线的制备项下的方法依法测定吸光度，从标准曲线中读出供试品中没食子酸的浓度（μg/mL），计算，即得。

不被吸附的多酚：精密量取供试品溶液 25 mL，加至已盛有干酪素 0.5 g 的 100 mL 具塞锥形瓶中，密塞，置 30℃水浴中保温 1 h，时时振摇，取出，放冷，摇匀，过滤，弃去初滤液，精密量取续滤液 2 mL，置 25 mL 棕色容量瓶中，照标准曲线的制备项下的方法依法测定吸光度，从标准曲线中读出供试品中没食子酸的浓度（μg/mL），计算，即得。按鞣质含量=总酚量−不被吸附的多酚量，计算鞣质的含量。结果见表 6-2 和表 6-3。

从试验结果可以看出：不同种千斤拔中，与蔓性千斤拔、大叶千斤拔（药典收载）比较，各种叶中鞣质、多酚的含量与根接近或更高，茎的含量较低；不同种以宽叶千斤拔、腺毛千斤拔较高，球穗千斤拔较低。不同产地千斤拔根中，大叶千斤拔以采于四川华西植物园的鞣质含量最高，蔓性千斤拔以购于深圳解放路（广东产）的鞣质含量最高，球穗千斤拔鞣质含量均较低。

四、β-谷甾醇的含量测定

β-谷甾醇具有明显的降胆固醇、抗炎、止咳、抗癌等药理作用，而千斤拔也有明显的抗炎、镇痛作用，提示 β-谷甾醇可能为千斤拔抗炎的有效成分，为进一步对千斤拔的研究提供可靠数据。

色谱条件：Kromasil C_{18} 色谱柱（250 mm×4.6 mm，5 μm），柱温 25℃，流速 1.0 mL/min，流动相甲醇，蒸发光散射检测器检测参数为漂移管温度 35℃，载气（N_2）流速 2 L/min。在此色谱条件下，β-谷甾醇峰与样品中的其他组分峰达到基线分离，峰形对称，阴性无干扰。按 β-谷甾醇峰计算，色谱柱的理论塔板数不低于 10 000。

对照品溶液的制备：精密称取 β-谷甾醇对照品适量，用甲醇溶解，制成质量浓度为 0.130 mg/mL 的 β-谷甾醇对照品溶液。

样品溶液的制备：分别称取干燥的千斤拔药材粉末（10 目）各 5.0 g，精密称定，精密加入三氯甲烷 80 mL，提取 3 h，回收溶剂，加入甲醇使之溶解，定容到 25 mL，取溶液用 0.45 μm 微孔滤膜过滤，即得样品溶液。

线性关系的考察：分别精密量取对照品溶液 5.0 μL、7.5 μL、10.0 μL、12.5 μL、15.0 μL、17.5 μL、20.0 μL、22.5 μL、25 μL，按色谱条件进行测定，以所进对照品质量的自然对数为横坐标，峰面积的自然对数为纵坐标，进行线性回归，得回归方程为 $Y=1.9888X+11.211×10^4$，$R=0.9991$（$n=9$），线性范围为 0.65～3.25 μg。

精密度试验：精密吸取对照品溶液 10 μL，重复进样 6 次，测得峰面积的 RSD 为 1.2%（$n=6$）。结果表明精密度良好。

稳定性试验：精密量取供试品溶液 10 μL，分别于 0、2 h、4 h、6 h、8 h 测定。按照 β-谷甾醇对照品峰面积计算 RSD 为 0.7%（$n=6$）。结果表明供试品溶液在配制后 8 h 内稳定。

重复性试验：取同一批样品溶液，精密称取 6 份，按照方法制备样品溶液，按色谱条件测定 β-谷甾醇的含量，结果含量为 0.0068%，RSD 为 0.8%（$n=6$），表明重复性良好。

回收率试验：精密称取已测定量的药材（根）样品约 2.5 g，分为 3 组分别加入 β-谷甾醇对照品溶液（0.130 mg/mL）20 mL、25 mL、30 mL，按方法制备样品溶液，按照色谱条件测定，计算回收率，见表 6-4。结果 9 份样品平均回收率 99.46%，RSD=0.87%。

表 6-4 回收率结果（n=5）

样品量/（mg/g）	加入量/（mg/g）	测得量/（mg/g）	回收率/%	平均回收率/%	RSD/%
1.84	1.83	3.57	97.28		
1.84	1.84	3.69	100.27		
1.84	1.84	3.71	100.82	99.46	0.87
1.84	1.85	3.65	98.91		
1.84	1.83	3.67	100.00		

样品含量测定：按色谱条件分别进样 10 μL，测定峰面积，外标法计算 β-谷甾醇含量，结果见表 6-2 和表 6-3。

从试验结果可以看出：不同种千斤拔中，球穗千斤拔与药典收载的种蔓性千斤拔、大叶千斤拔比较，其根、茎和叶中 β-谷甾醇的含量低很多，腺毛千斤拔、宽叶千斤拔根和茎中 β-谷甾醇含量均较高。不同产地千斤拔中，湖北宜昌的蔓性千斤拔根中 β-谷甾醇含量最高，成都华西植物园的大叶千斤拔根中 β-谷甾醇含量最高，其他产地含量较低；大叶千斤拔根中 β-谷甾醇的含量较蔓性千斤拔的高。

大叶千斤拔和蔓性千斤拔为 1977 年版和 2005 年版《中国药典》附录中曾收载的千斤拔药材来源的两个种，对同属植物球穗千斤拔、宽叶千斤拔、腺毛千斤拔以多糖、总黄酮、鞣质和 β-谷甾醇等活性成分为指标进行质量评价研究，建议对宽叶千斤拔和腺毛千斤拔根进行进一步的药效学研究，确认是否可以替代入药。

建议蔓性千斤拔、大叶千斤拔、宽叶千斤拔和腺毛千斤拔的叶均可作为千斤拔总黄酮、鞣质和多糖的提取物来源；腺毛千斤拔、宽叶千斤拔的根和茎可作为 β-谷甾醇的提取物来源。

五、3 种黄酮（黄烷）类有效成分的含量比较研究

色谱条件：色谱柱 Diamonsil C_{18}（2）5μ，250 mm×4.6 mm；流动相为甲醇-0.5%磷酸水（23：77，10 min；43：57，11～55 min），流速 1 mL/min，柱温 30℃；检测波长为 240 nm。

对照品溶液的制备：燃料木素（genistein）、5, 7, 2′, 4′-四羟基异黄酮（2′-hydroxygenistein）、3, 5, 7, 3′, 5′-五羟基-4′-甲氧基黄烷（ourateacatechin），均为自制，纯度分别为 99.0%、98.3% 和 98.5%。

精密称取燃料木素对照品 10.0752 mg，5, 7, 2, 4′-四羟基异黄酮 10.0521 mg，3, 5, 7, 3′, 5′-五羟基-4′-甲氧基黄烷 10.0623 mg，加甲醇溶解于 10 mL 容量瓶中，制成每 1 mL 含有 3 种对照品各 1.00752 mg、1.00521 mg、1.00623 mg 的混合对照品溶液。

样品溶液的制备：称取千斤拔粉末 5 g，精密称定，100 mL 石油醚水浴回流脱脂 3 h，过滤，石油醚洗涤滤渣，挥去石油醚。滤渣以 100 mL 乙酸乙酯，80℃水浴回流 3 h，挥去溶剂，以甲醇溶解定容于 25 mL 容量瓶中作为样品溶液。

线性关系的考察：分别精密吸取对照品溶液 2 μL、4 μL、6 μL、8 μL、10 μL，测定各

不同进样量下的燃料木素、5, 7, 2′, 4′-四羟基异黄酮、3, 5, 7, 3′, 5′-五羟基-4′-甲氧基黄烷的峰面积值,以进样量(μg)的对数为横坐标,峰面积值的对数为纵坐标。通过计算机软件处理绘制标准曲线,得到燃料木素的标准曲线方程为 $Y=1.0116X+6.6097$,R^2=0.9996,其线性范围在 2.015 04～10.0752 μg,见表 6-5 和图 6-1;得到 5, 7, 2′, 4′-四羟基异黄酮的标准曲线方程为 $Y=1.0101 X+6.4862$,R^2=0.9997,其线性范围在 2.010 42～10.0521 μg,见表 6-6 和图 6-2;3, 5, 7, 3′, 5′-五羟基-4′-甲氧基黄烷的标准曲线方程为 $Y=1.0062 X+5.7719$,R^2=0.9997,其线性范围在 2.012 46～10.0623 μg,见表 6-7 和图 6-3。

表 6-5　燃料木素线性关系考察结果

进样量/μg	进样量对数	峰面积	峰面积对数
2.015 04	0.304 28	8 195 041	6.913 551
4.030 08	0.605 31	17 022 753	7.231 029
6.045 12	0.781 4	24 987 083	7.397 716
8.060 16	0.906 34	33 403 954	7.523 798
10.075 2	1.003 25	42 149 098	7.624 788

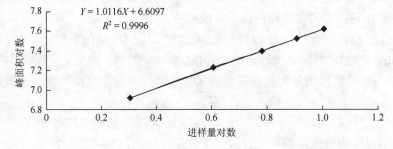

图 6-1　燃料木素标准曲线

表 6-6　5, 7, 2′, 4′-四羟基异黄酮线性关系考察结果

进样量/μg	进样量对数	峰面积	峰面积对数
2.010 42	0.303 29	6 146 497	6.788 627
4.020 84	0.604 32	12 748 626	7.105 463
6.031 26	0.780 41	18 708 784	7.272 045
8.041 68	0.905 35	25 003 831	7.398 007
10.052 1	1.002 26	31 527 285	7.498 686

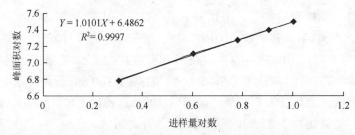

图 6-2　5, 7, 2′, 4′-四羟基异黄酮标准曲线

表 6-7   3, 5, 7, 3′, 5′-五羟基-4′-甲氧基黄烷线性关系考察结果

进样量/μg	进样量对数	峰面积	峰面积对数
2.012 46	0.303 73	1 187 758	6.074 727
4.024 92	0.604 76	2 442 357	6.387 809
6.037 38	0.780 85	3 585 111	6.554 503
8.049 84	0.905 79	4 797 486	6.681 014
10.062 3	1.002 69	6 052 482	6.781 933

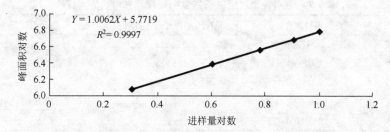

图 6-3   3, 5, 7, 3′, 5′-五羟基-4′-甲氧基黄烷标准曲线

精密度试验：精密吸取混合对照品溶液 5 μL，连续重复进样 6 次，测定各峰面积，燃料木素峰面积平均值为 3 013 734，RSD 为 0.32%；5, 7, 2′, 4′-四羟基异黄酮峰面积平均值为 15 728 705，RSD 为 0.75%；3, 5, 7, 3′, 5′-五羟基-4′-甲氧基黄烷峰面积平均值为 21 004 918，RSD 为 0.83%。结果表明精密度良好。

稳定性试验：精密吸取供试品溶液 10 μL，按照色谱条件于 0、2 h、4 h、8 h、12 h、24 h 测定供试品溶液中燃料木素的 RSD 为 0.51%、5, 7, 2′, 4′-四羟基异黄酮的 RSD 为 0.94%、3, 5, 7, 3′, 5′-五羟基-4′-甲氧基黄烷的 RSD 为 1.21%。结果表明样品稳定性良好。

重复性试验：分别精密称取千斤拔药材 5 份，各约 5 g，按照样品溶液制备方法制备，按照色谱条件进行测定，燃料木素的 RSD 为 0.37%，5, 7, 2′, 4′-四羟基异黄酮的 RSD 为 0.82%、3, 5, 7, 3′, 5′-五羟基-4′-甲氧基黄烷峰面积值的 RSD 为 0.97%。结果表明重复性良好。

回收率试验：精密称取千斤拔药材 2.5 g，共 9 份，依次加入混合对照品 10 μL、20 μL、30 μL，按照制备方法制备，按照色谱条件测定。计算得到燃料木素的回收率为 99.75%，RSD 为 0.92%（n=9）；5, 7, 2′, 4′-四羟基异黄酮的回收率为 101.24%，RSD 为 1.13%（n=9）；3, 5, 7, 3′, 5′-五羟基-4′-甲氧基黄烷的回收率为 102.35%，RSD 为 1.48%（n=9）。结果表明回收率均在 95%~105%，加样回收率良好。

样品提取工艺：料液比为 1:14，提取温度 100℃，提取时间为 3 h，水浴回流提取 2 次。以燃料木素、5, 7, 2′, 4′-四羟基异黄酮、3, 5, 7, 3′, 5′-五羟基-4′-甲氧基黄烷作为含量评价指标，比较不同种千斤拔的药材质量，结果见表 6-8~表 6-10。

表 6-8   不同种千斤拔根的含量测定结果（mg/g；n=3）

品种	染料木素	5, 7, 2′, 4′-四羟基异黄酮	3, 5, 7, 3′, 5′-五羟基-4′-甲氧基黄烷
蔓性千斤拔	0.367 352	0.379 682	0.104 608
大叶千斤拔	0.045 024	0.017 053	0.053 827

续表

品种	染料木素	5, 7, 2′, 4′-四羟基异黄酮	3, 5, 7, 3′, 5′-五羟基-4′-甲氧基黄烷
球穗千斤拔	0.028 718	—	
宽叶千斤拔	0.159 98	0.112 837	0.205 523
腺毛千斤拔	0.193 727	0.036 191	—

注:"—"表示未检测出

表 6-9 不同种千斤拔茎的含量测定结果（mg/g；$n=3$）

品种	染料木素	5, 7, 2′, 4′-四羟基异黄酮	3, 5, 7, 3′, 5′-五羟基-4′-甲氧基黄烷
蔓性千斤拔	0.297 226	0.253 235	0.117 529
大叶千斤拔	0.079 59	0.026 833	0.224 668
球穗千斤拔	0.029 762	—	
宽叶千斤拔	0.060 82	0.046 719	0.058 641
腺毛千斤拔	0.074 858	—	

注:"—"表示未检测出

表 6-10 不同种千斤拔叶的含量测定结果（mg/g；$n=3$）

品种	染料木素	5, 7, 2′, 4′-四羟基异黄酮	3, 5, 7, 3′, 5′-五羟基-4′-甲氧基黄烷
蔓性千斤拔	0.059 915	0.025 051	0.122 858
大叶千斤拔	—	0.010 165	0.828 405
球穗千斤拔			
宽叶千斤拔	0.009 249		3.039 22
腺毛千斤拔	0.009 361	—	

注:"—"表示未检测出

从试验结果可以看出:比较不同种千斤拔药材根部,药典收载的蔓性千斤拔根中所含的燃料木素最高,其次为腺毛千斤拔和宽叶千斤拔,大叶千斤拔含量较低,球穗千斤拔含量最低。5, 7, 2′, 4′-四羟基异黄酮的含量,仍以蔓性千斤拔根最高,其次为宽叶千斤拔和腺毛千斤拔,大叶千斤拔含量较低,球穗千斤拔最低。3, 5, 7, 3′, 5′-五羟基-4′-甲氧基黄烷的含量,宽叶千斤拔最高,其次为蔓性千斤拔,大叶千斤拔最低,但在球穗千斤拔和腺毛千斤拔中未检测出。

对蔓性千斤拔药材的根进行了化学成分分离,在乙酸乙酯部位采用反复常压硅胶柱色谱,Sephadex LH-20,分离得到 3 个化合物,分别为:燃料木素、5, 7, 2′, 4′-四羟基异黄酮, 3, 5, 7, 3′, 5′-五羟基-4′-甲氧基黄烷,解决了千斤拔类药材无专属性有效成分对照品的难题,并以上述 3 个化合物为质量评价指标,对不同产地的蔓性千斤拔进行品质评价,见表 6-11 和表 6-12。

表 6-11 不同产地蔓性千斤拔根的含量测定结果（mg/g；$n=3$）

产地来源	燃料木素	5, 7, 2′, 4′-四羟基异黄酮	3, 5, 7, 3′, 5′-五羟基-4′-甲氧基黄烷
湖北宜昌	0.043 095	0.015 615	0.022 68
广西南宁	0.055 925	0.041 62	0.051 826
广西象洲	0.030 108	0.011 982	0.095 572

续表

产地来源	燃料木素	5, 7, 2′, 4′-四羟基异黄酮	3, 5, 7, 3′, 5′-五羟基-4′-甲氧基黄烷
广东深圳	0.069 471	0.025 218	0.052 658
江西南昌	0.085 942	0.022 096	0.050 761
云南	0.075 616	0.033 049	—
广西	—	—	—
云南	0.367 352	0.379 682	0.104 608
四川	0.056 175	0.008 896	

注："—"表示未检测出

表 6-12　不同产地大叶千斤拔根的含量测定结果（mg/g；$n=3$）

产地来源	燃料木素	5, 7, 2′, 4′-四羟基异黄酮	3, 5, 7, 3′, 5′-五羟基-4′-甲氧基黄烷
四川华西植物园	0.078 729	0.024 797	0.111 225
广西金秀三江	0.045 024	0.017 053	0.053 827
云南	0.089 288	0.042 081	0.142 021
广东清平市场	0.051 096	—	—
广东深圳罗湖区	—	0.009 605	0.031 823

注："—"表示未检测出

比较了 9 个产地的蔓性千斤拔，云南产千斤拔根的药材质量最优；比较了 5 个产地的大叶千斤拔，云南产千斤拔根的药材质量最优，其次为四川华西植物园；建议可以在云南、湖北、广西、广东、四川建立千斤拔栽培基地。

第七章 加拿大原产地西洋参的资源开发与利用研究

第一节 加拿大原产地西洋参的原植物和显微鉴别研究

一、原植物鉴别

西洋参（*Panax quinquefolium* L.）为多年生草本。全株无毛。肉质直根，长 10～30 cm，黄白色，由根体、芽胞、根茎 3 部分组成；根状茎短而直立（较人参短），每年增生一节，为芦头；芽胞脱落后的茎痕称"芦碗"，每年增加一个，根茎基部的芦碗小，近芽胞一端的芦碗大。地上茎单生，圆柱形，有纵条纹，或略具棱。掌状复叶轮生茎顶；小叶片膜质，广卵形至倒卵形，先端突尖，基部楔形；叶片上表面几无刚毛，下表面无毛，边缘具较粗大的不规则锯齿。总花梗由茎端叶柄中央抽出，较叶柄稍长，或近于等长。1～5 年生的掌状复叶一般呈现三出、四出、五出的过渡阶段，并非以年限为基准逐年以 1 片五出掌状复叶的速度递增，这与目前文献描述有所不同。伞形花序顶生；花多数；花萼片绿色，有 5 小齿，钟状；花瓣 5，绿白色；雄蕊 5；子房 2 室，下位。果实浆果，扁圆形，成对状，熟时鲜红色。花期 6～7 月，果期 7～9 月。原植物见彩图 56。植物来源见表 7-1。

二、性状鉴别

主根呈纺锤形、圆柱形或圆锥形，长 2～15 cm，直径 0.5～3 cm。表面为浅黄褐色或黄白色，可见横向环纹、线状皮孔状突起，细密、浅的纵皱纹和须根痕；主根中下部有一或数条侧根，多已折断；上端有根茎（芦头），多拘挛而弯曲；具不定根（习称"艼"）或已折断；具稀疏的凹窝状茎痕（习称"芦碗"），见彩图 57；须根上常有不明显的细小疣状突起；体重，质地坚实，不易折断；断面平坦，浅黄白色，略显粉性，皮部有黄棕色点状树脂道散布和放射状裂隙，形成层环纹呈棕黄色，木质部略呈放射状纹理。气微而特异，味微苦、甘。

三、显微鉴别（彩图 58～彩图 61）

根横切面：木栓层由数列排列紧密切向延长的木栓细胞组成，一般 1～6 列，随着年限的增加木栓层的列数增加、木质化程度增高。皮层宽广，薄壁细胞类圆形，排列疏松，其中散有不规则分泌道和草酸钙簇晶；随着年限的增加分泌道和草酸钙簇晶增多。韧皮部占根半径的 1/3～1/2，射线宽 2～3 列细胞、分泌道较明显。形成层较明显，环状；木质部发达，导管径向排列。木质部导管多成单个散在，径向系数排列成放射状，次生木质部发达。薄壁细胞较大，含淀粉粒；常见草酸钙簇晶。

茎横切面：表皮细胞 1 列，类方形，外被角质层。皮层宽广，由类圆形或多角形的薄壁细胞组成，细胞较大且壁薄，排列疏松，具细胞间隙。维管束 5～6 束，外韧型；形成层较明显；韧皮部较窄；木质部较宽，导管 3～6 个径向排列；髓部较大。在皮层、韧皮部和髓部的薄壁细胞可见草酸钙簇晶。

叶横切面：叶上表皮细胞壁增厚，被角质层；中脉表皮细胞下方有 2～3 列厚角组织细胞。叶肉组织中栅栏细胞 1 列，不通过主脉；海绵组织细胞较大，排列疏松；叶柄主脉维管束外韧型；韧皮部较窄；木质部较宽，导管 3～6 个径向排列；髓部较大。上表皮细胞表面观呈不规则形或多角形，可见放射状角质纹理；下表皮气孔不定式。叶上常可见花粉粒，大型，棕黄色，圆球形，有圆锥状突起的雕纹。

表 7-1　加拿大原产地 1～5 年生西洋参植物来源

序号	年限	批次	采集地	海拔/m	采集时间	标本号
1	1 年生	No.1			2009 年 5 月 24 日	Y. Liu 090524-1（SWUN）
		No.2			2009 年 6 月 22 日	Y. Liu 090622-1（SWUN）
		No.3			2009 年 7 月 27 日	Y. Liu 090727-1（SWUN）
		No.4			2009 年 8 月 23 日	Y. Liu 090823-1（SWUN）
		No.5			2009 年 9 月 20 日	Y. Liu 090920-1（SWUN）
2	2 年生	No.1			2009 年 5 月 24 日	Y. Liu 090524-2（SWUN）
		No.2			2009 年 7 月 22 日	Y. Liu 090622-2（SWUN）
		No.3			2009 年 7 月 27 日	Y. Liu 090727-2（SWUN）
		No.4			2009 年 8 月 23 日	Y. Liu 090823-2（SWUN）
		No.5			2009 年 9 月 20 日	Y. Liu 090920-2（SWUN）
3	3 年生	No.1	加拿大西安大略省苏格兰市大山行农场	251	2009 年 5 月 24 日	Y. Liu 090524-3（SWUN）
		No.2			2009 年 6 月 22 日	Y. Liu 090622-3（SWUN）
		No.3			2009 年 7 月 27 日	Y. Liu 090727-3（SWUN）
		No.4			2009 年 8 月 23 日	Y. Liu 090823-3（SWUN）
		No.5			2009 年 9 月 20 日	Y. Liu 090920-3（SWUN）
4	4 年生	No.1			2009 年 5 月 24 日	Y. Liu 090524-4（SWUN）
		No.2			2009 年 6 月 22 日	Y. Liu 090622-4（SWUN）
		No.3			2009 年 7 月 27 日	Y. Liu 090727-4（SWUN）
		No.4			2009 年 8 月 23 日	Y. Liu 090823-4（SWUN）
		No.5			2009 年 9 月 20 日	Y. Liu 090920-4（SWUN）
5	5 年生	No.1			2009 年 5 月 24 日	Y. Liu 090524-5（SWUN）
		No.2			2009 年 6 月 22 日	Y. Liu 090622-5（SWUN）
		No.3			2009 年 7 月 27 日	Y. Liu 090727-5（SWUN）
		No.4			2009 年 8 月 23 日	Y. Liu 090823-5（SWUN）
		No.5			2009 年 9 月 20 日	Y. Liu 090920-5（SWUN）

四、粉末鉴别（彩图 62～彩图 63）

根：黄白色。木栓细胞，淡黄色，长方形扁平状，排列紧密整齐，细胞壁较厚，可见内含棕色物质。导管多为网纹导管，直径 23～40 μm，亦有螺纹导管和梯纹导管。草酸钙簇晶存在于薄壁细胞中或散在，直径 23～63 μm，呈星芒状，棱角较长而尖，偏光下呈多彩状。淀粉粒较多，单粒，类圆形，脐点点状、星状或裂缝状；复粒由 2～4 个分粒组成。

茎：黄绿色。木栓细胞淡黄色，长方形，排列紧密。导管有网纹导管、螺纹导管。草酸钙簇晶呈星芒状。淀粉粒类圆形，脐点明显；单粒或复粒。

叶：深绿色。上表皮细胞表面呈不规则或多角形，可见放射状角质纹理，下表皮气孔不定式。叶上常可见散落的花粉粒，大型，棕黄色，圆球形，有圆锥状突起雕纹。

第二节　加拿大产西洋参人参皂苷和总多糖含量测定

仪器、试剂与药材：Waters2695 高效液相色谱仪（Waters 科技有限公司）；Alltech 2000ES 蒸发光散射检测器；N2000 色谱工作站；Thermo Finnegan 高效液相色谱仪配 PDA 检测器，联接 Thermo Finnegan LCQ Advantage 质谱仪（美国 Thermo 公司）；Unican UV-500 紫外分光光度计；METTLER AE240S 型电子天平（梅特勒-托利上海有限公司）；800 型离心沉淀器（上海手术机械厂）；艾柯 AKRY-UP-1824 型超纯水机（成都康宁实验专用纯水设备厂）；HH-2 数显恒温水浴锅（国华电器有限公司）；SHZ-D（Ⅲ）型循环水真空泵（天津华鑫仪器厂）；DHG-9240A 型电热恒温鼓风干燥箱（上海精宏实验设备有限公司）；KQ-250B 型超声波清洗器（昆山市超声仪器有限公司）。14 种人参皂苷对照品、D 型葡萄糖对照品均购于四川省成都市药品检验所；石油醚、无水乙醇、甲醇、蒽酮、浓硫酸为分析纯，水为双蒸水；乙腈、去离子水为色谱纯。西洋参商品药材为 2009 年 9 月购买于加拿大西洋参原产地安大略省大山行农场。

一、人参皂苷含量测定

西洋参主要活性成分之一为皂苷类成分，具有抗肿瘤、降血糖、神经保护、抗疲劳、增强记忆和抗心血管疾病的作用，中外学者已从西洋参中分离鉴定出的单体人参皂苷达 60 余种。从西洋参根中主要分离出人参皂苷 Rb_1、Rb_2、Rc、Rd、Re、Rg_1、Rg_2 等，其质量分数占总苷的 90%以上，其中以 20（S）-原人参二醇为苷元的人参皂苷 Rb_1 含量最高，是人参皂苷的代表性成分而且总皂苷含量与 Rb1 含量基本呈正相关。

对照品溶液的制备：分别精密称取纯度为 99%的 14 种人参皂苷对照品，使用甲醇溶解，分别定容至 10 mL 容量瓶中，制备成 14 种人参皂苷对照品溶液，浓度分别为 Rb_1 0.212 mg/mL、Rb_2 0.201 mg/mL、Rb_3 0.188 mg/mL、Rc 0.220 mg/mL、Rd 0.190 mg/mL、Re 0.088 mg/mL、Rf 0.126 mg/mL、Rg_1 0.196 mg/mL、Rg_2 0.102 mg/mL、Rg_3 0.096 mg/mL、Rh_1 0.092 mg/mL、Rh_2 0.106 mg/mL、RT_5 0.102 mg/mL、F_{11} 0.100 mg/mL。

供试品溶液的制备：精密称取西洋参粉末 1.0 g，置于 100 mL 圆底烧瓶中，加入石油醚（60～90℃）10 mL，脱脂 30 min，过滤，通风橱中挥去溶剂。使用优化后的皂苷提取工艺，按照料液比 1：25（$m:V$）加入体积分数为 78%的乙醇 25 mL，90℃水浴回流提取

1.88 h，过滤，收集滤液，滤渣再加入 80%乙醇 25 mL，重复提取 1 次，滤渣用 80%乙醇 2 mL 洗涤 2 次，合并滤液。

将滤液置于蒸发皿中，45℃挥去溶剂，吸取适量甲醇于蒸发皿中重新溶解，置于 50 mL 容量瓶中，用适量甲醇冲洗蒸发皿 3 次，合并溶液，用甲醇定容至刻度，过 0.45 μm 的微孔滤膜得供试品溶液。

流动相的选择：选择洗脱方式为梯度洗脱，分别考察了乙腈-水、甲醇-水对样品溶液和对照品溶液中目标峰的分离效果。试验结果表明，乙腈-水溶液对目标峰的分离较好，且色谱峰的峰型更优，因此选择乙腈-水系统为流动相。

ELSD 条件的确定：分别对蒸发光散射检测器的气体体积流量、漂移管温度和气体流速进行考察，最终确定 ELSD 最佳的条件为，体积流量 1mL/min，漂移管温度 100℃；N_2 气体流速 2.8 L/min；进样量 10 μL。

色谱条件：Diamonsil C_{18} 柱（250 mm×4.6 mm，5 μm）；柱温 30℃；流动相为乙腈（A）-去离子水（B）。梯度洗脱程序：0～4 min，26%～30% A；4～12 min，30%～31% A；12～15 min，31%～32% A；15～25 min，32%～33% A。体积流量为 1 mL/min；ELSD 载气为氮气；气体流量为 2.8 L/min；漂移管温度为 100℃；进样量为 10 μL。

系统适应性试验：分别进样对照品溶液、供试品溶液各 10 μL，在梯度洗脱程序下测定，各峰分离效果良好，基本可达到基线分离，分离度较好。

线性关系的考察：分别精密吸取备用的各人参皂苷对照品溶液相应体积，确定的色谱条件下于 HPLC-ELSD 上测定，记录峰面积值。以进样量（X）为横坐标，峰面积值（Y）为纵坐标进行线性回归，得到 14 种人参皂苷对照品的线性回归方程。结果见表 7-2。

表 7-2　线性考察结果

皂苷成分	线性回归方程	R 值	线性范围
Rg_1	$Y=1395068X-392621$	0.9976	0.196～5.880
Re	$Y=2036605X-186240$	0.9988	0.088～4.400
F_{11}	$Y=443769X-30206$	0.9978	0.100～5.000
Rf	$Y=792937X-89166$	0.9978	0.126～6.300
RT_5	$Y=710147X-70308$	0.9983	0.102～2.040
Rb_1	$Y=3253054X-713506$	0.9996	0.212～4.240
Rg_2	$Y=675370X-57743$	0.9994	0.102～1.836
Rc	$Y=3807829X-723232$	0.9986	0.220～2.200
Rb_2	$Y=1432054X-286442$	0.9994	0.204～2.040
Rb_3	$Y=960669X-180449$	0.9997	0.188～7.520
Rd	$Y=381649X-66604$	0.9970	0.190～9.500
Rg_3	$Y=910656X-87001$	0.9962	0.086～1.152
Rh_1	$Y=1258709X-277960$	0.9971	0.092～1.380
Rh_2	$Y=874688X-91563$	0.9968	0.106～1.060

精密度试验：精密吸取备用的混合对照品溶液 10 μL，按照选定色谱条件，重复进样 5 次，分别测定各人参皂苷的峰面积值，计算各人参皂苷的 RSD 值，结果各皂苷 RSD 均小于 2%。

稳定性试验：精密吸取备用的对照品溶液 10 μL，按照选定色谱条件，分别在 0、2 h、4 h、8 h、12 h、16 h、24 h 时进样，测定混合对照品中各人参皂苷的峰面积值，分别计算 RSD 值，结果各皂苷 RSD 均小于 2%。

重复性试验：取同一批西洋参样品 5 份，每份 1.0 g，按供试品制备方法制备供试品溶液，精密吸取供试品溶液各 10 μL，按照选定色谱条件测定各供试品中含有的各人参皂苷的峰面积值，分别计算其 RSD 值，结果 RSD 值均小于 2%。

加样回收率试验：精密称取西洋参粉末 1.0 g，按供试品制备方法制备西洋参供试品溶液，精密吸取该供试品溶液 10 μL，按照选定色谱条件测定，记录供试品溶液中含有的各人参皂苷的峰面积值，按照已知标准曲线计算该粉末中的该种人参皂苷含量。

精密称取已知含量的西洋参粉末 5 份，每份 1.0 g，按照供试品制备方法制备，分别加入一定量的人参皂苷对照品溶液后定容为供试品溶液。按照选定色谱条件测定各峰面积。计算各人参皂苷的平均回收率为 100.169%，RSD 值为 1.013%（$n=6$），结果表明加样回收良好。

在加拿大安大略省的西洋参农场，每年的 5 月初～9 月底是无雪期，也是西洋参的生长季节，西洋参植物的花期 6～7 月，果期 7～9 月。从本次试验结果来看，加拿大西洋参根中 10 种人参皂苷和 2 种拟人参皂苷含量及其总含量随采收期变化均呈现一定的规律，即每年的 5 月含量相对较高，随后不断下降，又逐渐上升，至 9 月份含量达最大，这可能是因为根作为植物的贮藏器官，当植物生长发育时，需消耗根部贮藏的营养成分。9 月以后，西洋参进入休眠期，地上部分脱落，养分不断蓄积，第二年 5 月开始，随着新芽的长出，需要消耗根中贮藏的养分，一些皂苷类成分开始下降，而随着植物的长大，养分又得到蓄积，这与加拿大西洋参农场传统的采收期一致，见图 7-1～图 7-3 和表 7-3～表 7-5。

主成分分析表明，人参皂苷 Rb₁、Re、Rg、Rb₂、Rc、Rb₃、Rf 和拟人参皂苷 F₁₁ 为加拿大西洋参的特征皂苷成分，3 年生与 4 年生的样品总皂苷含量变化趋势是相近的，尤其从 3 年生 9 月以后，总皂苷的含量基本不再变化，甚至开始出现下降趋势，系统聚类分析也进一步佐证这种规律。

国内外普遍认为，加拿大产西洋参根的质量主要由生长年限决定；3 年生的西洋参往往由于植株的健康问题或者农场主资金问题提前采收，质量差，市场价格低；多数为 4 年生西洋参，价格中等，为大多数国内外民众所接受；5～6 年生西洋参质量优，价格高，但多栽培 1～2 年的风险很大，有可能在最后一年被感染到病菌或者遭受涝害。根据本次试验结果表明，3～5 年生西洋参根皂苷总含量明显高于 1～2 年生，从 3 年生 9 月开始以后的样品皂苷的组成和皂苷含量接近。因此，基于人参皂苷组成和含量，以及西洋参栽培第 4～5 年的栽培种植成本、遭受涝害和病虫害的风险，建议从 3 年生 9 月开始，西洋参根可以视为同等质量的药材。

建议西洋参的叶可以用于兽药和西洋参皂苷提取物的来源，西洋参的茎可用于兽药和西洋参多糖提取物的来源。

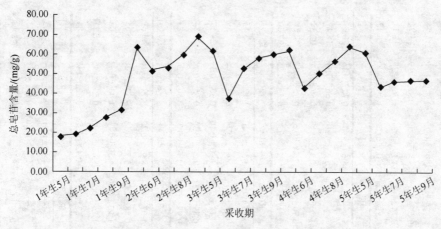

图 7-1 不同生长年限和不同月份西洋参根的总皂苷含量变化

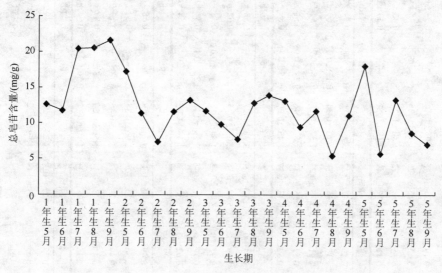

图 7-2 不同生长年限和不同月份西洋参茎的总皂苷含量变化

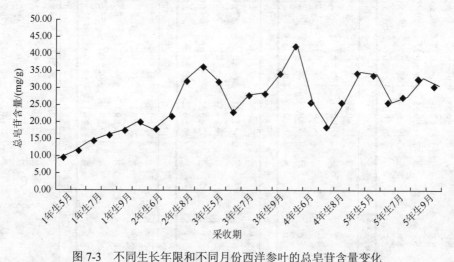

图 7-3 不同生长年限和不同月份西洋参叶的总皂苷含量变化

表 7-3 不同年生、不同采收月份西洋参根中人参皂苷和拟人参皂苷含量 （mg/g；$n=3$）

样品号	采收期	Rg_1	Re	F_{11}	RT_5	Rb_1	Rg_2	Rc	Rb_2	Rb_3	Rd	Rg_3	总皂苷
S1	5 月	1.55±0.55	1.03±0.16	0.98±0.35	0.32±0.05	1.73±0.54	0.70±0.06	—	0.43±0.05	—	2.04±0.18	0.63±0.09	10.52
S2	6 月	1.99±0.48	1.16±0.12	0.82±0.10	0.49±0.15	1.54±0.35	1.05±0.16	—	0.39±0.08	—	2.90±0.29	0.90±0.11	11.94
S3 1 年生	7 月	2.33±0.35	1.42±0.27	0.80±0.42	0.42±0.19	1.45±0.26	1.73±0.25	—	0.48±0.06	0.64±0.18	3.83±0.32	1.16±0.19	14.94
S4	8 月	2.49±0.14	1.52±0.42	0.14±0.02	0.35±0.20	2.53±0.73	1.80±0.24	—	0.46±0.14	0.74±0.12	4.19±0.31	1.76±0.29	16.14
S5	9 月	2.40±0.08	1.47±0.14	0.81±0.23	0.41±0.10	2.77±0.49	2.18±0.12	—	0.53±0.08	0.81±0.21	4.06±0.62	1.99±0.30	18.12
S6	5 月	3.23±0.26	1.96±0.08	1.56±0.27	0.29±0.12	3.57±0.22	3.39±0.11	0.02±0.003	0.59±0.15	—	4.60±0.34	0.72±0.16	20.97
S7	6 月	2.11±0.21	1.05±0.10	1.56±0.28	1.45±0.24	2.56±0.18	1.73±0.34	0.11±0.03	0.60±0.13	—	6.25±0.16	0.66±0.11	18.17
S8 2 年生	7 月	3.82±0.18	2.32±0.17	1.19±0.14	1.01±0.35	3.73±0.23	1.37±0.28	0.18±0.20	0.57±0.04	1.10±0.20	5.53±0.13	0.57±0.09	22.34
S9	8 月	4.14±0.09	2.52±0.32	1.05±0.30	0.67±0.06	6.55±0.24	2.63±0.46	0.24±0.08	0.51±0.07	0.70±0.15	12.28±0.52	0.65±0.12	32.80
S10	9 月	4.61±0.06	2.80±0.48	1.68±0.22	0.52±0.13	8.43±0.37	1.45±0.20	0.35±0.15	0.89±0.21	0.81±0.31	14.22±0.47	0.58±0.25	37.60
S11	5 月	6.04±0.38	3.67±0.12	1.99±0.07	1.14±0.49	11.43±0.33	3.38±0.27	—	0.58±0.05	0.83±0.10	1.52±0.10	1.12±0.33	33.15
S12	6 月	3.37±0.11	2.06±0.39	0.87±0.16	1.49±0.56	5.86±0.18	2.08±0.15	—	0.62±0.28	0.60±0.14	5.43±0.24	0.58±0.06	23.69
S13 3 年生	7 月	3.70±0.14	2.25±0.08	0.73±0.04	0.91±0.12	7.49±0.63	1.54±0.11	0.11±0.02	0.58±0.34	0.12±0.04	9.90±0.40	0.60±0.17	28.57
S14	8 月	3.92±0.37	2.39±0.09	0.54±0.02	0.79±0.26	6.71±0.48	2.59±0.13	0.22±0.10	0.51±0.16	0.89±0.11	9.24±0.35	0.55±0.14	28.84
S15	9 月	4.66±0.22	2.83±0.66	0.92±0.19	0.62±0.13	9.66±0.18	1.44±0.47	0.25±0.13	0.54±0.09	0.97±0.12	11.62±0.73	0.60±0.21	34.88
S16	5 月	8.43±0.56	5.11±0.44	2.43±0.33	0.49±0.18	13.35±0.17	0.74±0.19	—	0.68±0.10	1.07±0.21	8.97±0.22	0.72±0.10	43.69
S17	6 月	4.28±0.19	2.60±0.25	1.10±0.11	0.60±0.21	7.30±0.26	2.06±0.38	—	0.60±0.13	0.88±0.06	5.75±0.15	0.59±0.28	26.65
S18 4 年生	7 月	1.56±0.15	0.96±0.32	0.58±0.07	0.49±0.10	3.98±0.14	2.97±0.45	0.18±0.09	1.19±0.06	1.10±0.36	4.50±0.13	1.03±0.31	19.06
S19	8 月	4.97±0.38	3.02±0.14	0.74±0.41	0.41±0.12	5.78±0.31	1.56±0.20	0.28±0.01	0.87±0.08	1.79±0.28	5.62±0.26	0.53±0.15	26.21
S20	9 月	4.88±0.13	2.97±0.18	0.71±0.23	0.46±0.22	8.93±0.31	1.10±0.12	0.36±0.05	0.94±0.20	2.53±0.35	10.42±0.56	0.92±0.18	34.84
S21	5 月	6.37±0.14	3.86±0.07	1.08±0.20	0.57±0.07	14.25±0.35	2.23±0.23	—	0.49±0.04	—	4.40±0.36	0.50±0.29	34.63
S22	6 月	4.55±0.17	2.77±0.29	0.47±0.12	0.65±0.05	9.86±0.14	1.99±0.32	—	0.43±0.06	—	4.40±0.16	0.65±0.14	26.21
S23 5 年生	7 月	4.39±0.26	2.67±0.26	1.06±0.31	0.61±0.24	9.42±0.14	1.85±0.14	—	0.55±0.08	0.79±0.10	5.19±0.33	0.75±0.26	28.14
S24	8 月	4.81±0.23	2.92±0.45	0.70±0.24	0.62±0.11	10.58±0.26	1.40±0.33	—	0.46±0.11	0.75±0.11	9.75±0.61	0.56±0.19	33.16
S25	9 月	5.90±0.08	3.58±0.47	0.77±0.07	0.80±0.32	8.74±0.16	1.11±0.11	0.45±0.14	0.80±0.10	1.41±0.16	5.99±0.47	0.83±0.21	31.05

注："—"表示未检测出

表 7-4　不同生长期西洋参的茎中人参皂苷和拟人参皂苷含量（mg/g；$n=3$）

年份	月份	Rg1	Re	F11	RT5	Rb1	Rg2	Rc	Rb2	Rb3	Rd	Rg3	总皂苷
1年生	5月	0.50±0.10	0.31±0.10	3.64±0.14	0.49±0.12	0.57±0.11	0.85±0.14	—	1.39±0.10	—	3.40±0.48	1.44±0.16	12.58
	6月	1.20±0.14	0.74±0.24	2.74±0.20	0.66±0.13	0.54±0.09	0.92±0.27	—	0.92±0.17	—	3.51±0.36	0.43±0.11	11.664
	7月	2.25±0.32	1.37±0.35	5.83±0.38	0.57±0.17	1.23±0.35	0.71±0.11	0.041±0.007	1.33±0.20	0.62±0.16	5.75±0.15	0.63±0.07	20.325
	8月	2.47±0.33	1.45±0.16	6.39±0.41	0.48±0.08	1.00±0.24	0.57±0.12	0.033±0.008	1.12±0.42	1.09±0.06	5.50±0.13	0.42±0.11	20.521
	9月	2.88±0.11	1.75±0.38	7.00±0.33	0.41±0.13	0.95±0.11	0.50±0.09	0.025±0.007	0.78±0.22	1.49±0.21	5.31±0.32	0.44±0.07	21.538
2年生	5月	1.65±0.21	1.01±0.23	4.56±0.14	0.32±0.14	0.32±0.06	0.44±0.13	—	1.77±0.13	—	6.02±0.05	1.02±0.06	17.125
	6月	0.47±0.07	0.29±0.09	2.71±0.29	0.57±0.06	0.47±0.13	0.69±0.15	0.07±0.005	0.56±0.04	1.71±0.02	3.32±0.08	0.44±0.13	11.302
	7月	0.79±0.18	0.48±0.20	1.19±0.21	0.50±0.11	0.54±0.20	0.65±0.22	0.053±0.01	0.27±0.08	0.64±0.16	1.63±0.14	0.51±0.18	7.262
	8月	1.14±0.12	0.88±0.15	3.91±0.17	0.46±0.09	0.50±0.11	0.62±0.19	0.045±0.007	0.38±0.05	1.24±0.25	2.12±0.33	0.27±0.06	11.567
	9月	1.67±0.23	1.01±0.19	3.84±0.18	0.60±0.14	0.64±0.13	0.94±0.24	0.018±0.006	0.31±0.05	1.01±0.26	2.89±0.54	0.21±0.09	13.134
3年生	5月	1.41±0.46	0.86±0.14	2.36±0.20	0.37±0.08	0.71±0.19	0.44±0.07	—	1.01±0.32	—	4.39±0.34	0.19±0.11	11.733
	6月	0.88±0.24	0.54±0.10	1.85±0.16	0.32±0.07	0.30±0.06	0.52±0.11	0.057±0.005	0.44±0.15	1.25±0.33	3.18±0.26	0.53±0.12	9.863
	7月	0.97±0.15	0.59±0.08	1.30±0.10	0.43±0.18	0.52±0.12	0.32±0.11	0.02±0.005	0.33±0.14	1.01±0.35	1.92±0.29	0.40±0.17	7.799
	8月	1.23±0.37	0.75±0.18	5.43±0.24	0.31±0.09	0.46±0.15	0.27±0.06	0.012±0.004	0.46±0.07	1.68±0.27	1.88±0.18	0.33±0.08	12.814
	9月	1.29±0.19	0.79±0.09	1.62±0.10	0.58±0.13	0.76±0.17	1.30±0.25	0.027±0.005	0.63±0.31	1.75±0.31	4.70±0.63	0.38±0.15	13.815
4年生	5月	1.41±0.28	0.97±0.15	2.10±0.36	0.40±0.10	0.82±0.25	0.46±0.17	—	0.90±0.24	1.45±0.21	3.87±0.41	0.66±0.22	13.043
	6月	1.14±0.13*	0.69±0.10	1.36±0.11	0.36±0.08	0.25±0.07	0.64±0.07	—	0.33±0.07	1.18±0.24	3.13±0.27	0.40±0.30	9.465
	7月	1.34±0.36	0.81±0.21	1.87±0.17	0.19±0.06	1.80±0.22	0.57±0.03	—	0.75±0.16	1.87±0.32	2.11±0.33	0.40±0.14	11.695
	8月	0.65±0.10	0.4±0.16	0.94±0.23	0.16±0.08	0.28±0.08	0.23±0.07	0.012±0.003	0.22±0.06	0.80±0.15	1.50±0.19	0.23±0.07	5.424
	9月	1.37±0.18	0.83±0.06	2.47±0.15	0.40±0.16	0.93±0.26	0.25±0.04	0.016±0.004	0.32±0.12	1.16±0.23	2.98±0.16	0.32±0.09	11.041
5年生	5月	1.53±0.34	0.93±0.20	2.67±0.14	0.26±0.09	0.44±0.11	0.52±0.10	—	0.68±0.10	2.71±0.30	7.75±0.54	0.57±0.19	18.058
	6月	0.75±0.26	0.46±0.07	0.73±0.13	0.19±0.05	0.35±0.09	0.24±0.08	—	0.23±0.08	0.70±0.13	1.92±0.25	0.19±0.05	5.741
	7月	1.38±0.43	0.84±0.14	2.96±0.09	0.16±0.05	1.05±0.18	0.41±0.22	—	0.57±0.10	2.49±0.17	2.87±0.33	0.51±0.11	13.244
	8月	0.94±0.17	0.72±0.23	1.54±0.13	0.21±0.10	0.87±0.16	0.45±0.13	0.011±0.003	0.27±0.07	1.23±0.20	2.17±0.24	0.21±0.07	8.62
	9月	0.71±0.15	0.43±0.11	1.28±0.11	1.06±0.24	0.46±0.10	0.48±0.14	0.014±0.002	0.12±0.04	0.79±0.12	1.54±0.21	0.16±0.06	7.036

注："—"表示未检测出

表 7-5 不同年生、不同采收月份西洋参叶中人参皂苷和拟人参皂苷含量（mg/g；$n=3$）

样品号	年份	月份	Rg1	Re	F11	RT5	Rb1	Rg2	Rc	Rb2	Rb3	Rd	Rg3	总皂苷
1		5月	1.05±0.26	0.61±0.10	3.67±0.13	0.26±0.10	0.26±0.10	0.45±0.12	0.12±0.04	1.15±0.11	4.56±0.10	4.93±0.17	0.57±0.10	17.06
2		6月	1.48±0.12	0.90±0.27	3.73±0.16	0.3±0.09	0.56±0.17	0.62±0.15	0.13±0.02	1.12±0.19	4.13±0.21	5.21±0.11	0.95±0.23	17.63
3	1年生	7月	2.09±0.23	-1.27±0.20	5.03±0.13	0.48±0.08	0.32±0.07	0.95±0.18	0.16±0.06	1.36±0.13	5.37±0.13	4.66±0.32	0.74±0.13	19.13
4		8月	2.53±0.15	1.64±0.17	5.60±0.08	0.47±0.08	0.41±0.12	1.04±0.09	0.22±0.04	1.59±0.09	6.29±0.15	6.76±0.16	1.05±0.11	22.43
5		9月	3.07±0.17	1.86±0.18	5.66±0.20	0.45±0.15	0.53±0.10	1.29±0.12	0.28±0.10	1.76±0.22	6.57±0.24	8.56±0.14	1.36±0.16	27.60
6		5月	3.76±0.22	2.17±0.14	13.15±0.30	0.93±0.24	0.92±0.12	1.60±0.17	0.42±0.06	4.11±0.31	16.33±0.30	17.67±0.59	2.03±0.33	31.39
7		6月	3.98±0.16	2.42±0.07	10.06±0.35	0.80±0.28	1.51±0.44	1.67±0.10	0.36±0.07	3.02±0.27	11.13±0.39	14.03±0.16	2.57±0.17	63.09
8	2年生	7月	4.97±0.13	3.02±0.23	11.94±0.15	1.14±0.11	0.77±0.39	2.26±0.31	0.37±0.06	3.23±0.10	12.73±0.16	11.06±0.27	1.75±0.15	51.55
9		8月	5.47±0.06	3.55±0.28	12.10±0.17	1.01±0.21	0.88±0.24	2.25±0.16	0.47±0.08	3.44±0.43	13.58±0.18	14.61±0.20	2.27±0.12	53.24
10		9月	6.73±0.79	4.08±0.22	12.41±0.18	0.99±0.23	1.16±0.16	2.84±0.21	0.62±0.16	3.86±0.13	14.41±0.19	18.77±0.24	2.99±0.20	59.63
11		5月	3.62±0.07	2.17±0.11	12.25±0.34	1.27±0.13	0.97±0.34	1.68±0.11	0.21±0.03	4.58±0.21	17.29±0.54	15.55±0.29	2.22±0.12	68.86
12		6月	3.21±0.07	1.95±0.19	10.07±0.53	1.70±0.19	1.31±0.15	1.61±0.18	0.25±0.03	1.85±0.15	5.17±0.33	7.2±0.12	3.19±0.16	61.81
13	3年生	7月	4.17±0.14	2.76±0.35	9.45±0.69	1.75±0.11	0.79±0.09	1.97±0.29	0.40±0.10	3.53±0.12	14.32±0.21	11.20±0.24	1.92±0.28	37.51
14		8月	5.66±0.42	3.32±0.20	9.78±0.15	1.38±0.18	0.83±0.14	1.85±0.23	0.47±0.08	3.93±0.16	15.76±0.28	13.13±0.35	2.34±0.44	52.26
15		9月	6.25±0.22	3.79±0.15	8.27±0.09	1.17±0.13	1.21±0.17	1.26±1.14	0.26±0.07	3.08±0.17	12.11±0.16	19.49±0.43	2.93±0.36	58.45
16		5月	3.60±0.14	2.20±0.09	9.43±0.26	1.50±0.16	1.12±0.19	1.76±0.19	0.47±0.08	4.96±0.23	19.84±0.30	14.69±0.39	2.49±0.15	59.82
17		6月	3.35±0.06	2.04±0.20	8.95±0.13	1.89±0.20	1.86±0.27	2.51±0.13	0.44±0.12	2.37±0.15	6.16±0.12	9.10±0.12	4.23±0.19	62.06
18	4年生	7月	4.09±0.13	2.49±0.09	7.99±0.17	0.59±0.10	0.91±0.16	1.66±0.17	0.44±0.07	3.96±0.30	15.32±0.33	11.59±0.19	1.33±0.08	42.90
19		8月	5.35±0.34	3.30±0.24	8.42±0.14	0.66±0.23	0.93±0.14	1.65±0.34	0.48±0.17	4.27±0.10	17.04±0.44	12.75±0.17	1.77±0.15	50.37
20		9月	7.03±0.19	4.26±0.66	8.99±0.21	0.72±0.16	0.96±0.20	1.65±0.12	0.64±0.15	4.86±0.26	19.11±0.39	13.55±0.14	2.10±0.21	56.62
21		5月	3.58±0.12	2.18±0.14	11.40±0.35	0.61±0.14	0.86±0.15	1.64±0.29	0.29±0.06	5.54±0.27	16.41±0.12	15.54±0.18	2.76±0.16	63.87
22		6月	3.74±0.07	2.27±0.21	8.64±0.33	0.74±0.24	1.17±0.08	2.68±0.29	0.25±0.03	2.48±0.09	8.79±0.18	9.03±0.13	3.59±0.29	60.81
23	5年生	7月	3.77±0.19	2.30±0.14	8.24±0.46	0.68±0.18	0.96±0.16	1.58±0.14	0.26±0.07	2.61±0.13	9.64±0.26	13.62±0.18	2.37±0.13	43.38
24		8月	3.96±0.35	2.33±0.08	7.96±0.30	0.63±0.13	0.91±0.18	1.54±0.18	0.20±0.04	2.58±0.16	9.77±0.20	14.00±0.32	2.44±0.18	46.03
25		9月	4.22±0.13	2.56±0.15	6.44±0.23	0.59±0.14	0.84±0.21	1.48±0.08	0.19±0.05	2.59±0.20	9.91±0.18	15.61±0.20	2.57±0.14	46.32

二、不同炮制方法对西洋参中人参皂苷的影响

研究表明，将西洋参进行与人参红参类似的炮制研究发现，西洋参红参的抗癌活性高于西洋白参，本研究采用 HPLC-PDA/ESI-MS 法，以加拿大产西洋参为研究对象，研究自制−80℃冷冻干燥西洋白参、自制−80℃冷冻干燥西洋红参、加拿大安大略省大山行农场的电热鼓风烘干的商品西洋参中人参皂苷的变化情况。

对照品溶液的制备：取人参皂苷对照品适量，精密称定，加甲醇定容至 5 mL 容量瓶，制成 Re、Rg$_1$、Rb$_1$、Rf、Rc、Rb$_2$、Rb$_3$、Rg$_2$、Rd 和 Rg$_3$ 浓度分别为 0.584 mg/mL、0.136 mg/mL、1.06 mg/mL、1.06 mg/mL、0.282 mg/mL、0.470 mg/mL、0.980 mg/mL、0.470 mg/mL、0.480 mg/mL、0.0196 mg/mL 的对照品储备液。

供试品的制备：①西洋参炮制品的制备。将采集西洋参的新鲜根，用自来水流水洗去泥沙，晾干水分；一部分直接切片，另一部分全参装入密闭的容器中，100℃隔水蒸煮 4 h，间断翻动，确保受热均匀，再晾干后切片；所有切片置−20℃冰箱冰冻 12 h；然后放入−80℃冷冻干燥箱 24 h，得到自制西洋红参和自制西洋白参样品。西洋参商品药材 2009 年 9 月购于加拿大大山行农场。②取西洋参样品适量，打粉机粉碎，过 40 目筛。取样品粉末 1.0 g，精密称定，加入 50 mL 水饱和正丁醇，加热回流 1.5 h，提取 2 次。过滤，挥去滤液，挥去水饱和正丁醇，滤渣用甲醇定容于 25 mL 容量瓶中备用；溶液分析前用 0.45 μm 滤膜（津腾）过滤，并于 4℃保存。

色谱与质谱条件：色谱柱 DIKMA diamonsil（250 mm×4.6 mm，5 μm），流速 300 μL/min，温度 35℃，检测波长 203 nm，进样体积 20 μL。流动相：定量分析时（流动相不经过质谱系统）为 A（乙腈）和 B（0.05%磷酸水），定性分析时为 A（乙腈）和 C（0.05%冰醋酸水）；梯度洗脱程序：0～5 min，20%～26% A；5～10 min，26%～34% A；10～25 min，34%～35% A；25～35 min，35%～40% A；35～45 min，40%～45% A；45～50 min，45%～50% A；50～60 min，50%～60% A；60～65 min，60%～70% A；65～75 min，70%～80% A。质谱条件：正离子检测模式，鞘气 10 L/min，辅助气 10 L/min，喷雾电压 4.5 kV，毛细管温度 320℃，毛细管电压 30 V。

线性关系考察：将对照品储备液稀释成不同浓度梯度，按照选定色谱条件测定人参皂苷 Re、Rg$_1$、Rb$_1$、Rf、Rc、Rb$_2$、Rb$_3$、Rg$_2$、Rd 和 Rg$_3$ 的峰面积，以各成分色谱峰面积为纵坐标（Y），对照品浓度为横坐标（X），绘制标准曲线，得回归方程，见表 7-6。

表 7-6　10 种人参皂苷的线性回归方程和线性范围（mg/mL）

化合物	回归方程	R^2	线性范围	化合物	回归方程	R^2	线性范围
Re	$Y=9\ 294.8X+33\ 473$	0.999 9	0.029 2～0.584	Rb$_2$	$Y=13\ 843X-3\ 610.1$	1.000 0	0.011 75～0.470
Rg$_1$	$Y=15\ 492X-14\ 884$	0.999 8	0.002 17～0.136	Rb$_3$	$Y=13\ 873X-12\ 351$	0.999 5	0.002 94～0.980
Rb$_1$	$Y=13\ 293X+94\ 629$	0.999 4	0.006 2～1.060	Rg$_2$	$Y=19\ 199X+13\ 628$	1.000 0	0.011 75～0.470
Rf	$Y=18\ 653X+311\ 193$	0.999 6	0.003 5～1.060	Rd	$Y=14\ 852X+73\ 277$	0.999 8	0.048～0.480
Rc	$Y=15\ 200X+31\ 152$	0.999 8	0.005 64～0.282	Rg$_3$	$Y=19\ 941X-3\ 106.1$	0.999 9	0.001 47～0.019 6

从数据结果（图 7-4、图 7-5、表 7-7）可以得出以下结论。

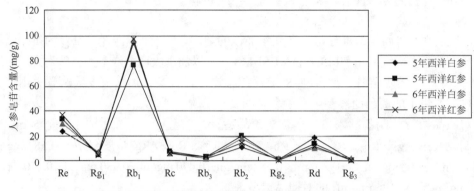

图 7-4　不同西洋参炮制品中人参皂苷含量（mg/g；$n=3$）

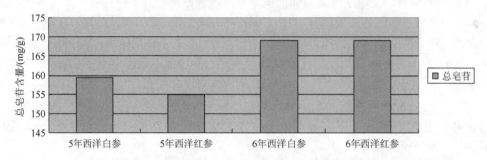

图 7-5　不同西洋参炮制品中的总皂苷含量（$n=3$）

表 7-7　西洋参炮制品中的人参皂苷含量（mg/g；$n=3$）

	5 年西洋白参	5 年西洋红参	6 年西洋白参	6 年西洋红参
Re	22.84 ± 0.21	32.41 ± 0.28	29.42 ± 0.15	35.95 ± 0.29
Rg_1	6.33 ± 0.12	3.93 ± 0.06	6.44 ± 0.02	4.06 ± 0.09
Rb_1	93.34 ± 0.29	75.86 ± 0.23	95.86 ± 0.27	96.41 ± 0.21
Rc	6.24 ± 0.07	7.12 ± 0.08	5.87 ± 0.04	5.56 ± 0.01
Rb_3	1.24 ± 0.02	2.71 ± 0.05	1.48 ± 0.01	2.71 ± 0.03
Rb_2	10.49 ± 0.07	19.25 ± 0.21	17.62 ± 0.15	13.57 ± 0.13
Rg_2	0.87 ± 0.01	0.36 ± 0.01	1.10 ± 0.02	—
Rd	17.73 ± 0.26	13.39 ± 0.18	9.61 ± 0.14	10.79 ± 0.09
Rg_3	0.36 ± 0.01	—	1.60 ± 0.01	

注："—"表示未检测出

（1）自制西洋红参与自制西洋白参相比，人参皂苷 Re、Rc、Rb_2、Rb_3 的含量降低，人参皂苷 Rg_1、Rb_1 的含量升高。Re 含量降低，而与 Re 同为人参三醇型皂苷的 Rg_1 含量上升，可能是由于 Re 水解产生了 Rg_1。人参皂苷 Rb_1 含量的升高，可能是由于丙二酰基人参皂苷 Rb_1 的降解。

（2）自制西洋红参和自制西洋白参采用冷冻干燥，而商品西洋参采用电热鼓风烘干，由于干燥方法不同，有效成分含量变化较大。自制西洋白参与商品西洋参相比，人参皂苷

Re、Rg$_1$、Rb$_1$ 的含量低于商品西洋参，人参皂苷 Rc、Rb$_2$、Rb$_3$ 的含量高于商品西洋参，其原因有待进一步研究。

（3）Rd 含量：5 年生红参＞5 年生白参＞商品西洋参；5 年生白参＞6 年生白参；5 年生红参＞6 年生红参，但是 6 年生红参＜6 年生白参，与文献报道的新鲜西洋参经热处理+冷冻干燥后 Rd 含量下降有所不同。

（4）人参皂苷 Rg$_2$、Rg$_3$：在自制西洋白参、商品西洋参中采用 PDA 检测器均未检测到，采用 ESI-MS 能检测到较低响应值的 Rg$_2$、Rg$_3$，而这两种人参皂苷在自制西洋红参中有较高含量，在 6 年生自制西洋红参中分别达到了 0.027%和 0.0401%。人参皂苷 Rc、Rb$_2$、Rb$_3$ 与 Rg$_3$ 同为 20（S）-人参二醇型皂苷，Rg$_3$ 含量的升高很有可能是由于自制西洋红参加工过程中 Rc、Rb$_2$、Rb$_3$ 的 20 位糖链的弱酸性水解产生 Rg$_3$。

（5）人参皂苷 Rf 在所有样品中均未检测到，与文献报道西洋参不含人参皂苷 Rf 一致。

（6）新鲜全西洋参隔水蒸煮后切片于–80℃冷冻干燥炮制处理，部分皂苷成分发生结构改变，产生了自制西洋白参和商品西洋参中没有的皂苷，或是经过炮制后部分人参皂苷含量升高或者降低；除了含量增高的人参皂苷 Rg$_2$ 和 Rg$_3$，通过 HPLC-MS 分析发现，有一个未知峰在西洋红参中有较高的丰度，而在自制西洋白参和商品西洋参中只有极低的响应值。该化合物的准分子离子峰为 m/z1294.8，通过查阅文献及对二级质谱峰进行归属，m/z1294.8 为准分子离子峰$[M+Na]^+$，以准分子离子作为母离子进行二级质谱分析，m/z951.7 为母离子丢失 2 个葡萄糖基和一分子水后形成$[M-2glc-H_2O+Na]^+$，m/z789.6 为母离子丢失 3 个葡萄糖基和一分子水后产生的碎片离子，m/z467.1 为母离子丢失 5 个葡萄糖基和一分子水产生的碎片离子，因此初步鉴别出该化合物为人参皂苷 RA$_0$，说明新鲜西洋参经加工炮制成西洋红参后，人参皂苷 RA$_0$ 的含量增加，增加的量还有待进一步研究。

三、总多糖含量测定

西洋参多糖（PPQ）是西洋参中含量最多的一类具有特殊生物活性的物质；西洋参及其提取物的可溶性果胶中均含有一定的多糖类成分，目前分离出来的成分有蔗糖、人参三糖、麦芽糖、葡萄糖、果糖、半乳糖醛酸、半乳糖、葡萄糖等。西洋参多糖在西洋参根中含量达 10%左右，现代药理研究表明具有增强免疫、降血糖、抗辐射、抗肿瘤、益智等作用。

供试品溶液的制备：取醇提后干燥的西洋参药渣，按照料液比 1∶35（$m∶V$）加入 35 mL 蒸馏水，浸泡 2 h 后 100℃水浴回流 1 h，过滤，收集滤液，重复提取 1 次，滤渣用 2 mL 蒸馏水洗涤 2 次，合并滤液。离心后回收上清液置于 100 mL 容量瓶中，加蒸馏水稀释至刻度，定容，作为供试品母液。精确吸取 4 mL 供试品母液置于 25 mL 容量瓶中，加蒸馏水稀释至刻度，作为供试品溶液备用。

对照品溶液的制备：精密称取在 105℃下恒温干燥至恒重的葡萄糖 0.050 07 g 置 100 mL 棕色容量瓶中，加入蒸馏水定容至刻度，摇匀，制的葡萄糖对照品溶液，备用的对照品溶液质量浓度为 0.5007 mg/mL。

蒽酮-硫酸溶液的配制：精密称取蒽酮 0.2 g 至锥形瓶中，缓慢加入 100 mL 浓硫酸溶液，边加边搅拌至蒽酮全部溶解，现用现配，需避光保存。

标准曲线的制备：分别精密吸取葡萄糖对照品溶液 0.2 mL、0.4 mL、0.8 mL、1.2 mL、1.6 mL、2.0 mL、2.4 mL、2.8 mL，分别置于 10 mL 容量瓶中，用蒸馏水稀释至刻度。精密吸取上述各浓度的葡萄糖标准溶液各 2 mL 至具塞比色管中，分别加入备用的蒽酮-硫酸溶液 5 mL，振摇后置于冰水浴中冷却 10 min，然后置于 100℃沸水浴中加热显色 10 min，再置于冰水浴中冷却 10 min，另取蒸馏水用上述相同方法配制的溶液为空白对照。在 620 nm 处测定吸光度。

测得的数据采用回归法计算，以浓度 C（mg/mL）为横坐标，吸光度 A 为纵坐标绘制标准曲线，得到标准曲线的回归方程：$A=10.597C+0.0182$，$R^2=0.9996$（$n=8$）。结果表明，葡萄糖浓度在 0.010 014～0.140 196 mg/mL 时与吸光度值具有良好的线性关系。

精密度试验：精密吸取葡萄糖对照品溶液 2 mL，按照标准曲线制备方法中显色和测定方法操作，依法重复测定其吸光度值，RSD 为 0.229%（$n=5$）。结果表明精密度良好。

稳定性试验：精密吸取葡萄糖对照品溶液 2 mL，按照标准曲线制备方法中显色和测定方法操作，依法每隔 15 min 测定其吸光度值，RSD 值为 0.913%（$n=7$）。结果表明，样品溶液在 1.5 h 内稳定性良好。

重复性试验：取同一批西洋参样品 5 份，每份 1.0 g，按供试品制备方法制备成供试品溶液，精密吸取供试品溶液各 2 mL，按照标准曲线制备方法中显色和测定方法操作，分别测定吸光度值，RSD 值为 0.113%（$n=5$）。结果表明样品的重复性良好。

加样回收率试验：精密吸取已知含量的西洋参供试品溶液 6 份，依次分别加入不同体积葡萄糖对照品溶液，按照标准曲线制备方法中显色和测定方法操作，分别测定吸光度值，计算西洋参多糖的平均回收率为 100.20%，RSD 值为 1.074%（$n=6$），结果表明加样回收良好。

多糖含量测定：精密称取不同采收时间、不同入药部位的西洋参粉末 1.0 g，按照供试品溶液的制备方法制备供试品溶液，按照显色和测定方法操作，分别测定吸光度值，每个样品平行测定 3 次，取平均值，按照多糖含量计算方法计算加拿大原产地西洋参中多糖含量。

从表 7-8 可以看出，根、茎、叶中多糖的含量随着采收月份不同有明显变化，5～9 月呈现先增加后减少的趋势。根中多糖含量最高的是 3 年生 6 月份样品为 154.15 mg/g，含量最低的是 1 年生 9 月份样品为 14.13 mg/g；茎中多糖含量最高的是 2 年生 6 月份样品为 39.721 mg/g，含量最低的是 5 年生 9 月份样品为 12.484 mg/g；叶中多糖含量最高的是 2 年生 6 月份样品为 21.708 mg/g，最低的是 5 年生 9 月份样品为 8.464 mg/g。从总体看来，所有年份样品均为 6 月样品的含量较高，7 月、8 月样品的含量居中，5 月、9 月份样品的含量较低。

表 7-8　不同采收年份和月份西洋参中总多糖含量（mg/g；$n=3$）

采收年份	采收月份	根	茎	叶
	5 月	65.21	22.727	13.221
	6 月	102.13	34.644	16.479
1 年生	7 月	76.88	31.671	14.088
	8 月	78.77	29.496	13.522
	9 月	14.13	22.318	10.175

续表

采收年份	采收月份	根	茎	叶
	5 月	83.37	23.873	14.437
	6 月	120.53	39.721	21.708
2 年生	7 月	112.63	32.675	18.27
	8 月	114.04	34.427	17.426
	9 月	34.89	23.386	11.547
	5 月	88.21	21.903	14.066
	6 月	154.15	39.456	18.792
3 年生	7 月	119.00	26.572	16.635
	8 月	126.31	26.69	15.726
	9 月	38.78	18.592	10.55
	5 月	72.64	22.275	13.267
	6 月	116.49	34.965	18.711
4 年生	7 月	104.72	25.901	15.885
	8 月	106.96	25.879	15.243
	9 月	31.83	15.422	9.689
	5 月	52.82	14.872	11.863
	6 月	99.30	26.927	14.302
5 年生	7 月	83.73	22.884	12.814
	8 月	90.21	20.303	12.201
	9 月	21.89	12.484	8.464

总体上根中多糖的含量最高，平均为 8.4%左右，茎中的含量次之，平均约为 2.6%，叶中含量较少，平均约为 1.5%。根茎叶中多糖总含量约为 12.5%。

第三节　西洋参及其炮制品无机元素含量测定

仪器、试剂与药材：艾柯超纯水机 AKRY-UP-1824；6300 Radial 系列 ICP-OES（赛默飞世尔公司）；WX-8000 微波快速消解仪（上海屹尧微波化学技术有限公司）；METTLER AE240 双量程分析天平（梅特勒-托利多仪器上海有限公司）。超纯水（18.2MΩ）、95%硝酸（优级纯）、过氧化氢（优级纯）；标准储备液：Al、B、Ba、Ca、Co、Cu、Fe、Mg、Mn、Mo、Na、Ni、P、Pb、Si、Sn、Sr、Ti、Zn、Cd、As、Se、V、Hg、Cr、K 均购自国家标准物质研究中心，浓度为 1000 μg/mL。使用液梯度浓度均为 0.00 mg/mL、0.02 mg/mL、0.20 mg/mL、2.00 mg/mL、20.00 mg/mL，用 5%硝酸介质将标准溶液逐级稀释配成混合。西洋参自采于加拿大安大略省斯莱格斯（Slegers）农场，包括不同的生长年限（2 年生、3 年生、4 年生、5 年生），不同入药部位（根、茎、叶），不同的月份（5 月、6 月、7 月、8 月、9 月），经刘圆教授鉴定为五加科植物西洋参。西洋参商品药材，包括花旗参、泡参、侧根、须根，为 2009 年 9 月购于加拿大安大略省大山行农场。

样品的预处理：将西洋参样品置于鼓风烘箱中 60℃烘干至恒重。将样品粉碎后，过 80 目筛。精密称取样品 0.200 g，放入 PTFE 消解罐中，移取 5 mL 浓硝酸，室温敞口放置，预消解 20 min。然后，按照表 7-9 中工作条件，进行微波消解。待消解完全后，关闭仪器，令样品自然冷却至室温。待压力低于 2 atm 时，打开气阀，排出气体后取出样品溶液。如样品溶液不澄清的话，可以滴加 2 滴过氧化氢。将样品溶液移入 10 mL 比色管中，用去离子水定容至刻度。标准对照品和空白采用相同的方法消解。

表 7-9　微波消解条件

步骤	温度/℃	压力/atm	功率/W	保持时间/min
1	80	10	800	2
2	120	10	1400	3
3	150	15	2000	8
4	180	20	2000	15

仪器工作条件的选择：ICP-OES 测定工作条件：RF 功率 1.15 kW，等离子气流量 15 L/min，辅助气流量 0.5 L/min，雾化器流量 0.55 L/min，泵速 50 r/min，观测高度 10 mm，一次读数时间 5 s，测量次数 3 次，仪器稳定延时 15 s。

无机元素含量测定结果见表 7-10～表 7-15。

表 7-10　2 年生西洋参中无机元素含量（mg/mL；n=3）

	2年5月根	2年6月茎	2年5月叶	2年6月根	2年7月叶	2年7月根	2年8月茎	2年8月根	2年9月叶	2年9月茎	2年9月根
Al	0.7112	0.5958	0.4617	0.3897	0.6076	1.1070	1.0740	0.6389	0.9734	1.4950	2.0280
B	0.0767	0.0892	0.0698	0.0491	0.0869	0.0772	0.1062	0.0666	0.0742	0.0815	0.1040
Ba	0.5448	0.5894	0.4605	0.3081	1.7540	1.6880	2.2970	1.2260	1.1350	2.3740	0.9040
Ca	79.2400	48.6700	41.4000	8.3350	41.3800	25.7000	19.4400	25.3700	15.2600	21.6900	21.2100
Cd	0.0039	0.0068	0.0158	0.0129	0.0046	0.0086	0.0197	0.0072	0.0207	0.0128	0.0312
Co	0.0004	0.0004	0.0007	0.0005	0.0031	0.0009	0.0010	0.0015	0.0013	0.0018	0.0011
Cu	0.0350	0.0466	0.1075	0.0596	0.0609	0.0802	0.0665	0.1390	0.0591	0.1029	0.0649
Fe	0.3054	—	0.1601	0.5276	0.0578	0.6960	0.3131	1.6360	2.7520	2.0100	2.7040
K	24.583	38.3288	29.796	33.6000	44.972	52.593	55.192	57.938	34.6000	43.987	36.728
Mg	17.4600	14.1900	8.7670	7.1670	14.9500	15.1000	15.7100	9.2790	10.2800	14.0800	12.0400
Mn	0.1153	0.1549	0.2184	0.2023	1.0580	0.4990	0.3157	0.4058	0.1698	0.3435	0.4331
Mo	0.0112	0.0082	0.0118	0.0063	0.0012	0.0002	0.0073	0.0001	0.0024	0.0021	0.0053
Na	0.3898	0.3840	0.3950	0.3567	0.2629	0.2796	0.3406	0.3419	0.3292	0.4282	0.3592
Ni	0.0201	0.0549	0.1648	0.0729	0.1010	0.0233	0.0767	0.3779	0.0441	0.0326	0.0659
P	51.1100	46.2200	51.3900	29.8100	33.8200	44.5100	40.0000	53.6500	38.0500	51.7800	44.5100
Pb	0.0941	0.1187	0.1594	0.1774	0.0620	0.1102	0.1640	0.0572	0.3627	0.2080	0.2262
Se	0.0021	0.0016	0.0029	0.0002	—	0.0027	0.0011	0.0005	0.0015	0.0031	0.0001

续表

	2年5月根	2年6月茎	2年5月叶	2年6月根	2年7月叶	2年7月根	2年8月茎	2年8月根	2年9月叶	2年9月茎	2年9月根
Si	0.4835	0.2716	0.2041	0.3844	0.0415	0.3525	0.2926	0.4151	0.2577	0.3451	0.5468
Sn	0.0092	0.0004	0.0024	0.0106	0.0048	0.0013	0.0054	0.0213	0.0286	0.0254	0.0313
Sr	0.2218	0.1601	0.6950	0.0402	0.1608	0.0817	0.2385	0.1292	0.1648	0.1173	0.3137
Ti	0.0021	0.0022	0.0029	0.0310	0.0010	0.0034		0.0130	0.0088	0.0111	0.0553
V	0.0007	0.0005	0.0004	0.0004	0.0008	0.0026	0.0025	0.0010	0.0014	0.0045	0.0041
Zn	0.3511	0.3413	0.3133	0.1287	0.2876	0.2846	0.1551	0.5670	0.1984	0.3512	0.2087

注："—"表示未检测出

表 7-11　3 年生西洋参中无机元素含量（mg/mL；$n=3$）

	3年5月根	3年5月茎	3年5月叶	3年6月根	3年6月叶	3年6月茎	3年7月茎	3年7月根	3年8月茎	3年8月根	3年9月根
Al	1.9690	0.4332	0.2742	0.6349	1.5120	0.4487	0.7183	0.8737	1.0630	0.4386	0.4681
B	0.1410	0.0473	0.0633	0.1110	0.1713	0.0852	0.0844	0.0471	0.1040	0.0777	0.0536
Ba	0.2884	0.3121	0.4856	0.6936	0.3389	0.2821	2.5850	1.3710	2.2880	0.7485	0.1326
Ca	61.4200	10.3000	10.7400	50.7900	58.6800	64.1800	58.5600	10.7900	19.3600	9.4720	9.1530
Cd	0.0022	0.0090	0.0050	0.0253	0.0077	0.0139	0.0042	0.0040	0.0194	0.0683	0.0000
Co	0.0069	0.0010	0.0005	0.0018	0.0019	0.0004	0.0005	0.0009	0.0010	0.0008	0.0009
Cu	0.0755	0.0597	0.0761	0.1217	0.0410	0.0767	0.0529	0.0896	0.0658	0.4988	0.0859
Fe	2.0880	—	—	0.0406	1.6720	0.0637	1.1940	1.1580	0.3108	0.0486	0.5445
K	50.4400	47.0700	48.6500	55.823	48.3500	44.983	47.256	59.592	60.357	50.3100	54.239
Mg	10.6000	8.3070	9.0310	15.1800	15.5800	18.0900	16.0300	6.6220	15.4500	6.9780	13.4800
Mn	2.6000	0.1288	0.1123	0.3455	1.1390	0.2969	0.2102	0.1369	0.3134	0.1503	0.2375
Mo	0.0107	0.0008	0.0009	0.0012	0.0045	0.0016	0.0013	0.0003	0.0073	0.0033	0.0137
Na	0.4089	0.3457	0.3249	0.4376	0.3288	0.3382	0.2893	0.2377	0.3389	0.3180	0.2578
Ni	0.0147	0.0425	0.1128	1.5370	0.0388	0.1212	0.0431	0.1622	0.0766	0.1018	0.0148
P	26.7500	26.5900	25.2200	44.8100	22.5500	34.4300	45.0000	49.6100	39.9400	30.5600	63.6600
Pb	0.0669	0.0937	0.0787	0.2758	0.0720	0.1881	0.0357	0.0355	0.1596	0.4812	0.0150
Se	0.0021	0.0007	0.0015		0.0010		0.0019	0.0007		0.0011	0.0001
Si	0.6024	0.2202	0.0480	0.0437	0.3827	0.2375	0.4041	0.0388	0.2878	0.0406	0.5333
Sn	0.0156	0.0033	0.0052	0.0072	0.0142	0.0033	0.0152	0.0212	0.0003	0.0068	0.0116
Sr	0.4002	0.0517	0.0721	0.2144	0.2239	0.6491	0.3152	0.1570	0.2373	0.1350	0.1266
Ti	0.0076	0.0020	0.0013	0.0050	0.0155	0.0039	0.0132	0.0196	0.0031	0.0064	0.0366
V	0.0029	0.0005	0.0002	0.0007	0.0024	0.0001	0.0018	0.0016	0.0020	0.0002	0.0085
Zn	0.4512	0.2246	0.1551	0.4862	0.2072	0.3701	0.3882	0.2541	0.1538	0.6236	0.1389

注："—"表示未检测出

表 7-12　4 年生西洋参中无机元素含量（mg/mL；$n=3$）

	4年5月根	4年5月叶	4年6月叶	4年6月茎	4年7月叶	4年7月茎	4年8月叶	4年8月茎	4年9月叶	4年9月茎
Al	0.2729	0.2982	0.2319	0.6389	1.0580	0.3120	0.5509	0.4491	0.3153	5.4490
B	0.0350	0.0602	0.0403	0.1090	0.0693	0.0811	0.0563	0.0512	0.0524	0.1651
Ba	0.4044	0.8277	3.3520	0.1385	2.7100	0.4596	2.0210	2.4090	0.4367	2.2110
Ca	10.8000	38.8000	21.4000	41.6500	27.7600	11.5000	9.9790	16.0000	8.2520	25.0300

	4年5月根	4年5月叶	4年6月叶	4年6月茎	4年7月叶	4年7月茎	4年8月叶	4年8月茎	4年9月叶	4年9月茎
Cd	0.0007	0.0132	0.0045	0.0071	0.0093	0.0091	0.0075	0.0040	0.0110	0.0417
Co	0.0002	0.0029	0.0007	0.0012	0.0004	0.0001	0.0003	0.0001	—	0.0005
Cu	0.1116	0.0841	0.0326	0.0547	0.0555	0.2822	0.0456	0.0318	0.0461	0.2230
Fe	0.0295	0.0485	0.0555	0.2365	1.5740	—	0.5024	0.2215	0.7244	4.5940
K	32.6200	48.892	49.382	58.394	59.394	47.932	33.8100	33.7400	42.8000	41.283
Mg	6.5800	8.9720	5.2620	13.9700	16.8500	11.1800	9.6760	6.7710	5.1170	22.2200
Mn	0.0820	1.2800	0.0716	1.1250	0.8128	0.2531	0.1742	0.1356	0.0991	0.6395
Mo	0.0041	0.0024	0.0004	0.0030	0.0027	0.0047	0.0037	0.0060	0.0019	0.0054
Na	0.3668	0.3242	0.3732	0.2698	0.3098	0.2834	0.2427	0.2413	0.2803	0.4554
Ni	0.0414	0.2273	0.0392	0.1422	0.0927	0.1008	0.0206	0.0137	0.0610	0.1410
P	27.1800	24.7800	27.3900	24.8700	37.0800	36.6600	28.5500	30.9000	22.4900	58.3600
Pb	0.0383	0.1652	0.0592	0.0883	0.0748	0.0732	0.0569	0.0307	0.1796	0.3760
Se	0.0001	0.0009	0.0007	0.0030	0.0016	0.0002	0.0001	0.0008	0.0026	0.0005
Si	0.3484	0.0360	0.1684	0.2737	0.7457	0.0259	0.2800	0.2466	0.0423	0.2751
Sn	0.0029	0.0031	0.0010	0.0020	0.0227	0.0001	0.0073	0.0045	0.0108	0.0595
Sr	0.0504	0.0959	0.1586	0.2690	0.0658	0.1533	0.0830	0.0999	0.0865	0.1708
Ti	0.0002	0.0028	0.0038	0.0023	0.0399	0.0003	0.0059	0.0030	0.0026	0.0375
V	0.0001	0.0004	0.0000	0.0005	0.0031	0.0001	0.0012	0.0008	0.0003	0.0142
Zn	0.2721	0.2528	0.1013	0.2912	0.2051	0.5787	0.1840	0.0987	0.1533	0.3304

注："—"表示未检测出

表7-13　5年生西洋参中无机元素含量（mg/mL；$n=3$）

	5年5月根	5年5月茎	5年5月叶	5年6月根	5年6月叶	5年7月茎	5年8月叶	5年8月茎	5年8月根	5年9月叶	5年9月茎
Al	0.5575	0.3801	0.7181	0.6145	1.1120	0.5311	0.4248	0.2971	0.7503	1.2160	0.6907
B	0.0542	0.0445	0.0710	0.0993	0.1081	0.0481	0.0389	0.0809	0.0653	0.0649	0.0681
Ba	0.6213	1.6720	0.5361	0.2163	1.9900	0.6637	1.1050	1.9040	2.1460	1.8960	0.6926
Ca	46.6000	16.7700	41.5400	52.1700	56.2000	10.0500	7.1780	14.9800	19.9000	19.2100	10.3100
Cd	0.0014	0.0185	0.0033	0.0155	0.0056	0.0033	0.0095	0.0118	0.0037	0.0162	0.0116
Co	0.0006	0.0001	0.0012	0.0027	0.0027	0.0005	0.0004	0.0007	0.0014	0.0010	0.0015
Cu	0.1055	0.0474	0.0824	0.0663	0.0541	0.0329	0.0419	0.0510	0.0608	0.0410	0.0527
Fe	0.6292	0.2887	0.5828	0.1267	1.0890	0.5969	0.4245	0.5684	1.2460	2.1450	1.2250
K	44.289	43.7100	59.342	53.435	63.893	32.6400	33.2900	57.3500	68.343	59.483	41.9700
Mg	7.4690	7.0040	11.3700	12.6000	5.7650	6.8490	7.2670	10.2700	13.0000	10.3800	10.2300
Mn	0.2191	0.1379	0.3354	1.5030	1.6630	0.1049	0.1616	0.1432	0.7303	0.6133	0.1484
Mo	0.0048	0.0010	0.0041	0.0019	0.0021	0.0042	0.0021	0.0038	0.0002	0.0011	0.0030
Na	0.4864	0.3392	0.4594	0.3157	0.3311	0.2297	0.2620	0.2734	0.2702	0.2888	0.3329
Ni	0.1420	0.0261	0.1284	0.0753	0.4055	0.0188	0.0394	0.0223	0.0197	0.0264	0.0259
P	28.4900	30.4200	43.4900	29.8000	22.2200	33.1000	18.5400	30.5000	50.0300	32.4200	28.3900
Pb	0.0428	0.1168	0.0448	0.3373	0.0666	0.0521	0.1083	0.0949	0.0349	0.2124	0.1240
Se	0.0018	0.0011	0.0016	0.0009	0.0028	0.0009	0.0002	0.0034	0.0011	0.0017	0.0001

续表

	5年5月根	5年5月茎	5年5月叶	5年6月根	5年6月叶	5年7月茎	5年8月叶	5年8月茎	5年8月根	5年9月叶	5年9月茎
Si	0.4474	0.2935	0.3211	0.0299	0.2144	0.1799	0.1877	0.1109	0.4242	0.5002	0.2390
Sn	0.0101	0.0018	0.0059	0.0046	0.0074	0.0070	0.0076	0.0066	0.0135	0.0218	0.0143
Sr	0.4951	0.0932	0.4575	0.1764	0.1466	0.1860	0.0441	0.2391	0.0461	0.0460	0.0798
Ti	0.0179	0.0092	0.0025	0.0013	0.0032	0.0040	0.0064	0.0016	0.0060	0.0275	0.0339
V	0.0004	0.0003	0.0011	0.0001	0.0019	0.0004	0.0006	0.0010	0.0013	0.0031	0.0013
Zn	0.4520	0.1265	0.4322	0.2167	0.2411	0.1163	0.1952	0.1504	0.3375	0.1678	0.1536

表 7-14　商品西洋参中无机元素含量（mg/mL；n=3）

	泡参	侧根	须根	花旗参	2 年生	3 年生	4 年生
Al	0.7582	0.3593	0.6402	1.02	0.2823	0.7591	2.3440
B	0.0796	0.0540	0.2081	0.0646	0.0438	0.0887	0.0780
Ba	0.5544	0.4445	0.3999	0.6377	0.1302	1.2220	0.2870
Ca	52.7300	11.7800	63.8600	77.5400	8.7180	72.4900	13.5600
Cd	0.0015	0.0004	0.0967	0.0019	0.0001	0.0287	0.0301
Co	0.0008	0.0010	0.0051	0.0012	0.0001	0.0007	0.0010
Cu	0.0558	0.0412	0.1191	0.0723	0.1416	0.0654	0.0485
Fe	0.1670	0.2035	0.1568	1.5610	0.4999	1.1900	2.6890
K	59.234	42.4800	63.238	63.129	39.6100	57.213	52.142
Mg	18.3200	8.3850	18.9500	10.8700	9.4770	11.8300	9.9790
Mn	0.1602	0.1161	1.2830	0.4010	0.0928	0.3340	0.3942
Mo	0.0032	0.0079	0.0103	0.0015	0.0022	0.0027	0.0006
Na	0.4836	0.2853	0.3923	0.3801	0.2041	0.3169	0.4372
Ni	0.0701	0.0096	4.0880	0.0944	0.0240	0.0753	0.0658
P	35.2300	32.0200	35.1100	38.4100	47.7100	39.2000	39.3000
Pb	0.0472	0.0584	0.9849	0.0579	0.0169	0.1799	0.2874
Se	0.0009	0.0019	0.0039	0.0021	0.0014	0.0034	0.0002
Si	0.1746	0.1415	0.2972	0.5278	0.2720	0.3765	0.2120
Sn	0.0070	0.0026	0.0009	0.0177	0.0042	0.0174	0.0254
Sr	0.3150	0.2837	0.6875	0.3504	0.0604	0.2070	0.0663
Ti	0.0014	0.0015	0.0180	0.0220	0.0107	0.0319	0.0162
V	0.0005	0.0002	0.0007	0.0019	—	0.0015	0.0049
Zn	0.3842	0.2094	0.3768	0.2916	0.3503	0.2812	0.1788

注："—"表示未检测出

表 7-15　不同炮制方法西洋参中元素含量（mg/mL；n=3）

	5 年红参	6 年白参	5 年白参	6 年红参
Al	0.5128	0.5714	0.4538	0.6084
B	0.0570	0.0496	0.0621	0.0740
Ba	0.4558	0.4029	0.1111	1.6670
Ca	13.4800	16.2700	12.7500	14.6800

续表

	5 年红参	6 年白参	5 年白参	6 年红参
Cd	0.0023	0.0048	0.0001	0.0083
Co	0.0007	0.0006	0.0001	0.0016
Cu	0.0521	0.0595	0.1188	0.0560
Fe	0.9528	0.2641	0.2819	1.1050
K	41.3400	42.0600	51.5600	31.4400
Mg	9.9790	11.1500	8.7110	10.3300
Mn	0.2352	0.1903	0.1283	0.2782
Mo	0.0025	0.0035	0.0050	0.0019
Na	0.3857	0.3571	0.2397	0.3215
Ni	0.1405	0.0985	0.0640	0.0366
P	26.4600	24.7200	42.2800	20.0600
Pb	0.0730	0.1998	0.0064	0.1154
Se	0.0002	0.0015	0.0021	0.0007
Si	0.5707	0.3245	0.1798	0.2552
Sn	0.0126	0.0034	0.0028	0.0133
Sr	0.0719	0.1294	0.1342	0.0946
Ti	0.0146	0.0075	0.0071	0.0219
V	0.0007	0.0010	—	0.0015
Zn	0.1582	0.1517	0.2096	0.1861

注:"—"表示未检测出

　　从结果可以看出,2 年生的西洋参样品中根的无机元素总量含量较高,而叶中的无机元素较低。6 月根的无机元素含量较低,其余样品的无机元素含量差异不大。3 年生西洋参样品根、茎中的无机元素的含量均较高,叶中的无机元素的含量较低。比较不同月份的样品发现,6~7 月采收的样品中无机元素含量高于其他月份。4 年生西洋参中 6 月、7 月和 9 月的茎、叶中的无机元素含量较高,8 月的茎、叶中的无机元素含量总量较低。5 年生西洋参样品的根中所含的无机元素的含量较高,茎、叶中所含的无机元素含量较少。6 月采收的西洋参样品中的无机元素含量高于其他月份采收的西洋参样品。

　　不同规格的西洋参样品中 Fe 元素和 Mn 元素的含量较高,各份样品中的含量 Zn 相当,而 Cu、Mo 和 Se 的含量很低。3 年生的西洋参的无机元素含量高于 2 年生和 4 年生,须根的无机元素含量高于侧根。

　　不同西洋参炮制品中 Fe 元素和 Mn 元素的含量较高,其中,红参中的 Fe 的含量明显高于白参,各份样品中 Mn 的含量较均匀;各份样品中的含量 Zn 相当,而 Cu、Mo 和 Se 的含量很低。

第四节　西洋参及自制炮制品的降血糖功效

　　仪器、试剂与药材:盐酸二甲双胍片,25 mg/片(江苏苏中药业集团股份有限公司,批号 08021502）；四氧嘧啶（美国 sigma 公司规格）；血糖测定试剂盒（GOD-PAP 法，四川迈克生物科技公司，批号 20081205）；D-101 大孔吸附树脂，乙醇，苯，乙酸乙酯，三氯化锑，Molish 试剂，1%葡萄糖溶液，1%蔗糖溶液，1%淀粉溶液；旋转蒸发仪。昆明种小鼠，雌雄各半，体重（30±2）g，购买于四川省中医药科学院实验动物中心。西洋参采于加拿大安大略省大山行农场，经刘圆教授鉴定为五加科植物西洋参的干燥根。

一、不同年生的西洋参及自制炮制品的乙醇提取物

供试品的制备：称取不同年生的西洋参和西洋红参 10 g，加 70%的乙醇溶液 100 mL，90℃回流提取 1.5 h。浓缩提取液后，用 100 mL 蒸馏水溶解后冷藏备用。

四氧嘧啶诱导小鼠实验性高血糖模型：小鼠禁食 12 h，然后尾静脉注射 1.5%四氧嘧啶生理盐水溶液 70 mg/kg 造成试验性高血糖。48 h 后禁食 6 h 测量血糖大于 12 mmol/L 的动物用于试验。

分组、给药及指标测定：将高血糖小鼠按照血糖高低分为 6 组，分别为模型组、阳性药组、3 年参组、4 年参组、5 年参组、西洋红参组，取正常小鼠为空白对照组，每组 10 只，雌雄各半。其中给药组灌胃相应年份的西洋参及西洋红参提取物 100 mg/kg，阳性给药组小鼠灌胃盐酸二甲双胍 200 mg/kg，空白组和模型组小鼠灌胃蒸馏水，连续给药 7d 后禁食 6 h，眼眶静脉丛采血测量血糖。

试验结果表明，西洋白参和西洋红参的乙醇提取物均对四氧嘧啶诱发的实验性高血糖小鼠有明显的治疗效果（$P<0.05$），其中 4 年生西洋白参组小鼠的血糖已恢复至接近正常水平。与阳性药相比，4 年生西洋参和 5 年生西洋参的治疗效果没有明显差异，3 年生西洋参的治疗效果略低。见表 7-16。

表 7-16 西洋参乙醇提取物对四氧嘧啶高血糖小鼠血糖水平的影响（$\bar{x}\pm s$；$n=10$）

组别	剂量/（mg/kg）	动物数/只	血糖/（mmol/L）	
			给药前	给药后
空白对照组	—	10	8.3±1.0	8.6±1.2
模型组	—	10	18.8±2.1	18.3±1.2
三年参组	100	10	14.2±2.1	12.5±1.8*
四年参组	100	10	14.8±1.1	10.7±2.0**
五年参组	100	10	20.7±2.4	17.3±2.6*
西洋红参组	100	10	16.2±1.4	12.4±1.2**
阳性对照组	200	10	19.5±2.0	15.2±1.4**

注：与模型组组比较，*$P<0.05$，**$P<0.01$

通过本课题组前期的试验结果表明，西洋红参作为西洋参的炮制品，在其主要药用成分——人参皂苷在种类和含量上有明显差异；但目前对西洋红参的药理作用，以及西洋红参在临床应用上与西洋参的差异的研究尚未见报道；通过与阳性药的对比可以发现，西洋红参与西洋白参具有同样的降血糖作用，两者之间的治疗效果无明显差异。

二、不同剂量的西洋参及自制炮制品乙醇提取物

分组、给药及指标测定：取 10 只正常小鼠为空白对照组。将小鼠分为模型组、西洋白参低剂量组、西洋白参中剂量组、西洋白参高剂量组、西洋红参低剂量组、西洋红参中剂量组、西洋红参高剂量组，其中空白组和模型组小鼠灌胃蒸馏水，西洋白参和西洋红参低剂量组灌胃的西洋参提取物 50 mg/kg，西洋白参和西洋红参中剂量组灌胃的西洋参提取物 100 mg/kg，西洋白参和西洋红参高剂量组灌胃的西洋参提取物 200 mg/kg，连续给药 7 d，7 d 后禁食 6 h 后眼眶静脉丛采血测量血糖，后处死。

结果表明，西洋白参和西洋红参的各剂量组均对四氧嘧啶诱发的实验性高血糖小鼠有一定的治疗效果（$P<0.05$）；西洋白参低剂量组的治疗效果略低，西洋白参中剂量组与西洋白参高剂量组的治疗效果无明显差异；西洋红参低剂量组的治疗效果要好于西洋参低剂量组；而西洋红参中剂量组与西洋红参高剂量组的治疗效果相比无明显差异（表 7-17）。

表 7-17　5 年西洋参及自制炮制品乙醇提取物对四氧嘧啶引起高血糖小鼠血糖水平的影响（$\bar{x} \pm s$；$n=10$）

组别	剂量/（mg/kg）	动物数/只	血糖/（mmol/L）	
			给药前	给药后
空白对照组	—	10	7.3±1.3	7.2±1.6
模型组	—	10	20.6±2.5	19.2±2.1
西洋白参低剂量组	50	10	15.3±1.2	13.3±1.3*
西洋白参中剂量组	100	10	18.4±1.7	15.3±1.4**
西洋白参高剂量组	200	10	18.1±3.3	15.2±1.0**
西洋红参低剂量组	50	10	19.5±1.8	16.6±1.5*
西洋红参中剂量组	100	10	16.7±1.8	13.7±2.1**
西洋红参高剂量组	200	10	19.0±2.2	15.5±1.1**
阳性对照	200	10	15.9±1.0	11.7±1.1**

注：与模型组比较，$*P<0.05$，$**P<0.01$

三、西洋参总皂苷和总多糖

西洋参作为降血糖药物，其作用机制和主要活性成分尚不清楚。本试验采用大孔树脂分离西洋参提取物，得到两大类主要的药用成分——总皂苷和总多糖，考察两类大类活性成分对实验性高血糖小鼠的治疗效果。

供试品的制备：取西洋参（4 年生）10 g，加入 70%的乙醇 100 mL，90℃回流提取 1.5 h。浓缩提取液后，取 500 mg 西洋参乙醇提取物，加水 100 mL，60℃超声 30 min，少量水洗残渣。滤液上 D101 大孔树脂柱，稍待吸附 2 min 后，开启活塞，调节流速约 2 滴/s，用蒸馏水洗至流出液无色为止，收集蒸馏水，浓缩后得到西洋参总多糖。再分别用 30%、70%、90%乙醇溶液洗脱树脂柱，收集洗脱液挥去乙醇，浓缩至干，得到西洋参总皂苷。

取西洋参总皂苷与总多糖各 100 mg，溶于 100 mL 蒸馏水中，冷藏备用。

分组、给药及指标测定：取 10 只正常小鼠作为空白对照组。将高血糖小鼠分为模型组、阳性给药组、总皂苷组、总多糖组，其中空白组、模型组小鼠灌胃蒸馏水，阳性给药组小鼠灌胃盐酸二甲双胍 200 mg/kg，总皂苷组小鼠灌胃西洋参总皂苷溶液 100 mg/kg，总多糖组小鼠灌胃西洋参总多糖溶液 100 mg/kg。另取 20 只正常小鼠，分为 2 组，分别灌胃相同剂量的西洋参总皂苷溶液和西洋参总多糖溶液，以观察西洋参总皂苷与总多糖对正常小鼠的血糖水平影响。连续给药 7 d，7 d 后禁食 6 h 后眼眶静脉丛采血测量血糖，后处死。

试验结果表明，西洋参中的总皂苷类成分与总多糖类成分均可有效降低实验性高血糖小鼠的血糖水平，提示在西洋参的降血糖作用中，总皂苷类成分和总多糖类成分可能起协同作用；通过阳性药对比，总多糖类成分的降血糖效果要优于总皂苷类的降血糖成分；西洋参中的总皂苷类成分和总多糖类成分对正常小鼠的血糖水平无明显影响，提示西洋参可能具有长效维持血糖平衡的作用（表 7-18 和表 7-19）。

表 7-18　西洋参总皂苷、总多糖对四氧嘧啶引起高血糖小鼠血糖水平的影响（$\bar{x} \pm s$；$n=5$）

组别	剂量/（mg/kg）	动物数/只	血糖/（mmol/L）	
			给药前	给药后
皂苷组	100	10	17.2±1.6	15.2±1.4*
多糖组	100	10	20.3±2.3	14.7±1.3**
阳性药组	100	10	20.4±1.7	13.8±0.7**
模型组	—	10	18.2±1.3	17.5±2.3
空白组	—	10	7.3±0.5	6.7±0.7

注：与模型组比较，*$P<0.05$，**$P<0.01$

表 7-19　西洋参总皂苷、总多糖对正常小鼠血糖水平的影响（$\bar{x} \pm s$；$n=5$）

组别	剂量/（mg/kg）	动物数/只	血糖/（mmol/L）	
			给药前	给药后
皂苷组	100	10	6.6±0.4	5.1±1.2
多糖组	100	10	6.9±0.7	6.1±0.7
空白组	—	10	7.3±0.5	6.7±0.7

第八章 鬼针草属植物的资源开发与利用研究

第一节 三叶鬼针草和羽叶鬼针草原植物和显微鉴别研究

一、原植物鉴定（彩图 64）

1. 三叶鬼针草 *Bidens poilsa* L.

一年生草本，高 25～100 cm。茎直立，呈四棱形。叶对生，一回羽状复叶，小叶 3 枚，有时 5 枚，下部的叶有时为单叶；叶片卵形或卵状椭圆形，长 2.5～7 cm，边缘有锯齿或分裂，下部的叶有长叶柄，向上逐渐变短。头状花序，开花时径约 8 mm，花柄长 1～6 cm；总苞绿色，外层苞片 7～8 枚，匙形，先端增宽，无毛或边缘有稀疏柔毛；花托外层苞片狭长圆形，内层苞片狭披针形，舌状花白色或黄色，4～7 枚，先端 3～5 裂或无舌状花；管状花黄褐色；长约 4.5 mm，5 裂，雄蕊 5，雌蕊 1，柱头 2 裂。瘦果线形，成熟后黑褐色，长 7～15 mm，有硬毛，冠毛芒刺状，3～4 枚，长 1.5～2.5 mm。花果期 9～11 月。

2. 羽叶鬼针草 *Bidens maximowicziana* Oett. （三叶鬼针草的变种）

与三叶鬼针草原植物比较主要区别特征：①植株高 15～70 cm，茎有时上部有稀疏粗短柔毛。②茎中部的叶具柄，柄长 1.5～3 cm，具极狭的翅，基部边缘有稀疏缘毛，叶片长 5～11 cm，三出复叶状分裂或羽状分裂，两面无毛，侧生裂片 1～3 对，疏离，通常条形至条状披针形，先端渐尖，边缘具稀疏内弯的粗锯齿，顶生裂片较大，狭披针形。③头状花序开花时直径约 1 cm，高 0.5 cm，果时直径达 1.5～2 cm，高 7～10 mm；外层总苞片叶状，8～10 枚，条状披针形，长 1.5～3 cm，边缘具疏齿及缘毛，内层苞片膜质，披针形，果时长约 6 mm，先端短渐尖，淡褐色，具黄色边缘。④舌状花缺，盘花两性，长约 2.5 mm，花冠管细窄，长约 1 mm，冠檐壶状，4 齿裂。⑤花药基部 2 裂，略钝，顶端有椭圆形附器。⑥瘦果扁，倒卵形至楔形，长 3～4.5 mm，宽 1.5～2 mm，边缘浅波状，具瘤状小突起或有时呈啮齿状，具倒刺毛，顶端芒刺 2 枚，长 2.5～3 mm，有倒刺毛。

二、组织鉴别（彩图 65～彩图 70）

1. 三叶鬼针草

根横切面：木栓层为 5～12 列类长方形细胞，排列紧密，红棕色。皮层薄壁细胞类圆形或不规则，韧皮部较窄。木质部宽广，导管木化，单列或 2～3 个径向排列。木薄壁细胞木化。射线由 2～3 列径向延长的细胞组成，维管束外韧型，形成层不明显。

茎横切面：茎波状凸起。表皮细胞由 1 列排列整齐的长方形细胞组成。皮层较窄，茎角隅处厚角组织细胞 6～7 列，板状加厚；皮层薄壁细胞有棕色内含物和针晶。中柱鞘纤维束 6～7 列排成半月形，断续环列。维管束外韧型。韧皮部较窄，由筛管分子和韧皮薄壁细胞组成，韧皮薄壁细胞有棕色内含物。导管 5～8 个放射状排列，木薄壁细胞木化。形成层由 2～3 列切向延长的细胞组成，射线宽 3～4 列细胞。髓部宽广，为大型薄壁细胞。

叶横切面：异面叶。上下表皮均为长方形的细胞，被多细胞非腺毛。栅栏组织 1 列细胞，不过主脉。海绵组织细胞 2～3 列，排列疏松。过主脉的表皮上下方有几列角隅加厚的厚角组织细胞。维管束外韧型。可见导管。

2. 羽叶鬼针草

茎横切面：与三叶鬼针草茎主要区别，①茎角隅处无厚角组织；②薄壁细胞中未见针晶；③中柱鞘纤维束 2～3 列排成半月形；④导管 2～4 个，放射状排列。

叶横切面：与三叶鬼针草叶主要区别，①栅栏组织过主脉；②非腺毛较少。

叶柄横切面：马蹄形，有两个侧翼。表皮细胞近方形，边缘波状，表皮下的 1 列薄壁细胞角隅加厚，皮层薄壁细胞有绿色内含物团块。维管束 3 列，外韧型。导管 2～3 个，导管和木薄壁细胞木化。韧皮部由筛管分子和韧皮薄壁细胞组成。

三、粉末鉴别（彩图 71～彩图 73）

三叶鬼针草粉末特征如下：

根：淡黄色。①草酸钙方晶散在。②皮层薄壁细胞中可见棕色团块物。③木纤维散在，壁厚。④可见木栓组织细胞，棕黄色。⑤导管短，主为网纹，也见螺纹。⑥木薄壁细胞，壁厚。

茎：灰黄色。①中柱鞘纤维较多，壁薄，纹孔和孔沟不明显。②可见网纹、梯纹、螺纹导管。

叶：草绿色。①非腺毛 2～6 个细胞，平直或先端弯曲，中部或顶部细胞变狭。②叶的表皮细胞不规则形，直轴式气孔，副卫细胞 2 个，清晰可见。③草酸钙方晶散在。④梯纹和螺纹导管。

第二节　鬼针草属植物的质量评价研究

对地方药材标准收载的鬼针草属植物三叶鬼针草、白花鬼针草 *Bidens pilosa* L. var. *radiata* Sch.-Bip.、婆婆针 *Bidens bipinnata* L.、狼杷草 *Bidens tripartita* L. 和金盏银盘[*Bidens biternata*（Lour.）Merr. et Sherff]进行质量评价，白花鬼针草药材总黄酮、没食子酸、槲皮素、金丝桃苷的含量均较高；三叶鬼针草药材总黄酮、没食子酸的含量均较高，金盏银盘药材金丝桃苷的含量最高；综合考虑认为，白花鬼针草和三叶鬼针草的品质优于金盏银盘、婆婆针和狼杷草。建议金盏银盘、白花鬼针草、三叶鬼针草的全草可作为金丝桃苷的提取物来源。

仪器、试剂与药材：Waters2695 高效液相色谱仪；Waters2996 检测器；Empower 色谱工作站；Unicam UV-500（Thermo electron corporation）紫外-可见分光光度计；GoA 型电热真空干燥箱（天津市东郊机械加工厂）；RE-52A 型旋转蒸发器（上海亚荣生化仪器厂）；KQ-250B 型超声波清洗器（昆山市超声仪器有限公司）；METTLER AE240 电子分析天平（梅特勒-托利多仪器上海有限公司）。

槲皮素（批号 081-9304，中国药品生物制品检定所，含量测定用）；金丝桃苷（批号 111521-200303，中国药品生物制品检定所，含量测定用）；没食子酸（批号 110831-200302，中国药品生物制品检定所，含量测定用）；含量测定用甲醇、乙腈为色谱纯（美国迪玛公司）；水为重蒸水；磷酸、盐酸、无水乙醇、甲醇等均为分析纯。

拟采用 RP-HPLC 法对不同药用部位、不同产地、不同种药材中的没食子酸、槲皮素、金丝桃苷进行含量测定；采用紫外-可见分光光度法对不同部位、不同产地、不同种药材中黄酮进行测定，为寻找鬼针草属药材的最佳产地、新药用部位和最佳品种提供可参考的实验数据（表 8-1）。

表 8-1　鬼针草属药材来源

不同品种	狼杷草	白花鬼针草	婆婆针	三叶鬼针草	金盏银盘
产地	广西全州材湾	广西平乐	广西临贵盘山	广西南宁	云南

一、黄酮的含量测定

对照品溶液的制备：精密称定芦丁对照品适量，加 70%乙醇配成质量浓度为 18.34 μg/mL 的对照品溶液。

样品溶液的制备：分别称取鬼针草药材（24 目）约 1 g，1 份，精密称定，加入料液比为 1∶14 的 60%乙醇，回流提取 1 h，过滤，滤液分别定容至 50 mL。吸取定容后的溶液 1 mL，移至 10 mL 容量瓶中，作为样品溶液。

线性关系的考察：精密移取标准溶液 0、0.5 mL、1.0 mL、1.5 mL、2.0 mL、2.5 mL、3.0 mL、3.5 mL 分别置于 10 mL 具塞试管中。以 60%乙醇补足至 4 mL，加 5%亚硝酸钠 0.4 mL，放置 6 min 后，加 10%硝酸铝 0.4 mL，放置 6 min，再加 4%氢氧化钠 4 mL，用 70%乙醇定容，摇匀，放置 15 min，于 510 nm 处测定吸收度 A，得回归方程为：$Y=13.203 X-0.0196$，$r=0.9996$。结果芦丁在 0.917～6.419 μg/mL 呈良好的线形关系。

精密度试验：精密吸取对照品溶（0.03 mg/mL）10 μL，重复测定吸光度 6 次，RSD 为 1.38%。结果表明精密度良好。

重现性试验：取同一样品溶液，重复测定吸光度 6 次，RSD 为 1.64%。结果表明重现性良好。

稳定性试验：取样品溶液，按照样品测定方法操作，每隔 0.5 h 测定吸光度值，连续 4 h，结果吸光度值基本无变化，结果表明样品稳定性良好。

加样回收率试验：称取已知总黄酮含量的样品粉末 1 g，精密称定 9 份，依次加入不同量的芦丁对照品，置圆底烧瓶中，按照样品的制备方法制备，精密量取样品溶液 1 mL 挥去溶剂，用 70%乙醇溶解于 10 mL 容量瓶中，按照上述方法，以芦丁标准溶液作对比测定，计算总黄酮回收率为 99.63%，RSD 为 1.36%（$n=9$）。

样品含量测定：称取药材粉末（过 24 目筛）约 1 g，精密称定，按照制备方法制备样品，精密量取样品溶液 1 mL，按照上述方法测定吸收度，按照下式计算总黄酮含量，结果见表 8-2 和表 8-3。

$$总黄酮含量\%=CVD/W×100\%$$

式中，C 为总黄酮显色稀释后的浓度（μg/mL）；V 为稀释后的体积（mL）；D 为样品的稀释倍数；W 为样品的质量（g）。

二、没食子酸的含量测定

色谱条件：Kromasil C$_{18}$ 柱（250 mm×4.6 mm，5 μm），柱温 25℃。流动相为甲醇–0.1% 磷酸水溶液（8∶92），检测波长 274 nm，流速 1 mL/min。没食子酸峰可以达到基线分离，峰形对称，分离度好，按照没食子峰计，理论塔板数不应低于 5000。

对照品溶液的制备：精密称取没食子酸对照品适量，加甲醇配置成质量浓度为 0.03 mg/mL 的溶液。

样品溶液的制备：称取鬼针草药材粉末（过 40 目筛）约 0.5 g，精密称定，置圆底烧瓶中加入 5% 盐酸溶液 25 mL，称重，加热回流 2 h，取出，冷却至室温，用 5% 盐酸溶液补足减失质量，摇匀，过滤，取续滤液，过 0.45 μm 的微孔滤膜，作为样品溶液。

线性关系的考察：分别精密量取上述对照品溶液 1 μL、2 μL、4 μL、6 μL、8 μL、10 μL，在色谱条件下测定峰面积。以进样量（μg）为横坐标，峰面积为纵坐标绘制标准曲线，回归方程为 $Y=81\,080X–31\,595$，$r=0.9999$（$n=6$）。结果表明，没食子酸在 0.03～0.30 μg 与峰面积具有良好的线性关系。

精密度试验：精密吸取对照品溶（0.03 mg/mL）10 μL，重复进样 6 次，测得峰面积的 RSD 为 0.96%（$n=6$）。结果表明精密度良好。

稳定性试验：精密量取样品溶液 10 μL，分别于 0、2 h、4 h、6 h、8 h 测定。按照没食子酸对照品峰面积计算 RSD 为 0.5%（$n=6$）。结果表明样品溶液在配制后 8 h 内稳定。

重复性试验：取同一批样品，精密称取 6 份，按照上述方法制备样品溶液，按照色谱条件测定没食子酸的含量，RSD 为 1.8%（$n=6$）。

回收率试验：精密称取 9 份已知没食子酸含量的药材粉末 0.25 g，依次加入低、中、高 3 种质量浓度没食子酸对照品溶液，按照上述方法制备样品溶液，按照色谱条件测定。结果平均回收率为 101.2%，RSD 为 0.9%（$n=9$）。

样品含量测定：分别精密吸取不同部位、不同品种鬼针草属药材样品溶液 10 μL，按照色谱条件测定，结果见表 8-2 和表 8-3。

三、槲皮素的含量测定

色谱条件：Kromasil C$_{18}$ 柱（250 mm×4.6 mm，5 μm），柱温 30℃。流动相为甲醇–0.4% 磷酸水溶液（4∶59），检测波长 360 nm，流速 1 mL/min。槲皮素峰可以达到基线分离，峰形对称，分离度好，按照槲皮素峰计，理论塔板数不应低于 5000。

对照品溶液的制备：精密称取槲皮素对照品适量，加甲醇配置成质量浓度为 0.04 mg/mL 的溶液。

样品溶液的制备：称取鬼针草药材粉末（过40目筛）约1.0 g，精密称定，置圆底烧瓶中加入甲醇–25%盐酸溶液（4∶1）25 mL，称重，加热回流1 h，取出，冷却至室温，用上述混合溶液补足减失质量，摇匀，过滤，取续滤液，过0.45 μm的微孔滤膜，作为样品溶液。

线性关系的考察：分别精密量取上述对照品溶液0.5 μL、2 μL、4 μL、8 μL、20 μL，在色谱条件下测定峰面积。以进样量（μg）为横坐标，峰面积为纵坐标绘制标准曲线，回归方程为$Y=3\times10^6X-33404$，$R^2=0.9999$（$n=5$）。结果表明，槲皮素在0.02～0.80 μg与峰面积具有良好的线性关系。

精密度试验：精密吸取对照品溶（0.04 mg/mL）10 μL，重复进样6次，测得峰面积的RSD为0.97%（$n=6$）。结果表明精密度良好。

稳定性试验：精密量取样品溶液10 μL，分别于0、2 h、4 h、6 h、8 h测定。按照槲皮素对照品峰面积计算RSD为0.6%（$n=6$）。结果表明样品溶液在配制后8 h内稳定。

重复性试验：取同一批样品，精密称取6份，按照上述方法制备样品溶液，按照色谱条件测定槲皮素的含量，RSD为1.6%（$n=6$），表明重复性良好。

回收率试验：精密称取9份已知槲皮素含量的药材粉末0.25 g，依次加入低、中、高3种质量浓度槲皮素对照品溶液，按照上述方法制备样品溶液，按照色谱条件测定。结果平均回收率为99.87%，RSD为0.9%（$n=9$）。

样品含量测定：分别精密吸取不同部位、不同种鬼针草属药材样品溶液10 μL，按照色谱条件测定，结果见表8-2和表8-3。不同部位中含量最高的是三叶鬼针草叶，为1.4%，而婆婆针根和叶中未检测到；不同种中含量最高的是白花鬼针草，为0.677%。

四、金丝桃苷的含量测定

色谱条件：Kromasil C$_{18}$柱（250 mm×4.6 mm，5 μm），柱温25℃。流动相为乙腈-0.05%磷酸水溶液（17∶83），检测波长360 nm，流速1 mL/min。金丝桃苷峰可以达到基线分离，峰形对称，分离度好，按照金丝桃苷峰计，理论塔板数不应低于5000。

对照品溶液的制备：精密称取金丝桃苷对照品适量，加甲醇配置成质量浓度为10.01 μg/mL的溶液。

样品溶液的制备：称取鬼针草药材粉末（过40目筛）约1g，精密称定，置圆底烧瓶中加入石油醚溶液25 mL，称重，加热回流1 h，取出，过滤，弃去滤液，挥干滤渣，加入25 mL甲醇，称重，回流2 h，取出，冷却至室温，用甲醇补足减失质量，摇匀，过滤，取续滤液，过0.45 μm的微孔滤膜，作为样品溶液。

线性关系的考察：分别精密量取上述对照品溶液0.5 μL、1 μL、2 μL、4 μL、6 μL、8 μL，在色谱条件下测定峰面积。以进样量（μg）为横坐标，峰面积为纵坐标绘制标准曲线，回归方程为$Y=41\,917X-839.53$，$r=0.9998$（$n=6$）。结果表明，金丝桃苷在0.005～0.08 μg与峰面积具有良好的线性关系。

精密度试验：精密吸取对照品溶（10.01 μg/mL）10 μL，重复进样6次，测得峰面积的RSD为0.97%（$n=6$）。结果表明精密度良好。

稳定性试验：精密量样品溶液10 μL，分别于0、2 h、4 h、6 h、8 h测定。按照金丝桃苷对照品峰面积计算 RSD 为 0.62%（$n=6$）。结果表明样品溶液在配制后 8 h 内稳定。

重复性试验：取同一批样品，精密称取 6 份，按照上述方法制备样品溶液，按照色谱条件测定金丝桃苷的含量，RSD 为 1.7%（$n=6$），表明重复性良好。

回收率试验：精密称取 9 份已知金丝桃苷含量的药材粉末 0.5 g，依次加入低、中、高 3 种质量浓度金丝桃苷对照品溶液，按照上述方法制备样品溶液，按照色谱条件测定。结果平均回收率为 102%，RSD 为 0.93%（$n=9$）。

样品含量测定：分别精密吸取不同部位、不同种鬼针草属药材样品溶液 10 μL，按照色谱条件测定，结果见表 8-2 和表 8-3。不同部位中含量最高的是三叶鬼针草叶，为 13.39%，其次是金盏银盘的叶，为 8.06%；不同种中含量最高的是金盏银盘，为 6.36%，而狼杷草中未检测到。

试验结果表明，白花鬼针草药材总黄酮、没食子酸、槲皮素、金丝桃苷的含量均较高；三叶鬼针草药材总黄酮、没食子酸的含量均较高，金盏银盘药材金丝桃苷的含量最高。狼杷草药材的 4 种成分含量均较低（表 8-2 和表 8-3）。

表 8-2　不同种鬼针草药材中 4 种化学成分的含量测定结果（%；$n=3$）

样品	总黄酮	没食子酸	槲皮素	金丝桃苷
狼杷草	1.31	6.99	0.095	—
白花鬼针草	2.47	8.50	0.677	5.87
婆婆针	1.56	9.78	0.329	1.18
三叶鬼针草	2.23	10.30	0.085	2.20
金盏银盘	1.82	5.07	0.147	6.36

注："—"表示未检测出

表 8-3　4 个种不同药用部位样品中 4 种成分的含量测定结果（%；$n=3$）

品种	部位	总黄酮	没食子酸	槲皮素	金丝桃苷
三叶鬼针草	根	1.43	6.16	0.075	1.26
	茎	1.35	6.95	0.480	5.12
	叶	2.03	9.26	1.400	13.39
金盏银盘	根	1.04	4.10	0.075	7.02
	茎	1.28	2.43	0.177	3.70
	叶	1.93	—	0.062	8.06
白花鬼针草	根	1.86	—	0.226	2.72
	茎	2.25	8.16	0.223	4.32
	叶	2.13	—	0.403	6.80
婆婆针	根	1.07	—	—	1.24
	茎	1.36	4.66	0.066	2.43
	叶	1.49	6.54	—	1.78

注："—"表示未检测出

第九章 薏苡的资源开发与利用研究

第一节 薏苡生药学鉴别

本试验对薏苡[*Coix lacryma-jobi* L. var. *mayuen*（Roman.）Stapf]原植物及薏苡各部位药材进行观察（彩图 74～彩图 77），并且首次对薏苡药材茎、叶、果实进行显微鉴别（彩图 78～彩图 85）。

一、性状鉴别

根及根茎：全体集结成疏松状的团状，根细柱形或不规则形，外表皮灰黄色或灰棕色，表皮脱落后显白色，具纵皱纹及须根痕。切面灰黄色或淡棕色，有众多小孔排列成环或已破裂，外皮易与内部分离。根茎灰黄色或黄棕色，外表皮可见着生多数残根及茎基。质坚韧，轻而疏松，手捏时微有弹性。气微，味淡。

茎：茎圆柱形，中空，表面灰黄色或略淡黄绿色，具纵皱纹，有节，节膨大，具叶痕。质脆，易折断，断面纤维性。气微，味淡。

叶：片状，多皱缩卷曲，浅绿色，叶脉平行，主脉于下表面略突起，叶舌质硬，叶鞘光滑，体轻，质柔韧，气微，味淡。

果实及种仁：种仁宽卵形或长椭圆形，长 4～8 mm，宽 3～6 mm。表面乳白色，光滑，偶有残存的黄褐色种皮。一端钝圆，另端较宽而微凹，有 1 淡棕色点状种脐。背面圆凸，腹面有 1 条较宽而深的纵沟。质坚实，断面白色，粉性。气微，味微甜。

二、横切面显微鉴别

根及根茎：表皮细胞 1 列，皮层宽广。外皮层细胞 1 列，大型，内方为 2～3 列小型厚壁细胞，多角形或类多角形，排列紧密；其内为多列薄壁细胞。近内皮层 2 列薄壁细胞，小而排列整齐，且含有大量草酸钙簇晶和淀粉粒；内皮层细胞马蹄形木化增厚，中柱鞘薄壁细胞 1 列；射线细胞为 2～3 列大型的薄壁细胞。中柱幅度较大，几与皮层相当。维管束为有限外韧型，初生木质部多原形，韧皮部位于木质部弧角间。后生木质部大导管多数，部分导管具有内含物。木纤维发达，髓部细胞壁厚，木化。

茎：表皮上有 1 层蜡被；表皮细胞 1 列，细胞小而排列比较紧密。表皮下为 1～2 层厚壁细胞构成皮下层，连成一环；向内有 2 层大而木质化的薄壁细胞；有限外韧维管束排列约为 8 轮，最外 1 轮维管束鞘互相连接，其余分散排列于基本薄壁组织内，维管束鞘排列成不连续的环状；正对维管束鞘的细胞小而排列整齐。

叶：上、下表皮外方均有蜡被；上表皮细胞排列整齐，运动细胞呈扇形，中间细胞大而厚，两旁细胞小而薄；叶肉组织分化不明显，细胞排列比较疏松，细胞大型；维管束为有限外韧型；主脉维管束上下均有厚角组织，外方细胞 1 层，内方细胞 4～5 层；表皮细胞之间可见硅质块。

果实及种仁：外果皮外有坚硬的蜡质层，表皮下有 3～4 列壁均加厚的细胞，排列比较紧密；中果皮细胞约 13 列，小型，有大量散生维管束，散生有油室；内果皮细胞为 1 列切向延长的小型细胞；种皮与内果皮愈合。

三、粉末鉴别

根及根茎：粉末灰褐色，气微，味淡。含大量单粒或复粒淀粉粒。木纤维众多，多成束，细胞末端钝圆，纹孔裂缝状；韧皮纤维多成束，末端稍平截；薄壁细胞中含有大量的草酸钙结晶，直径 20～55 μm；细胞呈类圆形、类方形或多角形，层纹比较明显。具网纹和螺纹导管。

茎：粉末灰褐色，气微，味淡。表皮细胞网状纹理明显，细胞壁波状弯曲。木纤维众多，多成束，末端钝圆，纹孔裂缝状。薄壁细胞大型，常含棕色内含物；细胞呈类圆形、类方形或多角形，层纹比较明显。具梯纹和网纹导管。

叶：粉末灰褐色，气微，味淡。表皮细胞壁皱波状弯曲，网状纹理明显；气孔哑铃状。木纤维众多，多成束。薄壁细胞大型，内含有大量淀粉粒；具网纹和螺纹导管。粉末中还可见硅质块。

果实及种仁：种仁粉末黄白色。淀粉粒多聚集成团，类球形或卵圆形，脐点三叉状、人字状或短缝状。果皮表皮细胞表面观为长方形，壁薄，垂周壁微波状弯曲。含有大量草酸钙簇晶，直径 15～30 μm。中果皮细胞呈不规则长管形，稍弯曲，不规则排列，具有较大的细胞间隙，壁菲薄。内胚乳细胞呈多角形，内含有大量淀粉粒。

第二节　薏苡非种仁部位中有效成分的含量测定

首次对薏苡非种仁部位中多糖、薏苡素、甘油三油酸酯进行不同产地、不同药用部位、不同采收期的含量测定，首次建立了薏苡中薏苡素的含量测定方法。

Agilent 1200 型高效液相色谱仪，DAD 型检测器（美国 Agilent 公司）；Waters2695 高效液相色谱仪，Waters2996 DAD 检测器（美国 Waters 公司）；Sedex-75 ELSD 检测器（法国）；Unicam UV-500（Thermo electron corporation）紫外-可见分光光度计；RE-52A 型旋转蒸发仪（上海亚荣生化仪器厂）；KQ-250B 型超声波清洗器（昆山市超声仪器有限公司）；METTLER AE240 电子分析天平（梅特勒-托利多仪器上海有限公司）。

薏苡素（coixol）对照品（批号 065K1241，德国 Sigma 公司，含量测定用）；甘油三油酸酯对照品（批号 111692-200501，中国药品生物制品检定所，含量测定用）；(+) 葡萄糖（AR，105℃干燥至恒重）；含量测定用甲醇、乙腈、二氯甲烷为色谱纯（美国迪马公司）；水为重蒸水；其他试剂均为分析纯。

试验所用药材多为根茎叶，室温阴干，经刘圆教授、戴斌副教授、彭朝忠副教授鉴定，来源见表 9-1。

表 9-1　薏苡药材来源

编号	名称	产地	海拔/m	采集时间
S1	薏苡 *Coix lacryma-jobi* L. var. *mayuen*（Roman.）Stapf.	陕西汉中汉台	1300	2007.10.8
S2	同上	四川峨眉山	1200	2007.4.10
S3	同上	四川新津	470	2007.8.13
S4	同上	广西恭城	500	2007.5.8
S5	同上	云南大度岗	1300	2007.4.8
S6	同上	成都中医药大学植物园	524	2007.7.2
S7	同上	川大华西植物园	494	2007.6.11
S8	同上	湖北恩施市	450	2007.11.24
S9	同上	云南景洪	570	2007.7.8
S10	同上	五块石药材市场	—	—

一、多糖的含量测定

采用苯酚-硫酸法，以多糖为指标，通过紫外-可见分光光度法测定薏苡中的多糖含量，并测定薏苡非种仁部位（根、茎和叶）的不同产地、不同采收期的多糖含量。

多糖的提取和精制：精密称取薏苡药材粉末 100 g，置圆底烧瓶中，加入 1200 mL 蒸馏水，回流提取 2 次，每次 1 h，过滤，用温水洗涤滤渣，合并水提取液；水提取液浓缩后加入 4 倍量的无水乙醇，静置过夜，离心 10 min，沉淀分别用 80% 及无水乙醇洗涤，干燥；得到的固体经研磨过 120 目筛，用 80% 的乙醇索氏提取 8 h，除去样品中的单糖、低聚糖及苷类，挥干溶剂并干燥得到粗多糖。

取 50 mg 粗多糖溶于 150 mL 水中，90℃ 水浴使粗多糖溶解，取 50 mL 溶液用三氯乙酸法除去蛋白质后，加入无水乙醇调醇浓度为 70%，静置 9 h，抽滤，滤渣依次用无水乙醇、丙酮、乙醚多次洗涤除杂，40℃ 真空干燥至恒重，即得薏苡多糖。

葡萄糖标准曲线的绘制：称取干燥至恒重的葡萄糖标准品 28.11 mg，精密称定，置 100 mL 容量瓶中，加蒸馏水稀释至刻度，配成浓度为 281.1 μg/mL 的对照品溶液，贮藏备用。精密吸取 3.0 mL、5.0 mL、7.0 mL、9.0 mL、11.0 mL、13.0 mL 的葡萄糖标准溶液分别置于 50 mL 容量瓶中，稀释至刻度，再精密吸取 1.0 mL 于具塞试管中。分别滴加 4.0% 苯酚溶液 1.0 mL，摇匀，迅速分别滴加浓硫酸 5.0 mL，摇匀后置沸水浴中加热 30 min，取出用冰水浴迅速冷却至室温后，以蒸馏水显色溶液为空白，于 490 nm 处测定吸光度值。以浓度 X（mg）为横坐标，吸光度 Y 为纵坐标绘制标准曲线，得回归方程为 $Y=4.9911X-0.0251$（$r=0.9998$）。结果表明，在 16.866～73.086 μg/mL 范围内，葡萄糖浓度与吸光度呈良好线性关系。

换算因子的测定：精密称取 40℃ 干燥至恒重的薏苡多糖 50 mg，置 100 mL 容量瓶中，用水稀释至刻度，摇匀。经脱蛋白、脱色、去小分子等处理后，精密吸取处理液 0.5 mL，按标准曲线项下操作，测定吸光度，求出薏苡多糖供试液中葡萄糖浓度，按照公式 $f=W_0/C_0D$ 计算换算因子，式中 W_0 为多糖质量（g）；C_0 为多糖液中葡萄糖的浓度（μg/mL）；D 为多糖的稀释倍数。结果 f=2.153。

样品溶液的制备：分别精密称取薏苡药材粉末（过 2 号筛）0.5 g，置 100 mL 圆底烧瓶中，分别加 12 倍量的蒸馏水回流提取 2 次，每次 1 h，合并滤液，稀释，定容于 500 mL 的容量瓶中，作为样品溶液。

精密度试验：取对照品溶液（281.1 μg/mL），重复测定 6 次，RSD 为 1.07%。结果表明精密度良好。

重现性试验：取恩施产薏苡根部药材粉末 6 份，每份 0.5 g，按照制备方法制备供试液，测定，结果 RSD 为 0.98%。结果表明重现性良好。

稳定性试验：取恩施产薏苡根部药材样品溶液，按照上述样品测定方法，每隔 0.5 h 测定吸光度，连续 4 h。结果吸光度在 4 h 内基本无变化，表明样品在 4 h 内稳定。

加样回收率试验：精密称取已知多糖含量的恩施产药材粉末 0.5 g，9 份，分为 3 组依次加入相当于样品溶液中多糖含量的 80%、100%、120% 的对照品溶液（281.1 μg/mL），按照上述方法制备供试品溶液，测定吸光度。结果加入相当于样品溶液中多糖含量 80% 的平均回收率为 99.05%，RSD 为 1.47%（n=3）；加入相当于样品溶液中多糖含量 100% 的平均回收率为 98.37%，RSD 为 1.23%（n=3）；加入相当于样品溶液中多糖含量 120% 的平均回收率为 98.85%，RSD 为 1.11%（n=3）。

样品含量测定：精确量取薏苡非种仁部位（根、茎和叶）的不同产地、不同采收期薏苡样品液 0.5 mL，按照标准曲线项下方法测定吸收度，按照下式计算多糖含量，结果见表 9-2～表 9-4。

$$多糖含量\% = CDf/W \times 100\%$$

式中，C 为样品溶液的葡萄糖的浓度（μg/mL）；D 为样品溶液的稀释倍数；f 为换算因子；W 为样品的质量（g）。

表 9-2　不同药用部位的薏苡多糖含量（S8 海拔 950 m）

部位	多糖含量/（mg/g）
根	54.3740
茎	56.9322
叶	52.7549

表 9-3　不同产地茎中的薏苡多糖含量

产地	多糖含量/（mg/g）
S1	82.7759
S2	69.8901
S3	59.6986
S4	79.7661
S5	74.3052
S6	63.3784
S7	38.5851

续表

产地	多糖含量/（mg/g）
S8	52.7549
S9	55.7829

表 9-4　不同采收期茎中的薏苡多糖含量（S7 海拔 494 m）

采收期/月份	多糖含量/（mg/g）
6	56.9322
7	59.3542
8	61.0804
9	67.5468
10	67.7952
11	74.3645

　　试验结果表明，根、茎和叶的含量差异不大，但含量均比较高；不同产地间薏苡茎的多糖含量差异较大；不同采收期（6～11 月）的薏苡多糖含量呈递增的趋势。

二、薏苡素的含量测定

　　薏苡素是薏苡中的一种重要成分，研究发现其具有镇痛、消炎、镇静、抑制多突触反应、降温解热、降低血糖浓度、松弛肌肉及抗惊厥等多种药理作用。本课题建立了薏苡非种仁部位薏苡素的等度洗脱的反相高效液相色谱（RP-HPLC）方法。

　　检测波长的选择：取薏苡素对照品溶液（0.096 mg/mL），利用 DAD 检测器，在 190～400 nm 波长内扫描，从峰的对称性、峰面积的大小等方面考察，结果薏苡素在 232 nm 处峰性对称，峰面积较大，故选择 232 nm 作为检测波长。

　　流动相的选择：分别考察了不同比例的乙腈-水对样品和对照品溶液中目标峰的分离效果，结果以乙腈-水（50∶50）为流动相时，分离效果最佳。

　　提取溶剂的选择：根据薏苡素的溶解性能，分别考察乙醇、丙酮、氯仿作为提取溶剂对样品中薏苡素提取率、峰形和峰面积的影响。处理时，分别称取薏苡药材粉末 1 g，精密称定，分别加入料液比为 1∶10 的乙醇、丙酮和氯仿，先浸泡 30 min，再超声处理 30 min。结果乙醇、丙酮、氯仿提取的含量分别为 0.83 mg/g、0.88 mg/g、0.51 mg/g，最终确定选用丙酮为提取溶剂。结果见图 9-1。

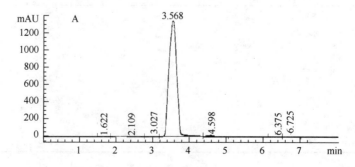

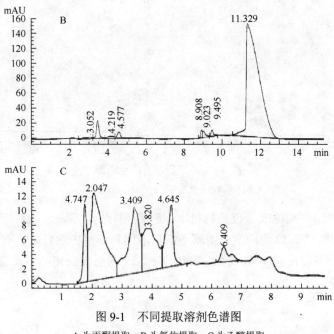

图 9-1　不同提取溶剂色谱图

A 为丙酮提取；B 为氯仿提取；C 为乙醇提取

　　提取方法的选择：分别称取薏苡药材粉末 1 g，精密称定，精密加入料液比为 1∶10 的丙酮，分别对样品进行超声、回流及索氏提取，结果不同提取方法中薏苡素的含量以超声最低为 0.88 mg/g，索氏最高为 1.84 mg/g，最终确定选用索氏提取。结果见图 9-2。

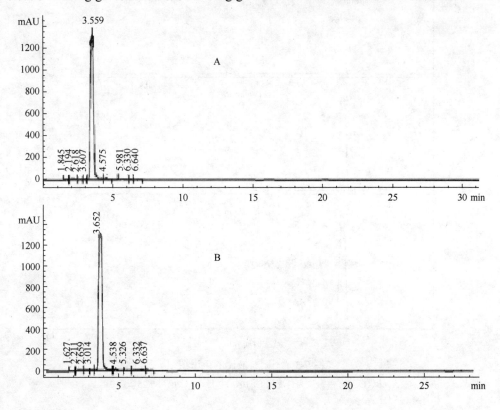

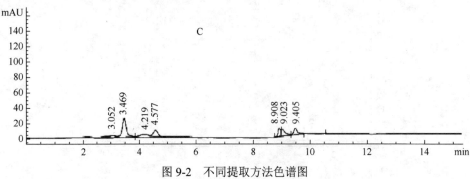

图 9-2　不同提取方法色谱图

A 为回流提取；B 为索氏提取；C 为超声提取

料液比的考察：分别称取薏苡药材粉末 1 g，精密称定，精密加入料液比为 1∶10、1∶15、1∶20、1∶25、1∶30 的丙酮，考察不同料液比对样品中薏苡素提取率的影响，结果当料液比为 1∶25 时，提取率较高，1∶30 与 1∶25 无明显变化，因此选用料液比为 1∶25。结果见图 9-3。

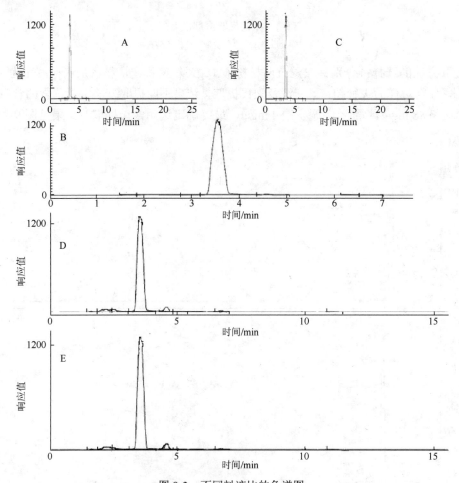

图 9-3　不同料液比的色谱图

A、B、C、D、E 分别为料液比 1∶10、1∶15、1∶20、1∶25、1∶30

　　对照品溶液的配制：精密称取薏苡素对照品适量，加甲醇配制成质量浓度为 0.096 mg/mL 的薏苡素对照品溶液。

　　样品溶液的制备：分别称取干燥的薏苡药材的根、茎、叶粉末各 4 g，精密称定，置索氏提取器中，精密加入料液比为 1∶25 的丙酮，索氏提取，直至索氏提取器中的溶液近无色，提取液减压浓缩，用甲醇溶解并定容于 100mL 容量瓶中，并用微孔滤膜（0.45 μm）过滤，取续滤液，即得供试品溶液。

　　色谱条件：Diamonsil（R）C$_{18}$ 色谱柱（Dikma 公司，4.6 mm×250 mm，5 μm）；以乙腈-水（50∶50）为流动相，检测波长 232 nm，流速为 1 mL/min，柱温 25℃，进样量 10 μL。在此色谱条件下，薏苡素的峰形对称尖锐。溶剂对目标峰无影响，空白样品在目标峰出峰时无干扰，目标峰与其他峰之间的分离度良好。对照品及样品色谱见图 9-4，光谱及纯度图见图 9-5 和图 9-6。

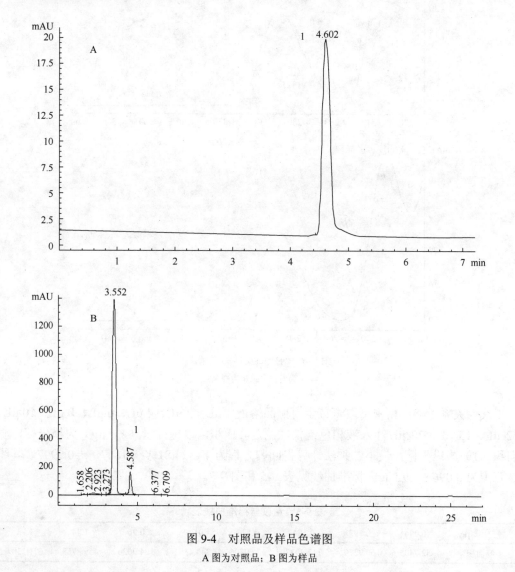

图 9-4　对照品及样品色谱图

A 图为对照品；B 图为样品

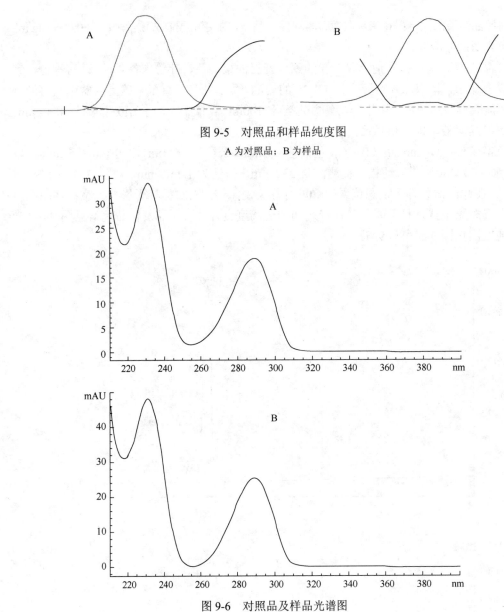

图 9-5　对照品和样品纯度图

A 为对照品；B 为样品

图 9-6　对照品及样品光谱图

A 为对照品；B 为样品

线性关系考察：精密量取薏苡素对照品溶液 1 μL、2 μL、4 μL、6 μL、8 μL、10 μL、12 μL、15 μL、20 μL 注入液相色谱仪，测定峰面积，以进样量（X，μg）为横坐标，峰面积（Y）为纵坐标，最小二乘法计算得回归方程为 $Y=324.81X-5.1807$，$r=0.9997$，其线性范围为 0.096～1.92 μg。标准曲线见表 9-5 和图 9-7。

表 9-5　薏苡素标准曲线表

进样量/μg	0.096	0.192	0.384	0.576	0.768	0.96	1.44	1.92
峰面积	32.7405	60.9279	117.3933	172.9806	243.4555	304.0026	459.8783	621.1307

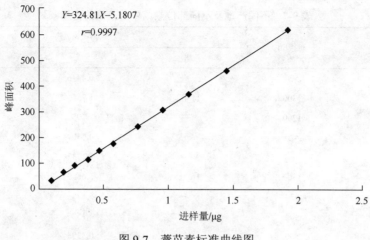

图 9-7　薏苡素标准曲线图

精密度试验：精密量取对照品溶液（0.096 mg/mL），连续重复进样 6 次，测得薏苡素峰面积的 RSD 为 0.98%，结果表明本方法重复性良好。

稳定性试验：另取对照品溶液，分别在 1 h、2 h、3 h、4 h、8 h、16 h、24 h、48 h、64 h 按色谱条件进样分析，测定其峰面积，结果本品在室温下放置 64 h 内基本稳定，其 RSD 为 1.28%。结果表明溶液稳定。

重复性试验：取恩施产薏苡根茎药材粉末，精密称取 6 份，按照上述方法制备样品溶液，按照色谱条件测定薏苡素峰面积，RSD 为 0.9%（$n=6$），表明重复性良好。

回收率试验：精密称取已知薏苡素含量的湖北恩施产茎部药材粉末 1 g，9 份，分为 3 组，分别加入薏苡素对照品溶液（0.096 mg/mL）3 mL、3.5 mL、4 mL，制备供试品溶液，测定峰面积，计算 RSD 值。结果见表 9-6。

表 9-6　薏苡素的加样回收率（$n=9$）

样本量/mg	加入量/mg	测得量/mg	回收率/%	$\bar{x}$ /%	RSD/%
0.3395	0.288	0.6149	98.01		
0.3385	0.288	0.6148	98.15		
0.3387	0.288	0.6157	98.24		
0.3402	0.336	0.6703	99.12		
0.3376	0.336	0.6692	99.34	99.42	1.16
0.3412	0.336	0.6840	101.01		
0.3387	0.384	0.7298	100.98		
0.3384	0.384	0.7226	99.98		
0.3415	0.384	0.7251	99.95		

样品含量测定：分别精密吸取按照方法提取的不同产地、不同采收期及不同部位薏苡药材的样品溶液 10 μL，按照色谱条件测定，结果见表 9-7 和表 9-8。

表 9-7　不同产地及不同部位薏苡中薏苡素的含量

产地	海拔/m	含量/（mg/g）		
		根	茎	叶
S4	500	—	0.4416	—
S1	1300	11.4683	1.7550	10.6258
S2	1200	—	2.7952	—
S3	470	—	0.7307	8.5124
S10	—	—	1.1733	
S5	1300	16.1155	5.6659	5.4543
S6	524	—	5.1783	
S7	494	5.5212	4.1520	1.2525
S8	950	—	0.3395	1.3866
S9*	570	—	0.1419	—

注："—"表示的是药材未采集；＊表示此产地药材有发霉

表 9-8　华西植物园（S7）不同采收期全草中薏苡素的含量

采收期/月	含量/（mg/g）
6	8.3078
7	5.2783
8	4.0874
9	3.4117
10	2.7997
11	1.9987

不同部位中：陕西汉中汉台区（S1）、云南大度岗（S5）、四川华西药用植物园（S7）3个产地的结果均表明，薏苡素含量为根＞叶＞茎。不同产地中：根、茎中薏苡素的含量均以云南大度岗（S5）为最高，分别为16.1155 mg/g和5.6659 mg/g；而叶中的薏苡素含量以陕西汉中汉台区（S1）为最高，为10.6258 mg/g；在采收期6～11月，全草中薏苡素的含量呈逐月下降的趋势。国外对薏苡素的研究均选用禾本科植物的黄化幼苗，提示其在幼苗期的含量可能较高，因此有必要对其他月份样品作进一步研究。由于运输时间太长的原因导致部分药材霉变，其薏苡素的含量较低，提示药材霉变对薏苡素有很大影响。

采用不同流动相体系对薏苡素进行色谱条件与系统适应性试验，薏苡素的峰形对称尖锐。溶剂对目标峰无影响，空白样品在目标峰出峰时无干扰，目标峰与其他峰之间的分离度良好。该方法快速、简便、方法可靠、准确、专属性强，适用于薏苡中薏苡素的分析，可用于薏苡药材质量及品质评价的检测手段之一。

三、甘油三油酸酯的含量测定

甘油三油酸酯属于油脂类成分，是薏苡仁中抗癌的主要活性成分，由薏苡仁油为主要成分开发的康莱特注射液（ZCE-3 静脉乳），对肺癌、肝癌、结肠癌、宫颈癌及肺转移癌有很好的治疗作用，并在美国及俄罗斯等国取得临床资格。甘油三油酸酯在紫外光区无吸收，不能用普通的紫外检测器进行测定。2005 版中国药典收载了薏苡仁中甘油三油酸酯的含量测定方法，故本研究在药典方法与文献方法的基础上，对流动相的比例做相应的调整，用 ELSD 为检测器，建立薏苡非种仁部位（根、茎和叶）的甘油三油酸酯的含量测定方法，并测定了不同产地、不同采收期非种仁部位药材中甘油三油酸酯的含量。

色谱条件：Kromasil C$_{18}$色谱柱（Dikma 公司，4.6 mm×250 mm，5 μm）；流动相为二氯甲烷-乙腈（35∶65），流速 1 mL/min，柱温 30℃。ELSD 参数：温度为 40℃，氮气压力为 3.5×10^5 Pa，增益值为 7。对照品及华西药用植物园产药材不同部位色谱图见图 9-8。

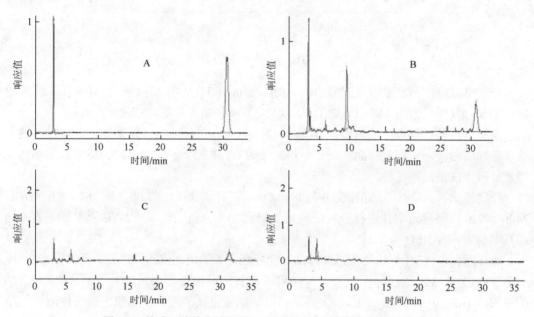

图 9-8 甘油三油酸酯对照品、华西药用植物园薏苡药材 HPLC 图

A. 对照品；B. 茎；C. 根；D. 叶

对照品溶液的制备：精密称取甘油三油酸酯对照品适量，加流动相配制成质量浓度为 0.1128 mg/mL 的甘油三油酸酯溶液，即得。

样品溶液的制备：取四川华西植物园的全草药材粉末（过 3 号筛）3 g，精密称定，精密加入流动相 50 mL，称重，浸泡 2 h，超声处理 30 min，取出，放冷，称重，用流动相补足损失的质量，摇匀，过滤，滤液浓缩，定容至 10 mL，用微孔滤膜（0.45 μm）过滤，取续滤液，即得。

标准曲线的制备：分别按照色谱条件，精密量取甘油三油酸酯对照品溶液 3 μL、5 μL、8 μL、10 μL、12 μL、15 μL 注入液相色谱仪，测定峰面积，以进样量（μg）的对数（X）为横坐标，峰面积的对数（Y）为纵坐标，最小二乘法计算得回归方程：$Y=1.7971\,X+4.1196$，

r=0.9993，其线性范围为 0.3384～1.692 μg。见表 9-9 和图 9-9。

表 9-9　甘油三油酸酯标准曲线值

进样量/μg	0.564	0.9024	1.128	1.3536	1.692
对数	−0.248 72	−0.044 60	0.052 31	0.013 15	0.228 40
峰面积对数	3.684 06	4.023 63	4.210 23	4.349 94	4.543 63

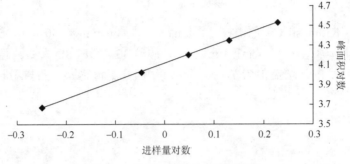

图 9-9　甘油三油酸酯标准曲线图

精密度试验：精密吸取对照品溶液（0.1128 mg/mL）15 μL，连续重复进样 6 次，测定峰面积，其平均值为 4481.1，RSD 为 1.2%，n=6。结果表明，精密度良好。

重复性试验：取华西植物园薏苡茎药材粉末 6 份，每份 3 g，精密称定，按照上述方法制备样品溶液，并测定峰面积，其平均含量为 0.148 93 mg/g，RSD 为 0.85%，n=6。表明该分析方法重复性良好。

稳定性试验：取对照品溶液（0.1128 mg/mL），分别在 1 h、2 h、3 h、4 h、8 h、16 h、24 h、48 h 按照色谱条件进样分析，测定其峰面积积分值，结果本品在室温下放置 48 h 内基本稳定，其 RSD 为 1.28%。

加样回收率试验：精密称取已知甘油三油酸酯含量的华西植物园薏苡茎药材粉末 9 份，每份 3 g，分为 3 组依次加入相当于样品溶液中甘油三油酸酯含量的 80%、100%、120% 的对照品溶液（0.1128 mg/mL），按照上述方法制备供试品溶液，按照色谱条件测定。结果加入相当于样品溶液中甘油三油酸酯含量的 80%平均回收率为 99.23%，RSD 为 1.17%（n=3）；加入相当于样品溶液中甘油三油酸酯含量的 100%平均回收率为 99.15%，RSD 为 1.23%（n=3）；加入相当于样品溶液中甘油三油酸酯含量的 120%平均回收率为 99.48%，RSD 为 1.11%（n=3）。

样品的含量测定：按照上述方法制备样品，按照色谱条件测定，每次进样 20 μL，测定结果见表 9-10～表 9-12。

表 9-10　华西药用植物园（S7）不同部位中甘油三油酸酯的含量

部位	含量/（mg/g）
根	0.1572
茎	0.3320
叶	—

注："—"表示未检测出

表 9-11　华西药用植物园（S7）不同采收期茎中甘油三油酸酯的含量

采收期/月	含量/（mg/g）
6	0.2094
7	0.2123
8	0.2196
9	0.3307
10	0.3686
11	0.3712

表 9-12　不同产地茎中甘油三油酸酯的含量

产地	含量/（mg/g）
S1	0.1307
S5	0.1266
S3	0.2465
S6	0.1791
S8	0.1449
S7	0.3320
S9	0.1148

甘油三油酸酯在不同部位中：茎含量 0.3320 mg/g 为最高，叶中未检出。

在采收期 6～11 月中：薏苡茎中甘油三油酸酯的含量呈递增的趋势；薏苡仁的果期为 7～10 月，提示甘油三油酸酯的含量在果期递增，因此还有必要进行其他月份样品的进一步研究。

在不同产地中：甘油三油酸酯的含量差异很大，以华西药用植物园（S7）0.3320 mg/g 为最高，部分产地如广西恭城（S2）、四川峨眉山（S4）、成都五块石市场（S10）购买的药材中均没有检测到，提示生态环境对薏苡茎中甘油三油酸酯的含量影响较大。

本课题建立的测定甘油三油酸酯的高效液相色谱方法所用流动相与文献相似，但在流动相的比例上做了调整，因用药典方法的流动相比例，样品及对照品均不能出峰，方法不能重现；用文献报道方法，目标峰的保留时间差异很大。在筛选样品溶液制备时，分别考察了石油醚、丙酮及流动相，结果用流动相提取时样品溶液中峰形、分离度均较好，该方法可靠、准确、专属性强，可用于薏苡药材质量及品质评价的检测手段之一。

流动相中有二氯甲烷，流动相系统偏正相，在用 C_{18} 色谱柱分离时，连续进样后目标峰的保留时间会发生较大的偏移，因此需要在每次进样前用乙腈冲洗系统。

薏苡茎中多糖含量高，根次之，叶最低；薏苡素含量根高，叶次之，茎少，综合考虑建议薏苡茎可以作为薏苡多糖的提取物来源，薏苡根和叶可以作为薏苡素的提取物来源。

不同产地中：薏苡多糖以陕西汉中汉台区（S1）为最高，其含量为 82.7759 mg/g；薏苡素的含量根、茎均以云南大度岗（S5）为最高，分别为 16.1155 mg/g 和 5.6659 mg/g；而叶中以陕西汉中汉台区（S1）为最高，为 10.6258 mg/g；茎中甘油三油酸酯的含量差异很大，以华西药用植物园（S7）0.3320 mg/g 为最高，部分产地如广西恭城（S2）、四川峨眉山（S4）、成都五块石市场（S10）购买的药材中均没有检测到。

不同部位中，多糖的含量茎＞根＞叶，但差别不是很明显，含量在 52～57 mg/g；薏苡素的含量从陕西汉中汉台区（S1）、云南大度岗（S5）、四川华西药用植物园（S7）三个产地的结果均表明，根＞叶＞茎；而甘油三油酸酯仅在茎和根中检出，且含量茎＞根，茎含量 0.3320 mg/g，叶中则未检出。

不同采收期进行研究表明：薏苡非种仁部位（根、茎及叶）的多糖及甘油三油酸酯等成分的综合评价在 6～11 月呈现上升的趋势，而薏苡素的综合评价在 6～11 月呈现下降的趋势。

可以作为薏苡仁提取多糖和甘油三油酸酯类成分的补充和替代来源的薏苡非种仁部位，建议在薏苡的果期（7～10 月）与薏苡仁同步采收，充分利用薏苡资源。

第十章 成果主要创新点和学术影响

第一节 成果主要创新点

一、根据生物同属植物的亲缘关系，寻找和扩大新的药源

采用民族药用植物学、民族药鉴定学、民族药资源学的方法对白花丹、川产五加、荞麦、石斛、千斤拔、西洋参、鬼针草和薏苡等民族药用植物及其部分同属植物进行了比较系统的研究。

（1）对四川藏羌民族地区的药食两用植物五加菜进行种的鉴定及质量评价研究，川产红毛五加的茎皮中总皂苷、多糖、绿原酸、腺苷、紫丁香苷等活性成分含量远高于《中国药典》（2010 年版）收载品种刺五加，建议：川产五加类植物代替国家三级保护植物、濒危物种——刺五加；尤其是糙叶藤五加的有效成分含量综合评价优于蜀五加和红毛五加，而且在四川甘孜州的野生资源丰富，其还未开发利用，是值得继续关注的新药食两用或者新药材资源的物种。

（2）苦荞中的总黄酮、芦丁、槲皮素和山柰酚的含量远高于甜荞，说明甜荞适合作为普通谷物，而苦荞适合作为药食两用的保健食品；苦荞的新培育品种'米荞 1 号'的总黄酮及单体黄酮类成分的含量都高于同一产地的其他苦荞农业栽培品种，'米荞 1 号'可开发为高黄酮含量的保健食品。

（3）建议对美花石斛、球花石斛、叠鞘石斛和鼓槌石斛进行进一步药效研究，以确定其是否可以替代药典品种；研究结论与《中国药典》（2010 年版）收载"金钗石斛（*Dendrobium nobile* Lindl）、鼓槌石斛（*D. chrysotoxum* Lindl.）或流苏石斛（*D. fimbriatum* Hook.）的栽培品及其同属植物近似种的新鲜或干燥茎"中，把鼓槌石斛作为新的药典品种一致；首次为美花石斛、球花石斛、叠鞘石斛收载于省药材标准和《中国药典》标准作了系统的比较研究。

（4）大叶千斤拔和蔓性千斤拔为《中国药典》（1977 年版）和《中国药典》（2005 年版）附录中曾收载的千斤拔药材来源的两个种，对同属植物球穗千斤拔、宽叶千斤拔、腺毛千斤拔以多糖、总黄酮、鞣质和 β-谷甾醇等活性成分为指标进行质量评价研究，建议对宽叶千斤拔和腺毛千斤拔根进行进一步的药效学研究，确认其是否可以替代入药。

（5）对《贵州中药材标准》、《湖南中药材标准》、《甘肃中药材标准》、《广西中药材标准》、《河南中药材标准》和《上海中药材标准》收载的鬼针草属植物三叶鬼针草、白花鬼针草、婆婆针、狼杷草和金盏银盘进行质量评价，白花鬼针草药材总黄酮、没食子酸、槲皮素、金丝桃苷的含量均较高；三叶鬼针草药材总黄酮、没食子酸的含量均较高，金盏银盘药材金丝桃苷的含量最高；综合考虑认为，白花鬼针草和三叶鬼针草的品质优于金盏银盘、婆婆针和狼杷草。建议金盏银盘、白花鬼针草、三叶鬼针草的全草可作为金丝桃苷的提取物来源。

二、对《中国药典》和省级中药材标准中收载的非药用部位进行系统比较研究，寻找新的药用部位

（1）白花丹根中的白花丹醌含量最高，茎、叶中含量低，表明传统的主要采用根入药具有科学依据；白花丹中 β-谷甾醇和胡萝卜苷含量以叶中最高，其次是茎，根中含量最低，故建议以 β-谷甾醇和和胡萝卜苷等活性成分为指标时选择叶入药。

（2）红毛五加、蜀五加和糙叶藤五加嫩叶中的金丝桃苷、异嗪皮啶、绿原酸、高于其他植物部位，建议对嫩叶进一步研究用于食品、保健食品中；红毛五加叶中绿原酸的含量与菊花（绿原酸主要原植物来源之一）中绿原酸含量相似，建议可以作为含绿原酸提取物一个新来源；蜀五加嫩叶和糙叶藤五加嫩叶可以作为绿原酸和金丝桃苷的提取物来源，从资源的可持续发展角度考虑，建议进一步研究以论证川产五加类植物 3 个品种叶的入药问题。

（3）在荞麦的两个栽培种苦荞和甜荞植株叶中的总黄酮和芦丁含量远高于其根茎，甚至高于种子，故可考虑综合利用荞麦种子以外的荞麦植株，作为荞麦总黄酮和芦丁的提取物来源；荞麦根茎叶中无机元素的含量高于种子，特别是毒性元素 Cd 和 Pb 等在叶的积累量最高，不同类型商品苦荞茶的研究中也发现，全株茶中有较高的有毒重金属含量，建议以叶或全植株为原料制作食品时应严格控制有毒重金属的含量。

（4）同种石斛根中多糖含量仅次于茎，叶中多糖的含量高于茎，建议石斛可以全草入药，并且不用搓去叶鞘。

（5）建议蔓性千斤拔、大叶千斤拔、宽叶千斤拔和腺毛千斤拔的叶均可作为千斤拔总黄酮、鞣质和多糖的提取物来源；腺毛千斤拔、宽叶千斤拔的根和茎可作为 β-谷甾醇的提取物来源。

（6）建议西洋参的叶可以用于兽药和西洋参皂苷提取物的来源，西洋参的茎可用于兽药和西洋参多糖提取物的来源。

（7）鬼针草属几种植物根中的总黄酮、没食子酸、槲皮素、金丝桃苷等活性成分含量仅次于茎叶，建议全草入药。

（8）薏苡茎中多糖含量高，根次之，叶最低；薏苡素含量根中最高，叶次之，茎最少，综合考虑建议薏苡茎可以作为薏苡多糖的提取物来源，薏苡根和叶可以作为薏苡素的提取物来源。

三、对不同野生药材产地进行药典检验项目和生物活性成分含量的系统比较研究，筛选最佳栽培基地

（1）比较了 9 个产地的蔓性千斤拔，云南产根的药材质量最优；比较了 5 个产地的大叶千斤拔，云南产根的药材质量最优，其次为四川华西植物园。建议可以优选云南，其次湖北、广西、广东、四川建立栽培基地。

（2）比较了不同产地白花丹药材中白花丹醌的含量，云南西双版纳和广西恭城所产样品中白花丹醌的含量较高，建议可以在云南西双版纳和广西恭城建立白花丹药材栽培基地。

（3）综合比较不同产地红毛五加茎皮的质量，阿坝州小金县的两河乡和美沃乡、金川

县及茂县所采集的样品品质较佳。建议红毛五加基地选在阿坝州小金县的两河乡（大板村玛嘉沟已在建立的红毛五加繁育种植基地的基础上扩大种植面积）和美沃乡。

四、对最佳野生产地的 1～12 月药材进行生物活性成分的系统比较研究，筛选最佳采收期

（1）比较不同采收期白花丹药材中白花丹醌的含量，白花丹的根、茎和叶中白花丹醌的含量普遍在 11 月至次年 1 月比较高，建议白花丹的传统采收期 10～12 月可调整为 10 月至次年 1 月。

（2）综合分析薏苡非种仁药材质量的研究结果，建议薏苡的采收期可以在其果期（7～10 月）与薏苡仁同步采收，充分利用薏苡资源。

（3）综合比较不同采收期的川产五加类植物多个活性成分的含量，建议：川产五加类植物的嫩芽作为保健食品或者食品的开发利用采收时间在春季（4～5 月）较合理；作为药材的资源综合开发利用，叶和茎皮在夏季（6～7 月）采收更为合适。

（4）比较不同采收月份和不同采收年份西洋参中人参皂苷及多糖的含量，建议加拿大西洋参农场的采收期可以避开西洋参的花期（6～7 月）和果期（7～9 月），在 9 月采收比较好；3 年生和 4 年生的西洋参药材与 5 年生或 6 年生的质量接近。

五、活性成分提取、分离工艺和药效筛选：根据民族药物化学的提取和分离方法、民族药理学的方法

（1）对蔓性千斤拔药材的根进行了化学成分分离，在乙酸乙酯部位采用反复常压硅胶柱色谱，Sephadex LH-20，分离得到 3 个化合物，分别为：燃料木素、5, 7, 2′, 4′-四羟基异黄酮，3, 5, 7, 3′, 5′-五羟基-4′-甲氧基黄烷，解决了千斤拔类药材无专属性有效成分对照品的难题，并以上述 3 个化合物为质量评价指标，对不同药用部位、不同产地的蔓性千斤拔进行品质评价。

（2）对白花丹的三氯甲烷部位进行成分分离，分得 3 个化合物分别为：白花丹醌、β-谷甾醇、香草酸；对白花丹乙酸乙酯部位化学成分研究共分出的 7 个化合物，鉴定了其中的 5 个，分别为白花丹醌、β-谷甾醇、胡萝卜苷、香草酸、脂肪酸。解决了白花丹药材无专属性有效成分对照品的难题，同时进行细胞和整体动物药理活性筛选，研究结果表明，白花丹醌具有很好的抗肿瘤和抗炎活性；并以上述 5 个化合物为质量评价指标，对不同药用部位、不同产地、不同采收期的白花丹进行品质评价。

六、快速鉴别掺假苦荞商品技术

利用苦荞粉和普通淀粉的红外吸收光谱、紫外指纹图谱和超高效液相色谱的差异性，基于黄酮类成分的聚类分析方法成功鉴别出纯苦荞粉与掺有不同比例大麦粉、小麦粉的模拟掺假苦荞粉，对掺有 5%（红外吸收光谱、紫外指纹图谱）、2%（超高效液相色谱）以上的大麦粉和小麦粉的苦荞粉能快速地鉴别。

七、野生变家种栽培技术规范研究

对白花丹在不同土壤、植被、光照、氮磷钾肥等生长条件下药材，以及采用种子苗、分株苗和扦插苗进行繁殖的药材进行比较研究，进行野生变家种栽培技术规范研究。以浸出物、白花丹醌、β-谷甾醇、胡萝卜苷等质量评价指标、植株的株高及茎粗等植物生长状况指标，对在不同的土壤、植被、光照、氮磷钾肥、种子苗、分株苗、扦插苗等栽培条件下的家种白花丹进行考察，结果表明，黏土、全光照、K 肥及 N 肥条件下栽培药材质量比较好；并在此基础上确定了家种白花丹的基本栽培技术规范，为其生产质量管理规范（GAP）打下坚实基础。

八、高原药用植物繁育和种植推广示范、非药用部位的开发利用和保健食品或者食品的开发利用，进行资源综合利用产业化

（1）红毛五加非药用部位的开发利用和保健食品或者食品的开发利用。以总黄酮、绿原酸、金丝桃苷及无机元素的含量为考察指标，综合评价川产五加类植物——红毛五加、蜀五加和糙叶藤五加的嫩叶和茶的质量，筛选食用嫩叶的加工工艺和嫩叶茶工艺，为农业上野生变家种、保健食品五加菜和川产五加茶的申报提供实验室基础数据，以深层次挖掘传统藏羌药食两用植物的开发潜力。

（2）四川阿坝藏族羌族自治州、四川甘孜藏族自治州的藏羌五加菜（糙叶藤五加、蜀五加和红毛五加）总黄酮含量比目前市售的无梗五加菜和刺五加嫩叶菜更高，极具开发价值和发展前景。五加菜嫩叶的干燥方法宜选择低温烘干，鲜品营养价值高，保存方法以热烫和制作为茶品为佳，且其茶品是非常值得进一步开发的饮品；糙叶藤五加样品冻藏1 个月之后生物活性成分含量降低到其低温烘干品的 1/2 以下，当地传统的盐渍品其生物活性成分含量很低，故根据试验结果来看，四川藏、羌族牧民常把五加嫩叶放入家用冰箱−18℃冷冻保藏 1 年慢慢食用方法和盐渍法不是理想的贮藏和食用方法。

（3）五加属植物中以糙叶藤五加嫩叶的鲜品、低温烘干品和茶制品的品质最优，但是鉴于红毛五加嫩芽质量与糙叶藤五加相近，红毛五加的产量相对更大，红毛五加皮已经收载于《四川省中药材标准》（1987 年版）和《四川省中药材标准》（2010 年版），因此，最后选择红毛五加嫩叶的低温烘干品进行制备工艺筛选。以总皂苷、总多糖、绿原酸的含量为综合评价指标，对红毛五加嫩叶低温烘干品的水提物、醇提物，红毛五加嫩叶醇提后水提物，以及红毛五加茶的水提物浸膏的工艺进行了筛选，试验结果表明，红毛五加嫩叶醇提后水提、茶制的工艺较好；正在进行急性毒性试验、长期毒性试验，提高免疫能力、抗炎、镇痛生物活性的评价。

（4）红毛五加和重楼良种繁育和种植推广示范。四川省阿坝藏族羌族自治州小金县美沃乡花牛村、沙龙乡燕栖村、窝底乡春卡村、窝底乡金山村、美兴镇三关村进行的红毛五加的不同环境因素（海拔、纬度）野生变家种的栽培试验已经完成。

从 2011 年 1 月开始，西南民族大学与四川雪草木生物药业有限公司合作，在青藏高原药用植物的野生变家种、高原药用植物培育和资源综合利用产业化等方面进行深度合

作，目前已经在四川省阿坝州汶川县水磨镇白石村（30 亩）和马家营村（20 亩），小金县美兴镇三关桥村（5 亩）、美沃乡花牛村（100 亩）、窝底乡窝底村（20 亩），茂县土门乡洋坪村（17 亩）、永和乡利里村（30 亩）等地开展红毛五加和重楼的良种扩大繁育工作，并且在现有基础上扩大建设育种、育苗基地（核心试验地）、继续开展红毛五加和重楼生产示范和技术推广服务工作。

（5）白花丹繁育和种植推广示范。在云南景洪市中国医学科学院药用植物研究所西双版纳分所的南药园，综合白花丹的质量评价指标和植物生长状况指标，拟定了家种白花丹的土壤、植被、光照、氮磷钾肥、种子苗、分株苗、扦插苗等栽培条件的基本栽培技术规范，为白花丹繁育和种植推广示范及其生产质量管理规范打下坚实基础。

九、多基源品种的鉴定方法

比较系统建立千斤拔类、石斛类、鬼针草类、荞麦类、川产五加等的原植物、性状鉴别、显微组织鉴别和粉末鉴别的方法。

第二节　学术影响

本系列研究成果申请国家发明专利 6 项，其中获得专利证书 1 项、进入实质审查 2 项和初审合格 3 项；"重冠紫菀"研究成果用于《四川省藏药材标准》1 项；鼓槌石斛已经收载入 2010 年版《中国药典》；千斤拔已经收载入《湖南省中材标准》2009 年版和《山西省中药材标准》（2013 年版）；据研究成果编著而成的《中国民族药物学概论》已作为教材使用 7 年，《民族药材研究综合设计实验教材》和《中国民族医药学概论》将作为中药学民族药方向和中药学彝药学本科专业的教材；共发表论文 115 篇，其中 SCI 收录 9 篇，国外公开发表 10 篇，北大核心期刊 70 篇；为寻找和扩大新的药源、新的药用部位；筛选最佳栽培基地、最佳采收期；提取活性成分、分离工艺和药效筛选；制定野生变家种技术规范，以及今后该类植物资源的综合利用和产业化提供参考，在国内外产生了广泛的学术影响。

第三节　成果推广应用、产业影响及经济效益

一、成果推广应用

本系列研究成果已经应用于我国西南民族地区，服务于当地政府，四川省阿坝州小金县高原阳光道地药材种植有责任公司、小金县墨龙中药材种植专业合作、四川宇妥藏药药业有限责任公司、四川好医生药业集团有限公司、四川雪草木生物药业有限公司等民族制药企业，西藏自治区藏医院、阿坝州藏医院、红原藏医院、松潘中藏医院、小金中藏医院、甘孜州藏医院、西昌彝医药研究所、茂县羌医药研究所、成都金牛区羌医药研究所、云南西双版纳州傣医院、广西民族医药研究院、广西壮医医院、广西瑶医医院等民族医药研究机构和民族医疗机构；高原药用植物繁育和种植推广示范、非药用部位的开发利用和保健食品或者食品的开发利用，进行资源综合利用产业化。

二、产业影响及经济效益

高原药用植物栽培技术成果应用于西南民族大学红原基地总部建设,已经完成青藏高原药用植物仿野生活体保存与繁育园区 75 亩,包括仿野生活体保存区、仿野生繁育区、调控繁育区、种植示范区和种质资源保存圃,采用野生苗和人工育苗移栽、野生收集种子和人工育苗收集种子播种等方式成功培育了 323 种高原特有民族药用植物,目前大多数植物已经能够正常完成生命周期,2014 年秋季已经采收种子 40 种。在四川省阿坝藏族羌族自治州红原基地总部和刷经寺镇开展秦艽、鹅绒委陵菜、铁棒锤、唐古特大黄、狭叶红景天、绿绒蒿、美花筋骨草、坚杆火绒草、翼首草、甘松、珠芽蓼、滨蒿、菥蓂等育苗(育种)试验、大田栽培试验和种植示范研究。

西南民族大学与新荷花中药饮片股份有限公司共建藏羌道地药材基地,利用双方的实验室、研究基地、仪器设备、人才等现有资源,联合开展科学研究、项目申请、成果申报和推广、新产品开发、举办学术交流会议等工作,以及提供有偿、优惠的技术服务和支撑。现在双方已在四川省阿坝州松潘县和茂县采用"农场模式"建设了 3000 余亩的中藏羌药材(含川贝母、大黄、羌活等)种植示范基地。

西南民族大学落实科技部"援青计划"精神,受四川省科技厅委托,立足青藏高原东南缘,辐射青海藏区,在四川红原县、青海海晏县两地建立高寒典型沙化地区的中藏药材种植示范基地,与草、灌木结合,形成草-药-灌的经济型沙化治理模式,探索治沙中藏药品种的育苗扩繁技术,并形成规范化的种植技术。选择高寒典型沙化地区适生中藏药材植物材料(菊芋、牛蒡、珠芽蓼、鹅绒委陵菜等),在四川红原县、青海海晏县分别营建菊芋、牛蒡、珠芽蓼、鹅绒委陵菜等示范基地 50 亩;与草、灌木组合配置,在四川红原县、青海海晏县两地分别建立规模为 500 亩的示范基地。

从 2011 年 1 月开始西南民族大学与四川雪草木生物药业有限公司在青藏高原药用植物的野生变家种、高原药用植物培育和资源综合利用产业化等方面进行深度合作,目前已经在四川省阿坝州汶川县水磨镇白石村(30 亩)和马家营村(20 亩),小金县美兴镇三关桥村(5 亩)、美沃乡花牛村(100 亩)、窝底乡窝底村(20 亩),茂县土门乡洋坪村(17 亩)、永和乡利里村(30 亩)等地开展红毛五加和重楼的良种扩大繁育工作,在现有基础上扩大建设良种、育苗基地(核心试验地)、继续开展红毛五加和重楼生产示范和技术推广服务工作。双方合作研制红毛五加菜和茶的药食两用保健食品,已经完成前期系列研究——川产五加类植物的嫩叶开发利用和保健食品或者食品的开发利用。

在云南景洪市中国医学科学院药用植物研究所西双版纳分所的南药园开展的白花丹繁育技术研究成果,应用到云南省红河州金平县进行规模化人工栽培试点工作,起到了良好的种植示范推广作用。

本系列研究成果逐渐形成民族药材规模种植,带动当地农业结构产业调整、农牧民增产增收,获得了较好的经济效益、社会效益和政治效益。

参 考 文 献

[1] Luo P, Wong Y F, Ge L, et al. Anti-inflammatory and analgesic effect of plumbagin through inhibition of nuclear factor-kappaB activation[J]. J Pharmacol Exp Ther, 2010, 335 (3): 735-742.

[2] Zhang Z F, Lu L Y, Liu Y. Comparing major alkaloids of Fritillariae Hupehensis Bulbs (FHB) and congeneric plants by HPLC-ELSD and HPLC-ESI-MS$_n$[J]. Nat Prod Res, 2014, 28 (15): 1171-1175.

[3] Zhang Z F, Lu Lu Y, Luo P, et al. Two new ursolic acid saponins from Morina nepalensis var. alba Hand-Mazz[J]. Natural Product Research, 2013, 27 (24): 2256-2262.

[4] Wang J X, Ding L, Xu Y Z, et al. Determination of Inorganic Element Concentrations in the Roots of *Plumbago Zeylanica* L[J]. Analytical Letters, 2014, 47 (5): 855-870.

[5] Xu Y Z, Li Y D, Yang Z M, et al. Determination of Inorganic Element Concentrations in acantho panax[J]. Analytical Letters, 2015, 48 (1): 154-166.

[6] Lu L Y, Liu Y, Zhang Z F, et al. Analysis of Danshen and Twelve Related Salvia Species[J]. Natural product communications, 2012, 7 (1): 59-60.

[7] Huang Y F, Peng L X, Liu Y, et al. Evaluation of Essential and Toxic Element Concentrations in Differet Parts of Buckwheat[J]. Czech Journal of Food Sciences, 2013, 31 (3): 249-255.

[8] Peng L X, Huang Y F, Liu Y, et al. Evaluation of Essential and Toxic Element Concentrations in Buckwheat by Experimental and Chemometric Approaches[J]. Journal of Integrative Agriculture, 2014, 13 (8): 1691-1698.

[9] Zhang Z F, Liu Y, Lu L Y, et al. Hepatoprotective activity of Gentiana veitchiorum Hemsl. against carbon tetrachloride induced hepatotoxicity in mice[J]. Chinese Journal of Natural Medicines, 2014, 12 (7): 488-494.

[10] Huang Y F, Ren C Q, Yuan W, et al. Application of morphoanatomy and microscopy in authentication of three species of traditional Chinese herbs of Moghania[J]. Pharmacognosy Journal, 2013, 5: 30-40.

[11] Ren C Q, Yuan W, Dai X Z, et al. Determination of β-Sitosterol Content in Different Species of MOGHANIAE HERBA by HPLC-ELSD[J]. Medicinal Plant, 2013, 4 (7): 9-11.

[12] Ren C Q, Yuan W, Zhu B, et al. The Chemical Constituents of Ethyl Acetate Fraction of Ethanol Extract from Moghania philippinensis (Merr. et Rolfe) Li Roots[J]. Medicinal Plant, 2013, 4 (8): 1-3, 6.

[13] Ren C Q, Yuan W, Dai X Z, et al. Extraction Technology of Flavonoids Components from Radix Moghaniae[J]. Medicinal Plant, 2013, 4 (7): 31-33, 36.

[14] Ren C Q, Dai X Z, Liu Y. Determination of Total Flavonoids in Different Plant Parts of Five Species of Herba Moghanian in Different Grown Areas[J]. Medicinal Plant, 2013, 4 (6): 49-52.

[15] Li Y D, Li Y, Meng Q Y, et al. Application of microscopy in authentication of the 3 species of Traditional Tibetan and Qiang Herbs of "Wu-Jia Vegetables" [J]. Pharmacognosy Journal, 2012, 4 (29): 5-9.

[16] Sun Z R, Liu Y H, Liu Y. Pharmacognostic Study on the Five Medicinal Dendrobium Plants[J]. Medicinal Plant, 2013, 4 (2): 1-8.

[17] Zhao X Y, Liu Y H, Xu Y Z, et al. ICP-OES Determination of Inorganic Elements in Panax quinquefolium L.and Its Processed Products[J]. Medicinal Plant, 2012, 3 (12): 14-18.

[18] Li Y, Xia Q, Fu C M, et al. Determination of Isofraxidin of Oleanolic Acid of Acanthopanax giraldii Harms, A. leucorrhizus var.fulvescens Harms and A. setchuenensis Harms ex Diels by HPLC-ELSD[J]. Medicinal Plant, 2013, 4 (5): 67-71.

[19] Li Y, Ren C Q, Xia Q, et al. Determination of Isofraxidin of Acanthopanax giraldii Harms by RP-HPLC[J]. Medicinal Plant, 2012, 3 (12): 36-38.

[20] 黄艳菲, 孙美, 许云章, 等. 不同炮制方法对加拿大产西洋参中 10 种人参皂苷的影响[J]. 中国中药杂志, 2014, 39 (20): 3950-3954.

[21] 罗培, 刘圆, 吕露阳, 等. 藏药材"白花刺参"抑制 NO 生成作用的谱效相关分析[J]. 中国中药杂志, 2013, 38 (17): 2882-2885.

[22] 吴春蕾, 刘圆, 张志锋, 等. 大孔吸附树脂富集纯化白花刺参总皂苷的工艺研究[J]. 中草药, 2011, 42 (6): 1130-1134.

[23] 刘圆, 李厚聪, 孟庆艳. RP-HPLC 法测定藏药材红毛五加不同药用部位和不同产地茎皮中紫丁香苷[J]. 中草药, 2008, 39 (4): 612-613.

[24] 刘圆, 孟庆艳. 川产藏药材红毛五加不同产地红毛五加多糖的含量比较[J]. 中草药, 2007, 38 (2): 283-284.

[25] 许云章, 任烨, 王静霞, 等. 不同生长年限、不同采收月份加拿大原产地西洋参根中 9 种人参皂苷和 2 种拟人参皂苷含量动态变化研究[J]. 中药材, 2014, 37 (10): 1743-1748.

[26] 张剑光, 徐彦, 刘圆, 等. 响应面设计法优化川贝母茎和叶中总生物碱的提取工艺[J]. 食品科学, 2013, 34 (10): 11-15.

[27] 丁玲, 左旭, 任朝琴, 等. 不同种及不同产地千斤拔药材中无机元素分析[J]. 中药材, 2013, 36 (1): 22-28.

[28] 徐彦, 刘圆, 吕露阳, 等. 响应面设计法优化不同基源贝母中总生物碱的提取工艺[J]. 食品科学, 2013, 34 (4): 32-36.

[29] 李艳丹, 黄艳菲, 丁玲, 等. RP-HPLC 测定 5 种藏羌五加菜中金丝桃苷的含量[J]. 食品科学, 2012, 33 (16): 106-110.

[30] 戴先芝, 李艳丹, 黄艳菲, 等. 不同栽培条件下白花丹根茎叶中白花丹醌的含量测定[J]. 中国药学杂志, 2012, 10 (47): 834-837.

[31] 张吉仲, 刘圆, 焦涛. 白花丹不同有机溶剂提取物和白花丹醌对移植性乳腺癌和 S180 肉瘤的作用[J]. 中国药理学通报, 2008, 24 (8): 1040-1043.

[32] 刘圆, 孟庆艳, 任朝琴. 高效液相色谱法测定川产藏药材红毛五加不同药用部位中腺苷的含量[J]. 中国药学杂志, 2008, 43 (7): 538-540.

[33] 刘超, 刘圆, 颜晓燕. 白花丹不同提取物体外抗肿瘤及急毒实验研究[J]. 中国药理学通报, 2007, 23 (46): 557-559.

[34] 刘圆, 孟庆艳. RP-HPLC 法测定藏药材红毛五加不同产地中绿原酸的含量[J]. 中国中药杂志, 2007, 32 (15): 1585-1586.

[35] 刘圆, 孟庆艳. 共有峰率和变异峰率双指标序列法分析藏药材红毛五加特定(指纹)图谱[J]. 药物分析杂志, 2007, 27 (8): 1182-1185.

[36] 刘圆, 孟庆艳. RP-HPLC 法测定川产藏药不同产地红毛五加茎皮中腺苷的含量[J]. 药物分析杂志, 2007, 27 (10): 1586-1588.

[37] 孙卓然, 刘圆. 李晓云, 等. 鼓槌石斛不同产地及不同炮制方法后多糖含量测定[J]. 中成药, 2009, 31 (11): 附 5-6.

[38] 孟庆艳, 刘圆, 李厚聪, 等. 川产藏药材红毛五加中总皂苷提取工艺研究[J]. 中成药, 2008, 30 (4): 610-612.

[39] 李波, 杨正明, 王静霞, 等. 民族药白花丹叶中的元素含量及季节动态变化研究[J]. 西南大学学报(自然科学版), 2014, 36 (10): 193-199.

[40] 李利民, 黄利, 杨福寿, 等. 美吉日思、姆玉火吉 F3 号和手法药酒的镇痛、抗炎作用研究[J]. 华西药学杂志, 2014, 29 (6): 726-727.

[41] 夏清，刘圆. 鬼针草属药材的 HPLC 指纹图谱鉴别[J]. 中国实验方剂学杂志，2013，91（7）73-76.

[42] 黄艳菲，刘永恒，李艳丹，等. HPLC-MSn 法测定加拿大原产地西洋参不同入药部位的人参皂苷含量[J]. 中国实验方剂学杂志，2013，19（11）：86-91.

[43] 李艳丹，黄艳菲，丁玲，等. 紫外分光光度法测定 5 种藏羌五加菜中总黄酮的含量[J]. 中国实验方剂学杂志，2013，19（3）：65-69.

[44] 李莹，李艳丹，刘圆，等. 大孔树脂富集纯化红毛五加中总苷类成分的研究[J]. 中国实验方剂学杂志，2012，18（19）：24-28.

[45] 李艳丹，左旭，黄艳菲，等. RP-HPLC 测定 5 种藏五加菜中绿原酸的含量[J]. 中国实验方剂学杂志，2012，18（16）：70-74.

[46] 李莹，黄艳菲，刘圆，等. 四川藏羌地区五加属主要资源种类的 HPLC 指纹图谱特征和种类鉴定[J]. 中国实验方剂学杂志，2012，18（4）：142-145.

[47] 任朝琴，袁玮，刘圆. 5 种千斤拔不同药用部位及 3 种不同产地中浸出物的含量测定[J]. 中国实验方剂学杂志，2009，15（3）：6-8.

[48] 孙卓然，刘圆，孟庆艳，等. RP-HPLC 测定四川产红毛五加药材茎皮及叶中不同采收期绿原酸的含量[J]. 中国实验方剂学杂志，2009，15（2）：15-16.

[49] 李莹，左旭，李艳丹，等. HPLC 测定蜀五加和糙叶藤五加中的金丝桃苷[J]. 华西药学杂志，2012，27（5）：114-116.

[50] 任朝琴，袁玮，朱斌，等. HPLC 法筛选千斤拔中黄酮类成分的水提工艺[J]. 华西药学杂志，2012，27（5）：571-573.

[51] 任朝琴，刘圆，袁玮. HPLC-ELSD 法测定多种千斤拔中 β-谷甾醇的含量[J]. 华西药学杂志，2010，25（2）：206-208.

[52] 任朝琴，刘圆，袁玮. 不同产地不同药用部位千斤拔中多糖的比较[J]. 华西药学杂志，2009，24（4）：388-390.

[53] 任朝琴，刘圆，孟庆艳. 川产藏药红毛五加不同药用部位中多糖的含量比较[J]. 华西药学杂志，2008，23（5）：602-603.

[54] 李莹，刘圆，袁玮，等. RP-HPLC 测定红毛五加中的异嗪皮啶[J]. 华西药学杂志，2010，25（3）：339-341.

[55] 焦涛，刘圆. RP-HPLC 法测定白花丹药材不同药用部位及不同产地、不同采收期地上部分中香草酸的含量[J]. 华西药学杂志，2009，24（3）：295-297.

[56] 刘圆，焦涛. HPLC-ELSD 法测定白花丹药材中 β-谷甾醇的含量[J]. 华西药学杂志，2009，24（6）：661-663.

[57] 刘超，刘圆，颜晓燕. 白花丹醌对人乳腺癌细胞 mda-mb-231 的体外效应[J]. 华西药学杂志，2008，23（1）：42-44.

[58] 曾友志，刘圆. RP-HPLC 测定 3 种五加皮中的绿原酸[J]. 华西药学杂志，2008，23（2）：193-194.

[59] 夏清，刘圆，李莹. RP-HPLC 测定鬼针草属不同药用部位和不同种中的金丝桃苷[J]. 华西药学杂志，2009，24（1）：82-83.

[60] 夏清，刘圆，李莹. RP-HPLC 测定鬼针草属药材中的没食子酸[J]. 华西药学杂志，2009，24（3）：308-310.

[61] 李厚聪，刘圆，袁玮，等. HPLC 测定薏苡中薏苡素的含量[J]. 华西药学杂志，2009，24（5）：530-532.

[62] 李厚聪，刘圆，袁玮，等. RP-HPLC 法测定薏苡中薏苡素的含量[J]. 西南大学学报（自然科学版），2009，31（11）：154-157.

[63] 袁玮，任朝琴，朱斌，等. RP-HPLC 法筛选千斤拔有效成分的提取工艺[J]. 西南大学学报（自然科学版），2012，34（5）：152-156.

[64] 孟庆艳，刘圆. 正交试验法筛选藏药红毛五加多糖的提取分离工艺[J]. 西南大学学报（自然科学

版），2007，29（1）：122-125.

[65] 刘超，刘圆. 广西、云南白花丹药材 HPLC 指纹图谱研究[J]. 西南农业大学学报，2006，28（6）：930-932.

[66] 张剑光，张志锋，吕露阳，等. 大孔吸附树脂富集纯化川贝母总生物碱的工艺研究[J]. 湖南师范大学学报（医学版），2013，10（1）：89-92.

[67] 任朝琴，袁玮，朱斌，等. 蔓性千斤拔乙酸乙酯部位的化学成分研究[J]. 时珍国医国药，2012，23（5）：1102-1103.

[68] 刘永恒，任烨，黄艳菲，等. 加拿大原产地西洋参及自制炮制品西洋红参的降血糖药效学实验研究[J]. 时珍国医国药，2012，23（1）：97-99.

[69] 刘永恒，李莹，刘圆，等. 藏羌药材红毛五加水分、灰分和浸出物的含量测定[J]. 时珍国医国药，2011，22（2）：337-339.

[70] 任朝琴，刘圆. 不同种不同药用部位不同产地千斤拔中总黄酮的含量测定[J]. 时珍国医国药. 2010，21（10）：2492-2494.

[71] 任朝琴，刘圆. 大叶千斤拔与蔓性千斤拔的高效液相色谱指纹图谱鉴别研究[J]. 时珍国医国药，2010，21（11）：2945-2947.

[72] 李厚聪，袁玮，李莹，等. 薏苡非种仁部位甲醇提取物的指纹图谱研究[J]. 时珍国医国药，2010，21（9）：2174-2176.

[73] 李厚聪，刘圆，李莹. 薏苡非种仁部位及不同产地不同采收期茎中多糖的含量测定[J]. 时珍国医国药，2009，20（7）：1601-1602.

[74] 任朝琴，刘圆，袁玮. 正交试验法筛选千斤拔多糖的提取分离工艺[J]. 时珍国医国药，2009，20（5）：1051-1053.

[75] 李莹，孙卓然，袁玮，等. 不同种石斛的相似性的共有峰率和变异峰率双指标序列法分析[J]. 时珍国医国药，2009，20（10）：2455-2457.

[76] 孙卓然，刘圆，李晓云，等. 石斛不同种、不同药用部位中多糖含量测定[J]. 时珍国医国药，2009，20（8）：1886-1888.

[77] 李莹，袁玮，刘超，等. RP-HPLC 法测定藏药材红毛五加中金丝桃苷的含量[J]. 时珍国医国药，2009，20（7）：1617-1618.

[78] 吴春蕾，焦涛，刘圆. 白花丹药材水分、灰分和浸出物的含量测定[J]. 时珍国医国药，2009，20（8）：1879-1880.

[79] 夏清，刘圆，李莹. 反相高效液相色谱法测定鬼针草属药材不同药用部位和不同种中槲皮素的含量[J]. 时珍国医国药，2009，20（3）：584-585.

[80] 焦涛，刘超，吴春蕾，等. 白花丹的化学成分研究[J]. 时珍国医国药，2008，19（12）：2993-2994.

[81] 刘超，刘圆，邓放. 白花丹醌的提取、分离、鉴定[J]. 时珍国医国药，2006，17（6）：919.

[82] 刘圆，孟庆艳，孙卓然. RP-HPLC 测定藏药材红毛五加不同药用部位中绿原酸[J]. 中草药，2007 增刊，256-257.

[83] 许云章，任烨，王静霞，等. 响应面法优化加拿大原产地西洋参皂苷的提取工艺研究[J]. 现代食品科技，2013，29（5）：1035，1040-1044.

[84] 黄艳菲，彭镰心，丁玲，等. 荞麦和商品苦荞茶中芦丁含量的测定[J]. 现代食品科技，2012，28（9）：1219-1222.

[85] 黄艳菲，彭镰心，丁玲，等. 荞麦中芦丁的提取工艺优化[J]. 现代食品科技，2012，28（10）：1345-1349.

[86] 孙美，黄艳菲，赵小燕，等. 响应曲面法优化荞麦总黄酮的提取工艺[J]. 现代食品科技，2012，28（12）：1714-1718.

[87] 黄艳菲，彭镰心，李艳丹，等. 高效液相色谱法测定荞麦不同种、植株不同部位芦丁的含量[J]. 食品科技，2012，37（12）：274-277.

[88] 王静霞, 黄艳菲, 赵小燕, 等. 荞麦和商品苦荞茶中总黄酮的含量测定[J]. 食品工业科技, 2013, 34 (2): 58-60.

[89] 左旭, 黄艳菲, 杨正明, 等. 紫外指纹图谱在苦荞粉掺假鉴别中的应用[J]. 食品工业, 2014, 35 (2): 92-93.

[90] 戴先芝, 丁玲, 黄艳菲, 等. RP-HPLC-ELSD 法测定野生白花丹要采 1~2 月份根茎叶中 B-谷甾醇的含量[J]. 云南中医中药杂志, 2012, 33 (2): 55-56.

[91] 戴先芝, 黄艳菲, 丁玲, 等. 不同栽培条件下白花丹药材的水分、灰分含量测定[J]. 西南民族大学学报 (自然科学版), 2012, 38 (1): 84-87.

[92] 戴先芝, 丁玲, 黄艳菲, 等. 不同栽培条件下白花丹药材浸出物的含量测定[J]. 安徽农业科学, 2012, 40 (5): 2641-2643.

[93] 左旭, 戴先芝, 张吉仲, 等. RP-HPLC-ELSD 法测定白花丹野生药材根茎叶中胡萝卜苷的含量[J]. 安徽农业科学, 2012, 40 (9): 5150-5151.

[94] 任烨, 李厚聪, 刘永恒, 等. 加拿大原产地西洋参多糖提取工艺优化研究[J]. 西南民族大学学报 (自然科学版), 2011, 37 (6): 940-945.

[95] 张志锋, 戴领, 吴春蕾, 等. 藏药白花刺参的水分、总灰分、酸不溶性灰分和浸出物的含量测定[J]. 西南民族大学学报 (自然科学版), 2011, 37 (4): 597-602.

[96] 任朝琴, 戴先芝, 刘圆. 千斤拔药材资源开发与利用调查报告[J]. 西南民族大学学报 (自然科学版), 2011, 34 (4): 610-613.

[97] 刘永恒, 戴先芝, 任烨, 等. 白花丹野生药材的水分、灰分的含量的测定[J]. 西南民族大学学报 (自然科学版), 2010, 36 (4): 597-599.

[98] 李厚聪, 周超, 袁德培, 等. 民族药薏苡的形态解剖学研究[J]. 湖北民族学院学报 (医学版), 2010, 27 (2): 13-15, 18.

[99] 袁玮, 任朝琴, 刘圆. 共有峰率和变异峰率双指标序列法分析不同产地千斤拔红外指纹图谱研究[J]. 西南民族大学学报 (自然科学版), 2010, 36 (1): 95-102.

[100] 李莹, 孙卓然, 刘圆, 等. 不同种石斛的红外指纹图谱研究[J]. 西南民族大学学报 (自然科学版), 2009, 35 (5): 1024-1027.

[101] 吴春蕾, 焦涛, 刘圆, 等. 藏药材红毛五加总皂苷纯化工艺研究[J]. 西南民族大学学报 (自然科学版), 2009, 35 (4): 785-788.

[102] 夏清, 刘圆, 孟庆艳, 等. 藏药材红毛五加不同药用部位和不同产地茎皮中总皂苷的含量测定[J]. 西南民族大学学报 (自然科学版), 2009, 35 (1): 98-100.

[103] 李厚聪, 刘圆, 袁玮. 薏苡多糖的提取、分离与纯化工艺研究[J]. 西南民族大学学报 (自然科学版), 2009, 35 (2): 278-282.

[104] 任朝琴, 刘圆, 袁玮. 不同种千斤拔红外、紫外指纹图谱鉴别研究[J]. 成都医学院学报, 2009, 4 (1): 7-13.

[105] 任朝琴, 刘圆. 千斤拔总黄酮的提取与纯化工艺研究[J]. 西南民族大学学报, 2009, 35 (3): 524-527.

[106] 海莉, 任朝琴, 刘圆. 正交设计优选千斤拔总生物碱的提取工艺[J]. 西南民族大学学报 (自然科学版), 2008, 34 (5): 966-969.

[107] 任朝琴, 孟庆艳, 刘圆. 紫外-可见分光光度法测定四川产红毛五加药材中不同采收期红毛五加中总皂苷的含量测定[J]. 西南民族大学学报 (自然科学版), 2008, 34 (4): 708-710.

[108] 任朝琴, 刘圆, 李莹. 不同种千斤拔总酚、鞣质、水分、灰分的含量测定[J]. 亚太传统医药, 2008, 4 (11): 32-35.

[109] 戴先芝, 任朝琴, 刘圆. 共有峰率和变异峰率双指标序列法分析不同产地千斤拔紫外指纹图谱研究[J]. 亚太传统医药, 2008, 4 (12): 16-19.

[110] 孙卓然, 李晓云, 刘圆, 等. RP-HPLC 法测定不同品种石斛中滨蒿内酯的含量[J]. 西南民族大学学

报（自然科学版），2008，34（6）：1189-1191.

[111] 李厚聪，李莹，孟庆艳，等. 川产藏药材红毛五加不同采收期中多糖的含量测定[J]. 西南民族大学学报（自然科学版），2008，34（3）：510-513.

[112] 孟庆艳，李莹，刘圆. 共有峰率和变异峰率双指标序列法分析藏药材红毛五加与濒危药材刺五加的亲缘相似性[J]. 西南民族大学学报（自然科学版），2008，34（2）：290-293.

[113] 吴莉莉，孟庆艳，刘圆. 红毛五加茎皮中总皂苷超声提取工艺研究[J]. 西南民族大学学报，2007，33（3）：535-537.

[114] 刘超，刘圆，张雪梅. 民族药白花丹和红花丹的药材比较研究[J]. 西南民族大学学报（自然科学版），2007，33（1）：104-108.

[115] 刘超，刘圆，孟庆艳. 白花丹的历史考证[J]. 西南民族大学学报（自然科学版），2006，32（2）：286-289.

中 文 索 引

拉丁文索引

附录　民族药资源开发与综合利用研究重要彩色图片

A 红毛五加茎繁殖材料　　　　B 红毛五加盖地膜扦插试验　　　　C 红毛五加不盖地膜扦插试验

彩图 1　阿坝州小金县红毛五加扦插繁殖试验

A 小金县美沃乡花牛村

B 小金县美兴镇三关桥村

C 小金县沙龙乡燕栖村

D 小金县窝底乡金山村

彩图 2　阿坝州小金县不同栽培地筛选试验

S.No	红毛五加	糙叶藤五加	蜀五加
A			

彩图 3　红毛五加、糙叶藤五加和蜀五加原植物

A. 腊叶标本；B. 植株；C. 茎和刺；D. 叶正面；E. 叶背面；F. 花或果实；G. 刺

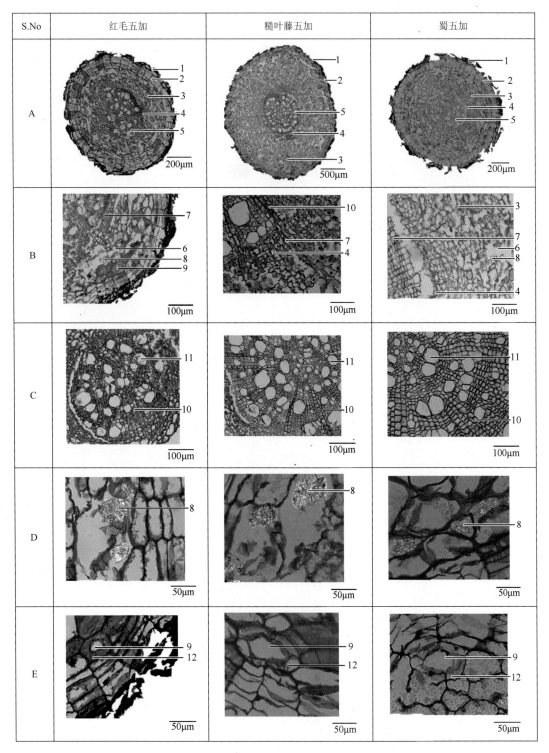

彩图 4　红毛五加、糙叶藤五加和蜀五加根的横切面

A. 全貌；B. 表皮和皮层；C. 木质部；D. 草酸钙簇晶；E. 分泌细胞

1. 外皮层；2. 木栓层；3. 皮层；4. 木质部；5. 韧皮部；6. 裂隙；7. 韧皮射线；

8. 草酸钙簇晶；9. 分泌腔；10.木射线；11. 导管；12. 分泌细胞

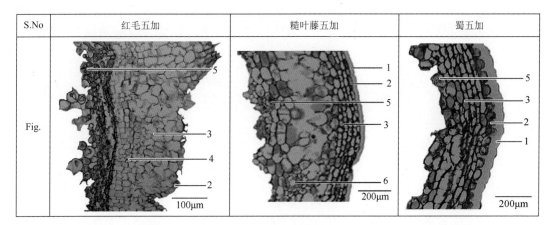

彩图 5 红毛五加、糙叶藤五加和蜀五加茎皮的横切面

1. 腊质；2. 表皮细胞；3. 皮层；4. 韧皮部；5. 草酸钙簇晶；6. 分泌道

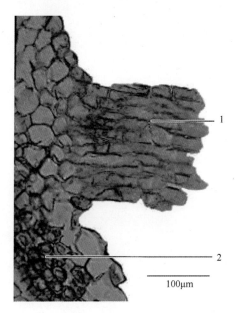

彩图 6 红毛五加茎刺

1. 刺；2. 茎

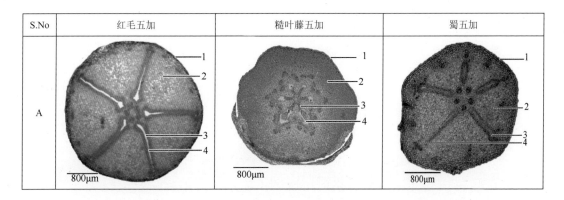

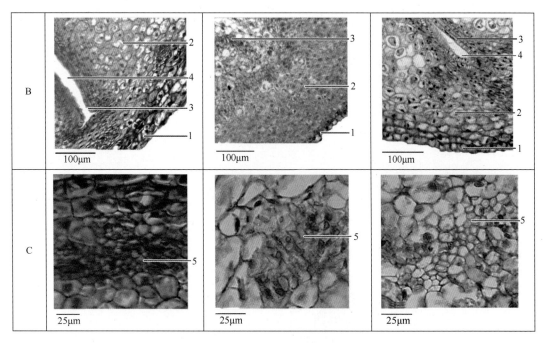

彩图 7　红毛五加、糙叶藤五加和蜀五加果实的横切面

A. 整果实的横切面；B. 果实的一部分；C. 维管束

1. 外果皮；2. 中果皮；3. 内果皮；4. 子房；5. 维管束

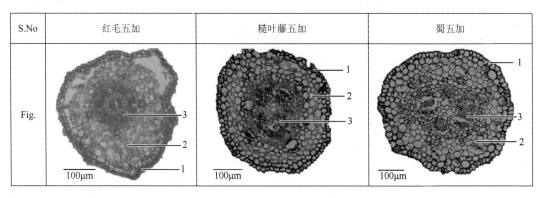

彩图 8　红毛五加、糙叶藤五加和蜀五加果柄的横切面

1. 表皮；2. 皮层；3. 维管束

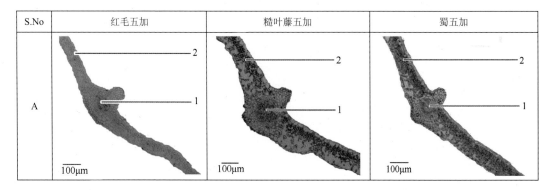

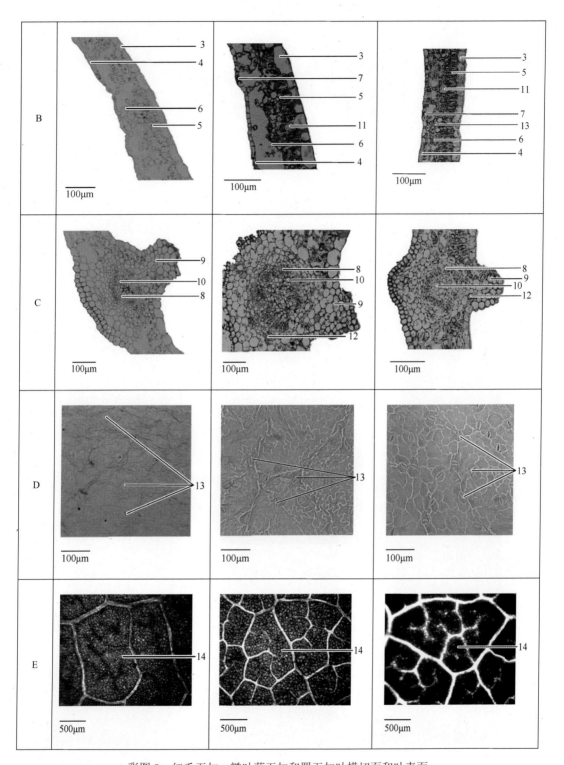

彩图 9 红毛五加、糙叶藤五加和蜀五加叶横切面和叶表面

A. 过主脉的叶片；B. 叶片；C. 主脉；D. 气孔；E. 叶表面

1. 主脉；2. 叶片；3. 叶上表面；4. 叶下表面；5. 栅栏组织；6. 海绵组织；7. 气孔；
8. 维管束；9. 厚角组织；10. 导管；11. 草酸钙簇晶；12. 分泌道；13. 气孔；14. 脉岛

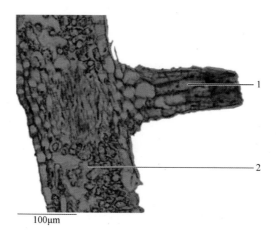

彩图 10　红毛五加叶刺

1. 刺；2. 叶片

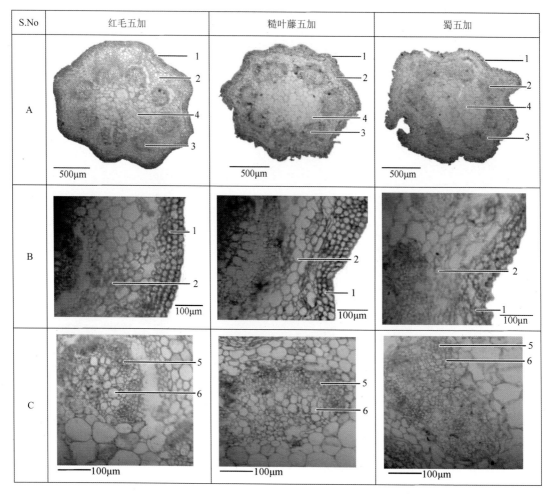

S.No	红毛五加	糙叶藤五加	蜀五加
A			
B			
C			

彩图 11　红毛五加、糙叶藤五加和蜀五加叶柄横切面和叶表面

A. 整果实的横切面；B. 果实的一部分；C. 维管束

1. 表皮；2. 皮层；3. 维管束；4. 髓部；5. 韧皮部；6. 木质部

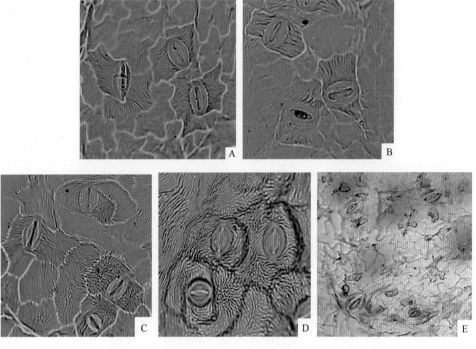

彩图 12　五加叶下表皮气孔

A. 糙叶藤五加；B. 蜀五加；C. 糙叶藤五加；D. 糙叶藤五加；E. 红毛五加

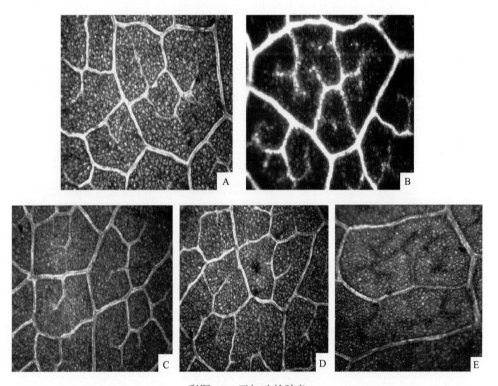

彩图 13　五加叶的脉岛

A. 糙叶藤五加；B. 蜀五加；C. 糙叶藤五加；D. 糙叶藤五加；E. 红毛五加

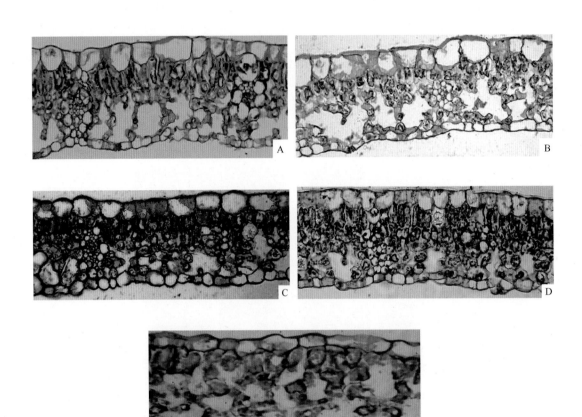

彩图 14　五加叶的栅栏组织图

A. 糙叶藤五加；B. 蜀五加；C. 糙叶藤五加；D. 糙叶藤五加；E. 红毛五加

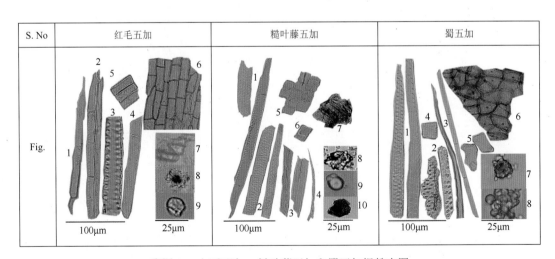

彩图 15　红毛五加、糙叶藤五加和蜀五加根粉末图

红毛五加：1. 木纤维；2. 木薄壁细胞和木纤维；3. 孔纹导管；4. 筛管；
5. P 木薄壁细胞；6. 韧皮薄壁细胞；7. 油滴；8. 草酸钙簇晶；9. 淀粉粒
糙叶藤五加：1. 孔纹导管；2. 网纹导管；3.木纤维；4. 刺纤维；5. 射线细胞；
6. 厚角组织；7. 木栓层；8. 草酸钙簇晶；9. 淀粉粒；10. 棕色内含物
蜀五加：1. 网纹导管；2. 孔纹导管；3. 纤维；4. 射线；5. 厚角组织；6. 木栓层；7. 草酸钙簇晶；8. 淀粉粒

S.No	红毛五加	糙叶藤五加	蜀五加
Fig.	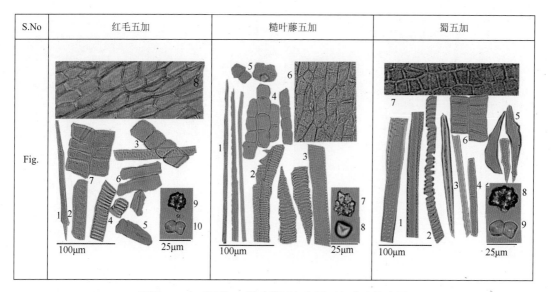		

彩图 16 红毛五加、糙叶藤五加和蜀五加茎皮粉末图

红毛五加：1. 木纤维；2. 孔纹导管；3. 木射线和孔纹导管；4. 螺纹导管；5. 刺纤维；
6. 分泌细胞；7. 木薄壁细胞；8. 木栓细胞；9. 草酸钙簇晶；10. 油滴
糙叶藤五加：1. 木纤维；2. 螺纹导管；3. 网纹导管；4. 木射线细胞；5. 厚角组织；
6. 木栓细胞；7. 草酸钙簇晶；8. 淀粉粒
蜀五加：1. 网纹导管；2. 螺纹导管；3. 木纤维；4. 韧皮纤维；5. 刺纤维；
6. 木薄壁细胞；7. 木栓细胞；8. 草酸钙簇晶；9. 淀粉粒

S.No	红毛五加	糙叶藤五加	蜀五加
Fig.	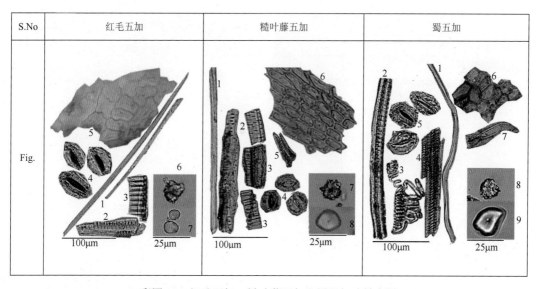		

彩图 17 红毛五加、糙叶藤五加和蜀五加叶粉末图

红毛五加：1. 木纤维；2. 孔纹导管；3. 环纹导管；4. 气孔；5. 表皮细胞；6. 草酸钙簇晶；7. 淀粉粒
糙叶藤五加：1. 木纤维；2. 孔纹导管；3. 环纹导管；4. 气孔；5. 刺纤维；6. 草酸钙簇晶；7. 淀粉粒
蜀五加：1. 木纤维；2. 网纹导管；3. 螺纹导管；4. 环纹导管；5. 气孔；6. 表皮细胞；7. 刺纤维；
8. 草酸钙簇晶；9. 淀粉粒

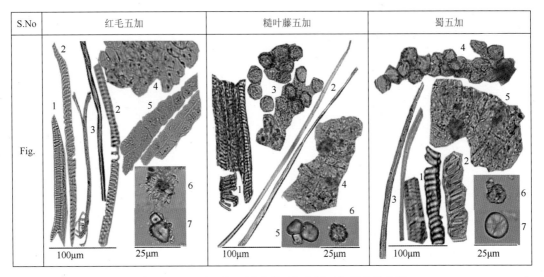

S.No	红毛五加	糙叶藤五加	蜀五加
Fig.			

彩图 18　红毛五加、糙叶藤五加和蜀五加果实粉末图

红毛五加：1. 环纹导管；2. 孔纹导管；3. 木纤维；4. 中果皮细胞；5. 外果皮细胞；6. 草酸钙簇晶；7. 淀粉粒
糙叶藤五加：1. 环纹导管；2. 木纤维；3. 中果皮细胞；4. 外果皮细胞；5. 淀粉粒；6. 草酸钙簇晶
蜀五加：1. 环纹导管；2. 螺纹导管；3. 木纤维；4. 中果皮细胞；5. 外果皮细胞；6. 草酸钙簇晶；7. 淀粉粒

彩图 19　红毛五加嫩叶

A. 鲜叶；B. 晒干品

A

B

C

D

彩图 20　红毛五加嫩叶提取物

A. 嫩叶水提物；B. 茶水提取物；C. 嫩叶醇提物；D. 醇提后水提物

A

B

C

彩图 21　白花丹原植物

A. 苗期；B. 花期；C. 根药材

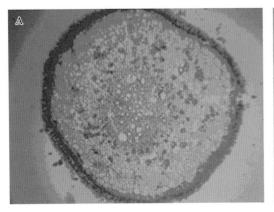
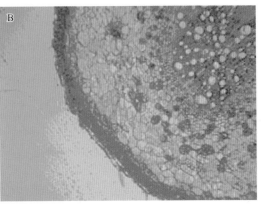

彩图 22　白花丹根横切面

A. 横切面；B. 横切面局部

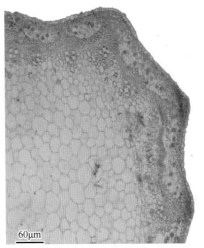

彩图 23　白花丹茎横切面

A. 横切面；B. 横切面局部

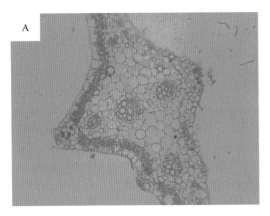
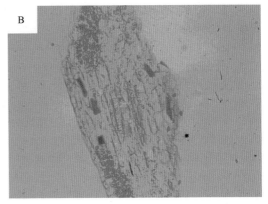

彩图 24　白花丹叶横切面

A. 横切面；B. 横切面局部

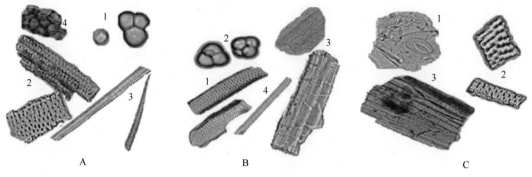

彩图 25　白花丹粉末图

A. 白花丹根粉末：1. 淀粉粒；2. 导管；3. 木纤维；4. 木栓细胞

B. 白花丹茎粉末：1. 导管；2. 淀粉粒；3. 木栓细胞；4. 木纤维

C. 白花丹叶粉末：1. 气孔及表皮细胞；2. 导管；3. 纤维

彩图 26　种子苗繁殖的白花丹栽培植物图

彩图 27　扦插苗繁殖的白花丹栽培植物图

彩图 28　分株苗繁殖的白花丹栽培植物图

彩图 29　生土中生长的白花丹栽培植物图

彩图 30　熟土中生长的白花丹栽培植物图　　　　彩图 31　黏土中生长的白花丹栽培植物图

彩图 32　砂土中生长的白花丹栽培植物图　　　　彩图 33　施加 N 肥的白花丹栽培植物图

彩图 34　施加 K 肥的白花丹栽培植物图　　　　彩图 35　施加 P 肥的白花丹栽培植物图

彩图 36　全光照下生长的白花丹栽培植物图

彩图 37　橡胶林下生长的白花丹栽培植物图

彩图 38　阔叶林下生长的白花丹栽培植物图

彩图 39　80%光照下生长的白花丹栽培植物图

彩图 40　60%光照下生长的白花丹栽培植物图

彩图 41　30%光照下生长的白花丹栽培植物图

	原植物	花
金钗石斛		
叠鞘石斛		
鼓槌石斛		
马鞭石斛		

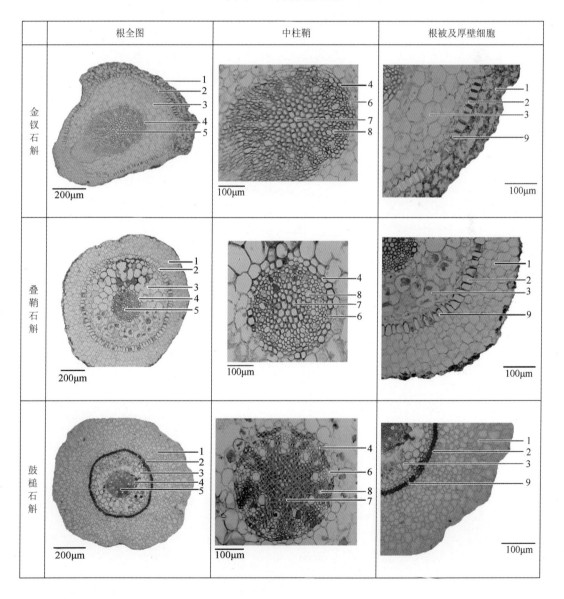

彩图 42　石斛属原植物

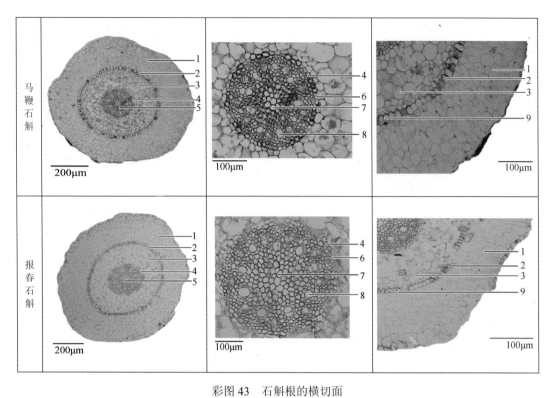

彩图 43　石斛根的横切面

1. 根被；2. 外皮层；3. 皮层薄壁细胞；4. 内皮层；5. 中柱鞘；6. 通道细胞；7. 木质部；8. 导管；9. 厚壁细胞

	形状	茎局部图	维管束	针晶束
金钗石斛	扁圆形			
叠鞘石斛	圆形			

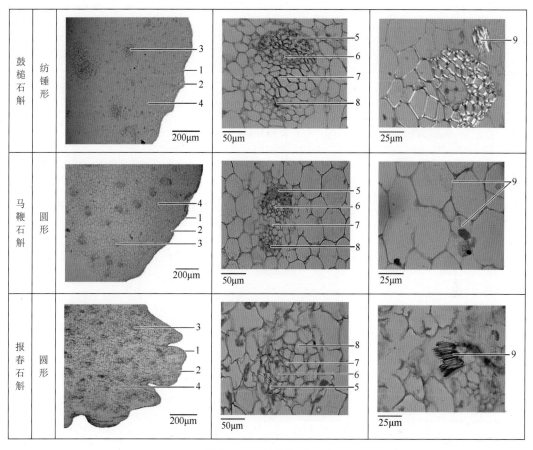

彩图 44　石斛茎的横切面

1. 角质层；2. 表皮；3. 维管束；4. 薄壁细胞；5. 维管束外侧纤维群；6. 韧皮部；7. 木质部；
8. 维管束内侧纤维群；9. 针晶束

	叶局部图	主脉	侧脉及针晶
金钗石斛			
叠鞘石斛			

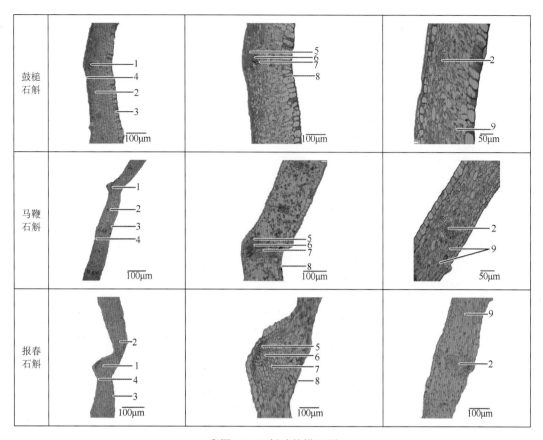

彩图45　石斛叶的横切面

1. 主脉；2. 侧脉；3. 上表皮；4. 下表皮；5. 维管束鞘；6. 韧皮部；7. 木质部胞；8. 角质层；9. 针晶

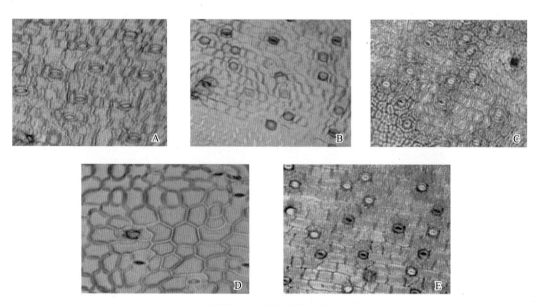

彩图46　石斛叶的气孔

A. 金钗石斛；B. 叠鞘石斛；C. 鼓槌石斛；D. 马鞭石斛；E. 报春石斛

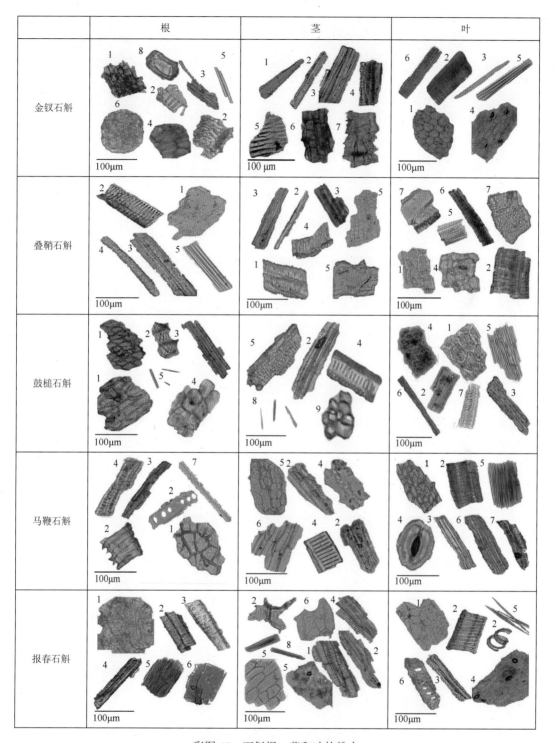

彩图 47　石斛根、茎和叶的粉末

根：1. 表皮细胞；2. 导管；3. 木纤维；4. 木薄壁细胞；5. 针晶；6. 内含物；7. 纤维；8. 厚壁细胞
茎：1. 木薄壁细胞；2. 木纤维；3. 束鞘纤维及含的硅质块细胞；4. 导管；5. 表皮细胞；6. 薄壁细胞；
7. 筛管及伴胞；8. 针晶；9. 簇晶
叶：1. 表皮细胞；2. 导管；3. 木纤维；4. 气孔；5. 针晶；6. 束鞘纤维及含的硅质块细胞；7. 木薄壁细胞

彩图 48 '西荞 2 号'（苦荞）原植物图

A. 原植物；B. 花；C. 种子

彩图 49 '蒙 103-3'（甜荞）原植物图

A. 原植物；B. 花；C. 种子

S.No	大叶千斤拔	宽叶千斤拔	腺毛千斤拔
A	5cm	5cm	4cm
B	1cm	1cm	1cm

彩图 50　3 种千斤拔的原植物

A. 植株；B. 茎；C. 叶表面；D. 叶背面

S.No	大叶千斤拔	宽叶千斤拔	腺毛千斤拔
A			
B			
C			

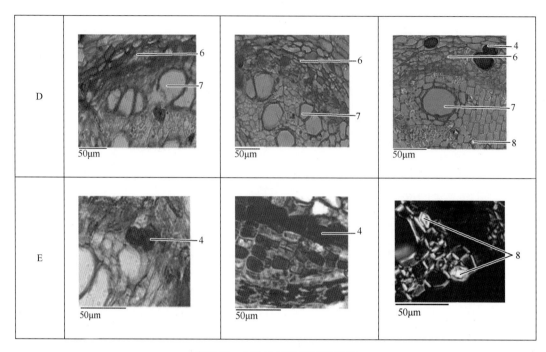

彩图 51　3 种千斤拔根的横切面

A 和 B. 根全貌；C. 表皮和皮层；D. 韧皮部和木质部；E. 红棕色内含物；F. 石细胞
1. 木栓层；2. 皮层；3. 木射线；4. 红棕色内含物；5. 石细胞；6. 韧皮部；7. 导管；8. 草酸钙簇晶

S.No	大叶千斤拔	宽叶千斤拔	腺毛千斤拔
A			
B			

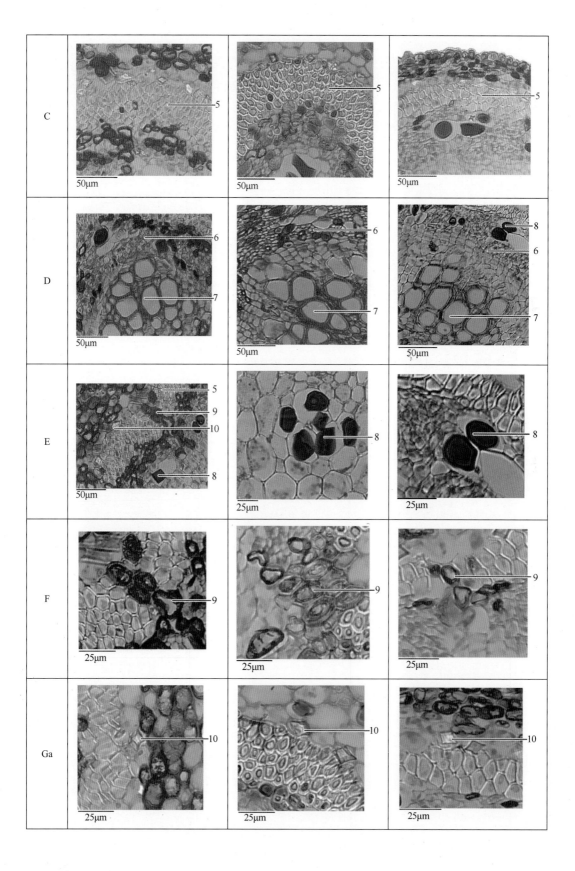

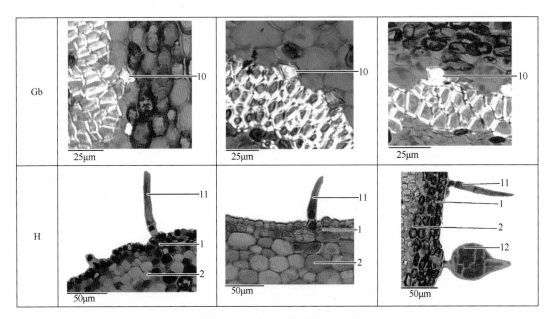

彩图52　3种千斤拔茎的横切面

A 和 B. 茎全貌；C. 韧皮纤维；D. 韧皮部和木质部；E. 红棕色内含物；F. 石细胞；
Ga. 草酸钙簇晶；Gb. 草酸钙簇晶（偏光）；H. 非腺毛和腺毛

1. 表皮；2. 皮层；3. 维管束；4. 髓部；5. 韧皮纤维；6. 韧皮部；7. 导管；
8. 红棕色内含物；9. 石细胞；10. 草酸钙簇晶；11. 非腺毛；12. 腺毛

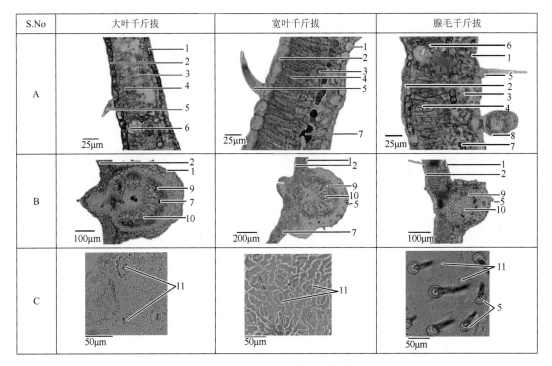

彩图53　3种千斤拔叶的横切面

A. 叶片；B. 过主脉；C. 气孔

1. 小表皮；2. 上表皮；3. 海绵组织；4. 栅栏组织；5. 非腺毛；6. 草酸钙簇晶；
7. 红棕色内含物；8. 腺毛；9. 韧皮部；10. 木质部；11. 气孔

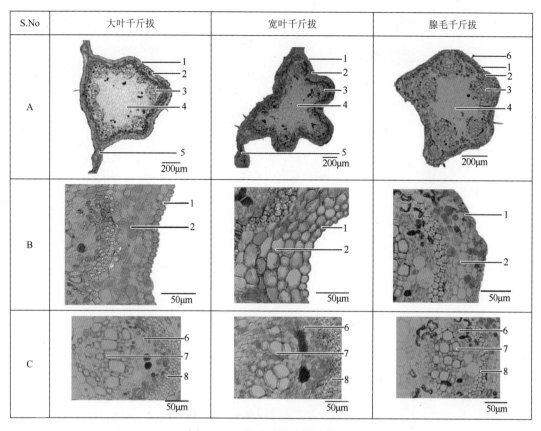

彩图 54 3 种千斤拔叶柄的横切面

A. 叶柄横切面全貌；B. 表皮和皮层；C. 维管束
1. 表皮；2. 皮层；3. 维管束；4. 髓部；5. 叶柄狭翅；6. 韧皮部；7. 导管；8. 韧皮纤维

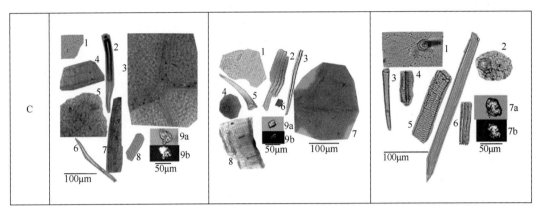

彩图 55　3 种千斤拔根、茎和叶的粉末

A. 根

大叶千斤拔：1. 木栓细胞；2. 薄壁细胞；3. 薄壁细胞中的草酸钙簇晶；4. 棕色内含物；5. 石细胞；
6. 螺纹导管；7. 孔纹导管；8. 纤维；9. 淀粉粒；10. 草酸钙簇晶

宽叶千斤拔：1. 木栓细胞；2. 纤维；3. 薄壁细胞；4. 棕色内含物；5. 石细胞；6. 孔纹导管；7. 淀粉粒；8. 草酸钙簇晶

腺毛千斤拔：1. 木栓细胞；2. 薄壁细胞；3. 网纹导管；4. 纤维；5. 环纹导管；6. 晶鞘纤维；
7. 薄壁细胞中的草酸钙簇晶；8. 石细胞；9. 棕色内含物；10. 淀粉粒；11. 草酸钙簇晶

B. 茎

大叶千斤拔：1. 木栓细胞；2. 薄壁细胞；3. 孔纹导管；4. 纤维；5. 晶鞘纤维；6. 非腺毛；7. 棕色内含物；
8. 淀粉粒；9. 草酸钙簇晶

宽叶千斤拔：1. 木栓细胞；2. 薄壁细胞；3. 网纹导管；4. 螺纹导管；5. 石细胞；6. 纤维；7. 棕色内含物；
8. 淀粉粒；9. 草酸钙簇晶

腺毛千斤拔：1. 木栓细胞；2. 薄壁细胞；3. 环纹导管；4. 纤维；5. 棕色内含物；6. 孔纹导管；7. 非腺毛；
8. 淀粉粒；9. 草酸钙簇晶

C. 叶

大叶千斤拔：1. 表皮细胞和气孔；2. 非腺毛；3. 表皮细胞和脉岛；4. 栅栏组织；5. 非腺毛痕迹；6. 纤维；
7. 晶鞘纤维；8. 导管；9. 草酸钙簇晶

宽叶千斤拔：1. 表皮细胞和气孔；2. 环纹导管；3. 纤维；4. 非腺毛痕迹；5. 非腺毛；6. 棕色内含物；
7. 表皮细胞和脉岛；8. 栅栏组织和海绵组织；9. 草酸钙簇晶

腺毛千斤拔：1. 表皮细胞；2. 非腺毛和腺毛痕迹；3. 非腺毛；4. 梯纹导管；5. 环纹导管；6. 纤维；7. 草酸钙簇晶

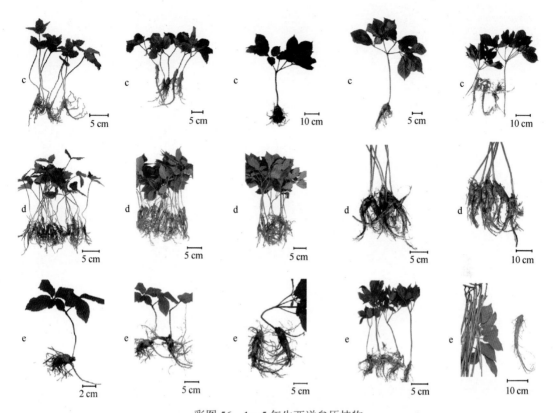

彩图 56 1～5 年生西洋参原植物

a. 2009 年 5 月 24 日；b. 2009 年 6 月 22 日；c. 2009 年 7 月 27 日；d. 2009 年 8 月 23 日；e. 2009 年 9 月 20 日

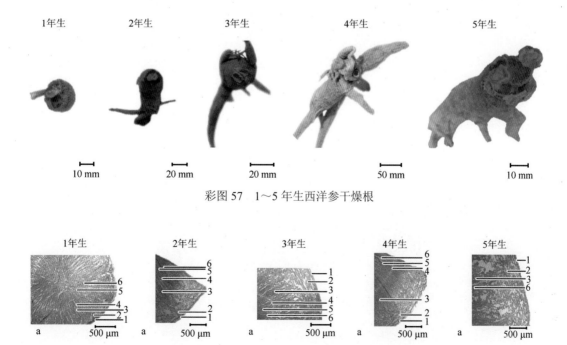

彩图 57 1～5 年生西洋参干燥根

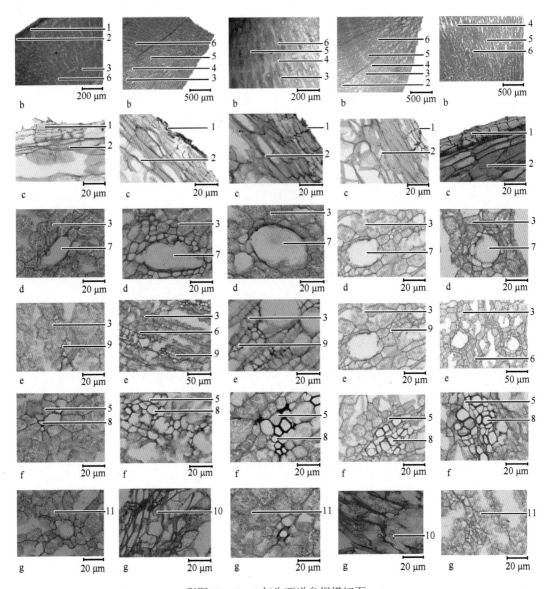

彩图 58　1～5 年生西洋参根横切面

a. 根横切面全貌；b. 形成层；c. 木栓层和皮层；d. 分泌细胞；e. 韧皮部；f. 木质部；g. 草酸钙晶体和淀粉粒

1. 木栓层；2. 皮层；3. 韧皮部；4. 形成层；5. 木质部；6. 射线；7. 分泌道；8. 导管；9. 筛管；

10. 草酸钙簇晶；11. 淀粉粒

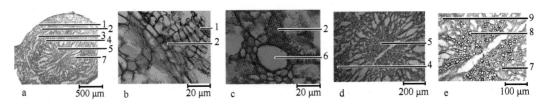

彩图 59　1～5 年生西洋参侧根横切面

a. 侧根横切面全貌；b. 木栓层和皮层；c. 分泌道；d. 韧皮部；e. 木质部

1. 木栓层；2. 皮层；3. 裂隙；4. 韧皮部；5. 木质部；6. 分泌道；7. 射线；8. 导管；9. 筛管

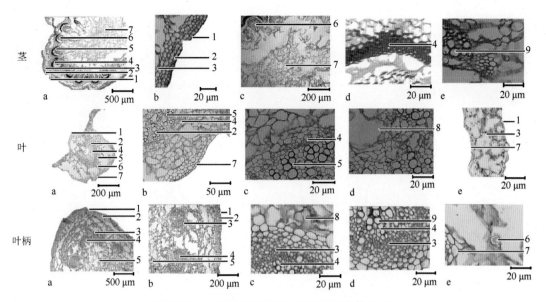

茎
叶
叶柄

彩图 60　5 年生西洋参茎、叶和叶柄的横切面

茎：a. 茎横切面全貌；b. 木栓层和皮层；c. 髓部；d. 中柱鞘纤维；e. 维管束
1. 角质层；2. 表皮；3. 皮层；4. 中柱鞘纤维；5. 韧皮部；6. 木质部；7. 髓部；8. 分泌道；9. 导管
叶：a. 过主脉叶的横切面全貌；b. 过主脉维管束；c. 韧皮部和木质部；d. 草酸钙簇晶；e. 叶肉
1. 叶上表皮；2. 过主脉维管束；3. 叶肉；4. 韧皮部；5. 木质部；6. 厚角组织；7. 下表皮；8. 草酸钙簇晶
叶柄：a. 叶柄横切面全貌；b. 表皮和皮层；c. 韧皮部；d. 木质部；e. 草酸钙簇晶
1. 表皮；2. 皮层；3. 韧皮部；4. 木质部；5. 髓部；6. 草酸钙簇晶；7. 薄壁细胞；8. 分泌道；9. 导管

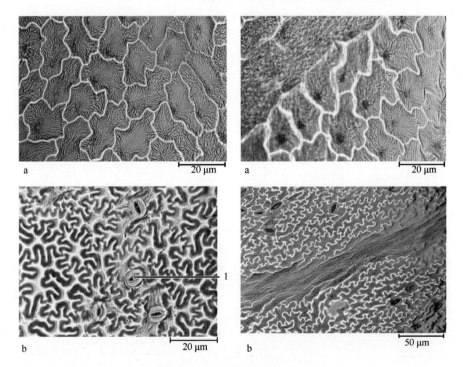

彩图 61　5 年生西洋参叶的表面

a. 上表皮；b. 下表皮
1. 气孔

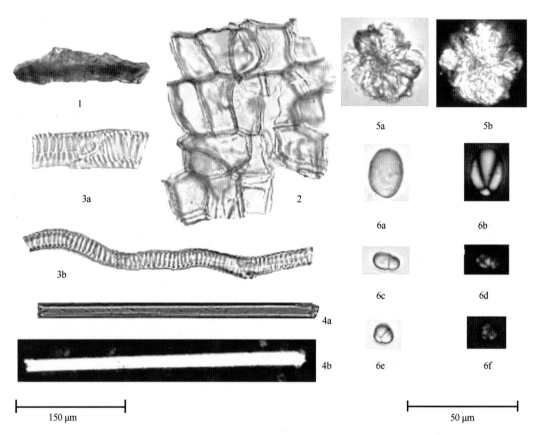

彩图 62　5 年生西洋参根粉末

1. 棕色内含物；2. 木栓层；3a. 孔纹导管；3b. 梯纹导管；4a. 纤维；4b. 纤维（偏光）；
5a. 草酸钙簇晶；5b. 草酸钙簇晶（偏光）；6a. 单粒淀粉粒；6b. 单粒淀粉粒（偏光）；
6c. 复粒淀粉粒；6d. 复粒淀粉粒（偏光）；6e. 3 粒淀粉粒；6f. 3 粒淀粉粒（偏光）

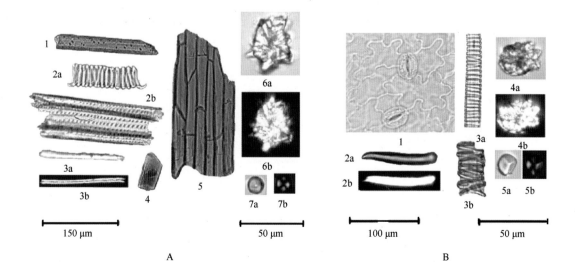

C

彩图 63　5 年生西洋参茎、叶和种子粉末

A 茎：1. 木薄壁细胞；2a. 梯纹导管；2b. 孔纹导管；3a. 纤维；3b. 纤维（偏光）；4. 棕色内含物；
5. 木栓细胞；6a. 草酸钙簇晶；6b. 草酸钙簇晶（偏光）；7a. 4 分粒淀粉粒；7b. 4 分粒淀粉粒（偏光）
B 叶：1. 表皮细胞和气孔；2a. 纤维；2b. 纤维（偏光）；3a. 梯纹导管；3b. 螺纹导管；
4a. 草酸钙簇晶；4b. 草酸钙簇晶（偏光）；5a. 4 分粒淀粉粒；5b. 4 分粒淀粉粒（偏光）
C 种子：1a. 表皮细胞（上表面）；1b. 表皮细胞（下表面）；1c. 表皮细胞（侧面）；2. 棕色内含物；
3. 石细胞；4. 胚乳细胞；5. 梯纹导管

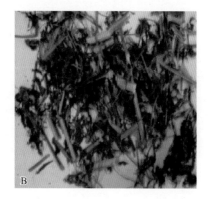

彩图 64　三叶鬼针草

A. 原植物花期；B. 地上部分干燥品

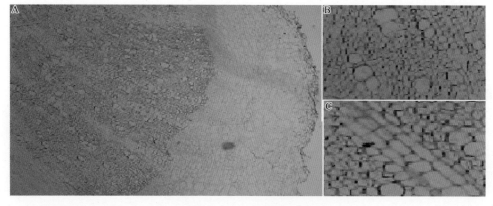

彩图 65　三叶鬼针草根横切面

A. 示根 1/4 图；B. 示导管；C. 示射线

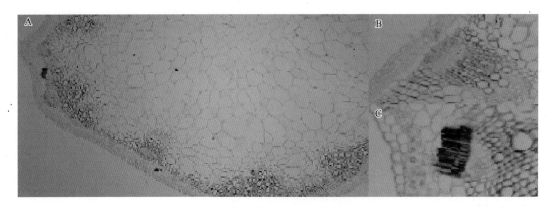

彩图 66　三叶鬼针草茎横切面

A. 示茎 1/2 图；B. 示维管束；C. 示针晶

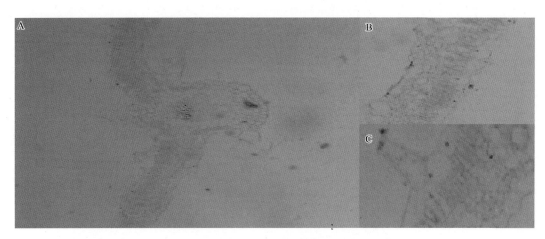

彩图 67　三叶鬼针草叶横切面

A. 示主脉；B. 示叶肉；C. 示非腺毛

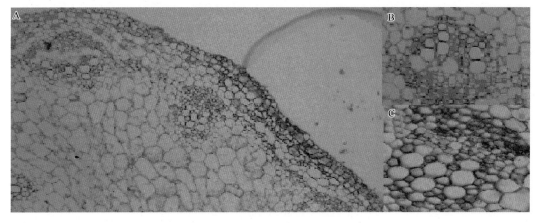

彩图 68　羽叶鬼针草茎横切面

A. 示茎 1/2 图；B. 示维管束；C. 示维管束和形成层

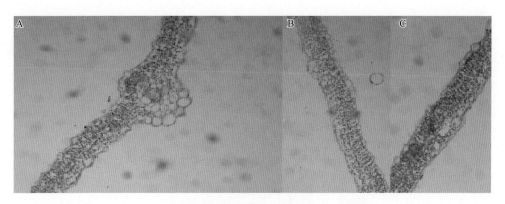

彩图 69　羽叶鬼针草叶横切面

A. 示主脉；B. 示栅栏组织和海绵组织；C. 示叶肉

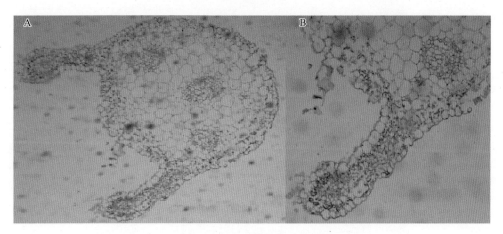

彩图 70　羽叶鬼针草叶柄横切面

A. 示叶柄全图；B. 侧翼和维管束

彩图 71　三叶鬼针草根粉末图

1. 方晶；2. 木纤维；3. 螺纹导管；4. 木薄壁细胞；5. 网纹导管；6. 棕红色团块物

彩图 72　三叶鬼针草茎粉末图

1. 网纹导管和木薄壁细胞；2. 梯纹导管；3. 网纹导管；4. 木薄壁细胞；5. 中柱鞘纤维；6. 梯纹、螺纹导管

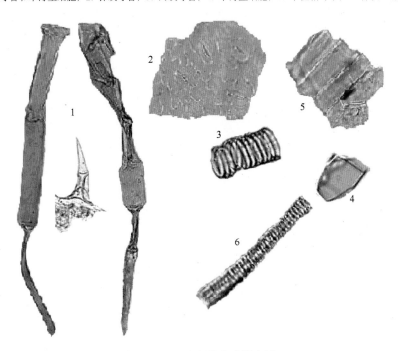

彩图 73　三叶鬼针草叶粉末图

1. 非腺毛；2. 表皮细胞及气孔；3. 螺纹导管；4. 方晶；5. 木纤维及木薄壁细胞；6. 梯纹导管

彩图74　薏苡原植物图

A. 植株；B. 花果期；C. 成熟果实

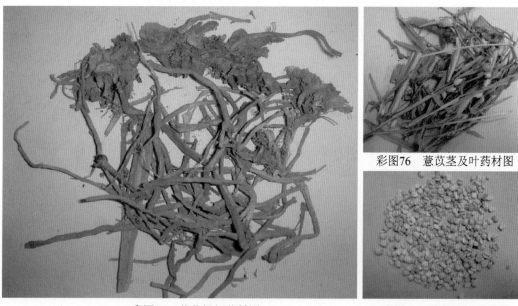

彩图75　薏苡根部药材图

彩图76　薏苡茎及叶药材图

彩图77　薏苡种仁药材图

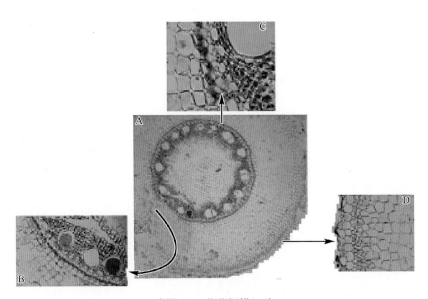

彩图 78　薏苡根横切片

A. 根横切整体观；B. 导管及内含物；C. 马蹄形增厚的内皮层细胞；D. 表皮及外皮层

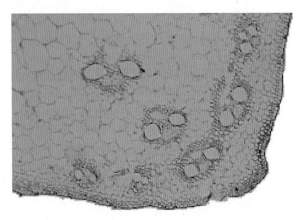

彩图 79　薏苡茎横切片

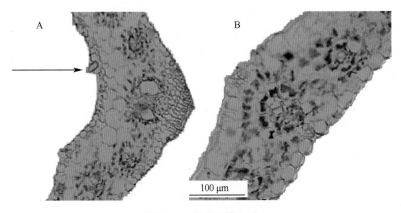

100 μm

彩图 80　薏苡叶横切片

A. 叶横切面整体观（箭头所指为硅质块）；B. 泡状细胞

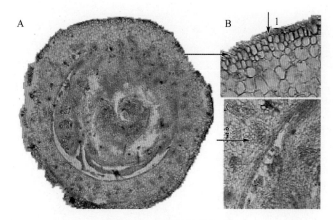

彩图 81　薏苡果实横切片

A. 整体观；B. 外果皮（1 为蜡被）；C. 中果皮（2 为油细胞）

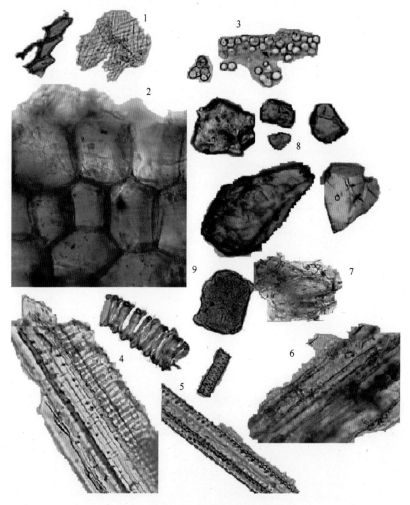

彩图 82　薏苡根粉末

1. 表皮细胞；2. 薄壁细胞；3. 淀粉粒；4. 螺纹及网纹导管；5. 木纤维及木薄壁细胞；

6. 韧皮纤维；7. 韧皮薄壁细胞；8. 草酸钙棱晶；9. 内含物

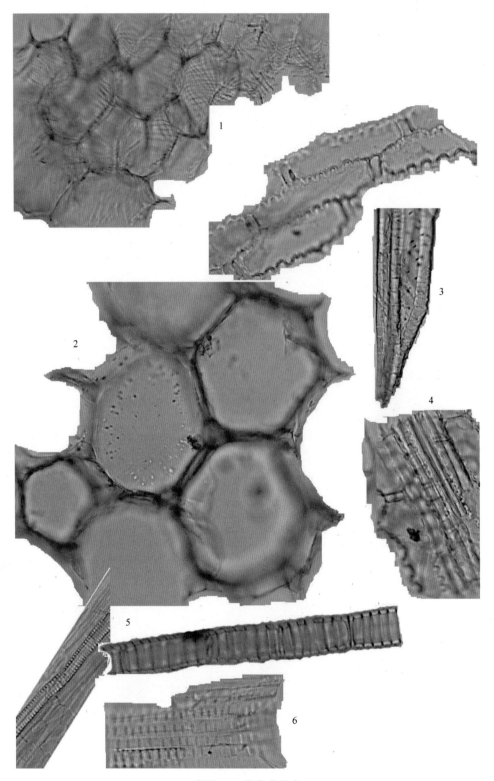

彩图 83　薏苡茎粉末

1. 表皮细胞示网状纹理及细胞壁波状弯曲；2. 薄壁细胞；3. 木纤维；4. 韧皮纤维；5. 梯纹导管；6. 网纹导管

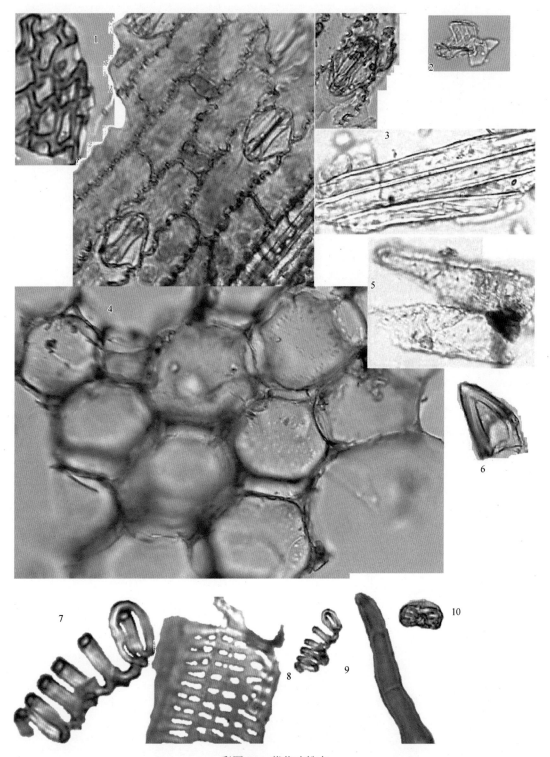

彩图 84　薏苡叶粉末

1. 表皮细胞及气孔；2. 表皮细胞网状纹理；3. 木纤维；4. 薄壁细胞；5. 韧皮薄壁细胞；
6. 硅质块；7. 螺纹导管；8. 网纹导管；9. 非腺毛；10. 腺毛

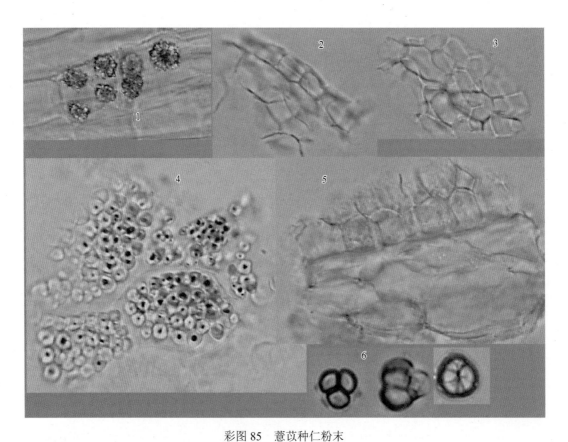

彩图 85　薏苡种仁粉末

1. 草酸钙簇晶；2. 果皮中果皮细胞；3. 中果皮细胞；4. 内胚乳细胞；5. 组织碎片；6. 淀粉粒